高等职业教育系列教材

自动化生产线装调综合实训教程

第2版

主　编　雷声勇

副主编　谢青海　许梅艳　邵长春

参　编　邬如梁　刘晋宏　侯昌瑞

主　审　莫振栋

机械工业出版社

本书以全国职业院校技能大赛（高职组）“自动化生产线安装与调试”竞赛项目为导向，系统地将电气自动化技术、机电一体化技术等专业的核心技术通过一门课程的教学进行整合。本书基于从理论到实践、由易到难、由简单到复杂的教学规律，安排了7个实训项目，每个实训项目以工作过程为导向、以任务为驱动，使教师与学生真正实现“教、学、做一体化”。本书内容以YL-335B自动化生产线为载体，系统地阐述了自动化生产线的核心技术，包括自动化生产线的认识、供料站的安装与调试、加工站的安装与调试、装配站的安装与调试、分拣站的安装与调试、输送站的安装与调试、PPI网络的整体安装与调试。

本书按项目学习目标（包括知识目标、技能目标、教学重点、教学难点）、项目描述、项目分析、理论学习、动手实践、课后提高的结构来编写，力求做到“学习有目标”“理论学习有方法”“动手实践有底气”，努力做到深入浅出、图文并茂，以提高学生的学习兴趣和效率。本书适合作为高职高专电气自动化、机电一体化类专业的教材，也可作为相关工程技术人员的参考用书。

本书配有电子课件、微课视频和任务工单等，读者可以登录机械工业出版社教育服务网www.cmpedu.com免费注册后下载，或联系编辑索取（微信：13261377872，电话：（010）88379739）。

图书在版编目(CIP)数据

自动化生产线装调综合实训教程/雷声勇主编. —2版. —北京:机械工业出版社,2018.4(2024.7重印)

高等职业教育系列教材

ISBN 978-7-111-59313-3

Ⅰ.①自… Ⅱ.①雷… Ⅲ.①自动生产线-安装-高等职业教育-教材 ②自动生产线-调试方法-高等职业教育-教材 Ⅳ.①TP278

中国版本图书馆CIP数据核字(2018)第041496号

机械工业出版社(北京市百万庄大街22号 邮政编码 100037)

策划编辑:李文轶 责任编辑:李文轶

责任校对:张艳霞 责任印制:常天培

天津光之彩印刷有限公司印刷

2024年7月第2版·第10次印刷

184mm×260mm·13.5印张·320千字

标准书号:ISBN 978-7-111-59313-3

定价:49.00元

电话服务

客服电话:010-88361066

010-88379833

010-68326294

网络服务

机 工 官 网:www.cmpbook.com

机 工 官 博:weibo.com/cmp1952

金 书 网:www.golden-book.com

机工教育服务网:www.cmpedu.com

关于“十四五”职业教育国家规划教材的出版说明

为贯彻落实《中共中央关于认真学习宣传贯彻党的二十大精神的决定》《习近平新时代中国特色社会主义思想进课程教材指南》《职业院校教材管理办法》等文件精神，机械工业出版社与教材编写团队一道，认真执行思政内容进教材、进课堂、进头脑要求，尊重教育规律，遵循学科特点，对教材内容进行了更新，着力落实以下要求：

1. 提升教材铸魂育人功能，培育、践行社会主义核心价值观，教育引导学生树立共产主义远大理想和中国特色社会主义共同理想，坚定“四个自信”，厚植爱国主义情怀，把爱国情、强国志、报国行自觉融入建设社会主义现代化强国、实现中华民族伟大复兴的奋斗之中。同时，弘扬中华优秀传统文化，深入开展宪法法治教育。

2. 注重科学思维方法训练和科学伦理教育，培养学生探索未知、追求真理、勇攀科学高峰的责任感和使命感；强化学生工程伦理教育，培养学生精益求精的大国工匠精神，激发学生科技报国的家国情怀和使命担当。加快构建中国特色哲学社会科学学科体系、学术体系、话语体系。帮助学生了解相关专业和行业领域的国家战略、法律法规和相关政策，引导学生深入社会实践、关注现实问题，培育学生经世济民、诚信服务、德法兼修的职业素养。

3. 教育引导学生深刻理解并自觉实践各行业的职业精神、职业规范，增强职业责任感，培养遵纪守法、爱岗敬业、无私奉献、诚实守信、公道办事、开拓创新的职业品格和行为习惯。

在此基础上，及时更新教材知识内容，体现产业发展的新技术、新工艺、新规范、新标准。加强教材数字化建设，丰富配套资源，形成可听、可视、可练、可互动的融媒体教材。

教材建设需要各方的共同努力，也欢迎相关教材使用院校的师生及时反馈意见和建议，我们将认真组织力量进行研究，在后续重印及再版时吸纳改进，不断推动高质量教材出版。

机械工业出版社

二维码资源清单

序号	名　　称	图　　形	序号	名　　称	图　　形
1	码1-1　整体运行展示		12	码2-10　供料站的电气调试（上电前初步检查）	
2	码1-2　电源配电箱结构介绍		13	码2-11　供料站的电气调试（传感器工作检查）	
3	码2-1　供料站运行展示		14	码2-12　供料站的电气调试（PLC输入口检查）	
4	码2-2　供料站的传感器及电磁阀介绍		15	码2-13　供料站的电气调试（输入按钮检查）	
5	码2-3　供料站的气路安装与调试		16	码3-1　加工站运行展示	
6	码2-4　供料站的电气安装简介		17	码4-1　装配站运行展示	
7	码2-5　装置侧的电气安装（传感器的连接）		18	码5-1　分拣站运行展示	
8	码2-6　装置侧的电气安装（电磁阀的连接）		19	码6-1　输送站运行展示	
9	码2-7　PLC侧的电气安装（PLC电源的连接）		20	码7-1　触摸屏控制联机运行（正常运行）	
10	码2-8　PLC侧的电气安装（PLC信号输入输出口的连接）		21	码7-2　触摸屏控制联机运行（急停情况）	
11	码2-9　PLC侧的电气安装（按钮和指示灯模块连接）				

前　言

“自动化生产线安装与调试”作为全国职业院校技能大赛（高职组）的一个重要赛项，自2008年以来，举办规模逐年增长，参赛的院校越来越多，竞争也越来越激烈。“以赛促教”的方式推动了各高职院校教学改革的力度，各高职院校纷纷开设与自动化生产线相关的综合实训课程，或者对已开设的自动化生产线课程进行进一步改革。党的二十大报告提出，要加快建设制造强国。自动化生产线是智能制造的重要组成部分，随着自动化技术和电子信息技术的飞速发展，自动化生产线在制造业中的应用越来越广泛，未来将朝着数字化智能柔性生产线的方向发展。该课程已无可争议地成为电气自动化、机电一体化等专业的核心课程，它涵盖了机械技术、PLC技术、触摸屏技术、传感器检测技术、气动技术及工业网络控制技术等多种核心技术知识。

本书以技能大赛指定设备“亚龙YL-335B自动化生产线”为平台，针对其原理、安装、调试和运行等过程中应知、应会的核心技术进行项目化教学，按项目学习目标（包括知识目标、技能目标、教学重点、教学难点）、项目描述、项目分析、理论学习、动手实践和课后提高等环节进行教、学、做一体化教学。本书力求做到学习目标、学习内容清晰明确，特别是在理论学习方面，遵循够用原则，力求做到精要、实用；动手实践方面，有明确的训练内容和评价标准，力争做到学有所用，学有所值。

本书由7个项目组成，系统阐述了自动化生产线中供料站、加工站、装配站、分拣站和输送站的原理、安装与调试，以及基于PPI网络的整体安装与调试。讲解时注意深入浅出、图文并茂，以提高学生的学习兴趣和效率。根据各个学校的教学需要，本书适合于理论教学、理实一体化教学和纯实践教学，也可作为全国职业院校技能大赛“自动化生产线安装与调试”赛项的技能培训教材。同时本书配套有教学大纲、教案、PPT、微课视频和任务工单等丰富的辅助教学资源，尽可能满足广大师生的教学需求。

本书由柳州铁道职业技术学院雷声勇担任主编，河北机电职业技术学院谢青海、柳州铁道职业技术学院许梅艳、邵长春担任副主编，柳州铁道职业技术学院莫振栋担任主审，柳州铁道职业技术学院邬如梁、刘晋宏、侯昌瑞参编。在本书的编写和出版过程中，得到了柳州铁道职业技术学院领导和同事的大力支持和兄弟高职院校各位专家和老师的许多帮助，浙江亚龙科技集团公司也为我们提供了YL-335B型自动化生产线的相关技术资料与文档。在此一并表示衷心的感谢！

由于编者水平有限，书中难免有疏漏和不妥之处，恳切广大读者批评指正。

编　者

目　　录

项目 1　自动化生产线的认识

学习目标

知识目标：了解什么是自动化生产线，了解自动化生产线的应用，了解 YL-335B 自动化生产线的基本结构、工艺控制过程和操作方法。

技能目标：掌握 YL-335B 自动化生产线的工艺控制过程和操作技能。

教学重点：YL-335B 自动化生产线的工艺控制过程和操作技能。

教学难点：YL-335B 自动化生产线的工艺控制过程。

项目描述

自动化生产线在现代工业化进程中发挥着非常重要的作用，涉及机械制造、电子信息、石油化工、轻工纺织、食品制药、汽车生产以及军工业等多个领域。因此，掌握自动化生产线技术是对工业技术不断发展的极大支持。

自动化生产线技术涵盖机械、气动、传感器、电气、PLC、变频器、伺服驱动和通信等多个学科技术，是电气自动化技术和机电一体化技术专业必须掌握的核心技术，掌握自动化生产线技术对于专业知识、专业技能和职业素养的提高均有很大的促进作用。本项目旨在让读者初步了解自动化生产线的基本概念和应用领域，重点掌握 YL-335B 生产线的工艺控制过程和操作技能，为后面深入学习自动化生产线技术奠定入门基础。

项目分析

根据项目描述，本项目需要完成的工作如下：

1. 了解自动化生产线的基本概念；
2. 了解自动化生产线的应用领域；
3. 了解 YL-335B 自动化生产线的基本结构及功能；
4. 掌握 YL-335B 自动化生产线的工艺控制过程和操作技能。

理论学习

任务 1.1　了解自动化生产线的应用

1.1.1　什么是自动化生产线

1. 基本概念

自动化生产线是在流水线的基础上逐渐发展起来的。它不仅要求线体上各种机械加工装置能自动地完成预定的各道工序及工艺过程，使产品成为合格的制品，而且要求装卸工件、定位夹紧、工件在工序间的输送、工件的分拣甚至包装等过程都能按照规定的程序自动地进行，这种自动工作的机械-电气一体化系统被称作自动化生产线（简称自动线）。

2. 运行特性

为了连续、稳定地生产出符合技术要求的特定产品，自动线具有非常强的运行特性，主要表现在三个方面：自动化程度高、统一的控制系统、严格的生产节奏。

3. 技术特点

自动线技术通过一些辅助装置并按工艺顺序将各种机械加工装置连成一体，对液压、气动和电气系统进行控制，将其动作联系起来，完成预定的生产加工任务。它是一个综合性很强的技术，涵盖机械技术、传感技术、控制技术、人机接口技术、网络技术和驱动技术，其基本内涵如图 1-1 所示。

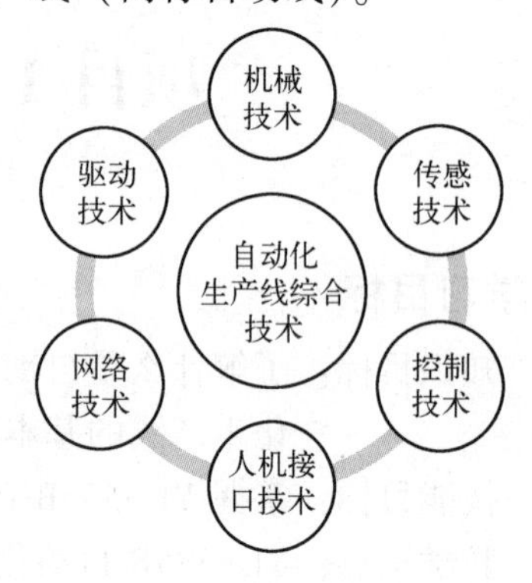

图 1-1　自动线技术的基本内涵

1.1.2　自动化生产线的应用

下面通过一些实例说明自动线的应用。

1. 自动线在汽车装配中的应用

自动线在汽车装配生产中发挥着重要作用，图 1-2 所示是某汽车公司的自动化装配生产线。这条拥有全球最先进的冲压、焊装、涂装及总装等整车制造过程的自动化生产线系统，其功能主要有两个：一是可实现汽车制造中高效率、高精度、低能耗冲压加工；二是借助生产线上配备的 267 个自动化机器人实现车身更精密、柔性化的焊接。

图 1-2　某汽车公司自动化装配生产线

2. 自动线在电子产品焊接中的应用

图 1-3 所示是某电子产品生产企业的自动化焊接生产线，该生产线包括丝印、贴装、

固化、回流焊接、清洗和检测等工序单元，其功能主要有：

1）生产线上每个工作单元都有相应独立的控制与执行等功能。

2）通过工业网络技术将生产线构成一个完整的工业网络系统，确保整条生产线高效有序运行，实现大规模的自动化生产控制与管理。

图 1-3　某电子产品生产企业的自动化焊接生产线

3. 自动线在烟草生产中的应用

图 1-4 所示为某烟草公司的自动化生产线。该生产线引入了工业网络，由其连接制丝生产、卷烟生产及包装成品等实现生产过程自动化。通过采用先进的计算机技术、控制技术、自动化技术和信息技术，集成工厂自动化设备，对卷烟生产全过程实施控制、调度和监控。同时该生产线充分应用工控机、变频器、人机界面、PLC 和智能机器人等自动化产品。

图 1-4　某烟草公司的自动化生产线

4. 自动线在酿酒生产中的应用

图 1-5 为某酒厂的自动灌装生产线，其主要完成自动上料、灌装、封口、检测、打标、包装和码垛等多个生产过程，极大地提高了生产效率、降低企业成本并保证产品的质量，同时满足实现集约化大规模生产的要求，增强企业的竞争能力。

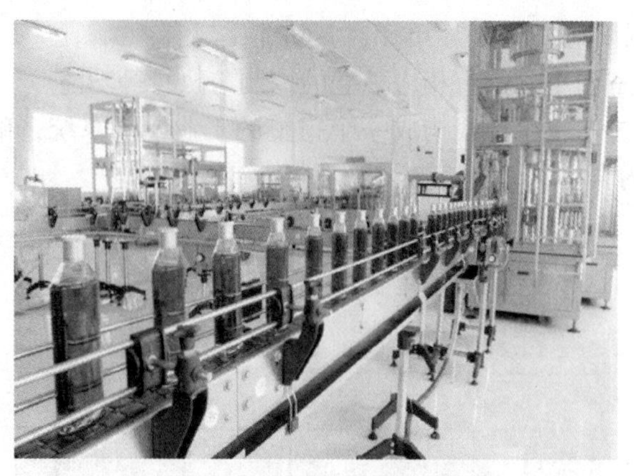

图 1-5　某酒厂的自动灌装生产线

任务 1.2　认识 YL-335B 自动化生产线

1.2.1　总体概貌

亚龙 YL-335B 自动化生产线实训考核装备由安装在铝合金导轨式实训台上的供料站、加工站、装配站、分拣站和输送站 5 个工作站组成，其外观如图 1-6 所示。

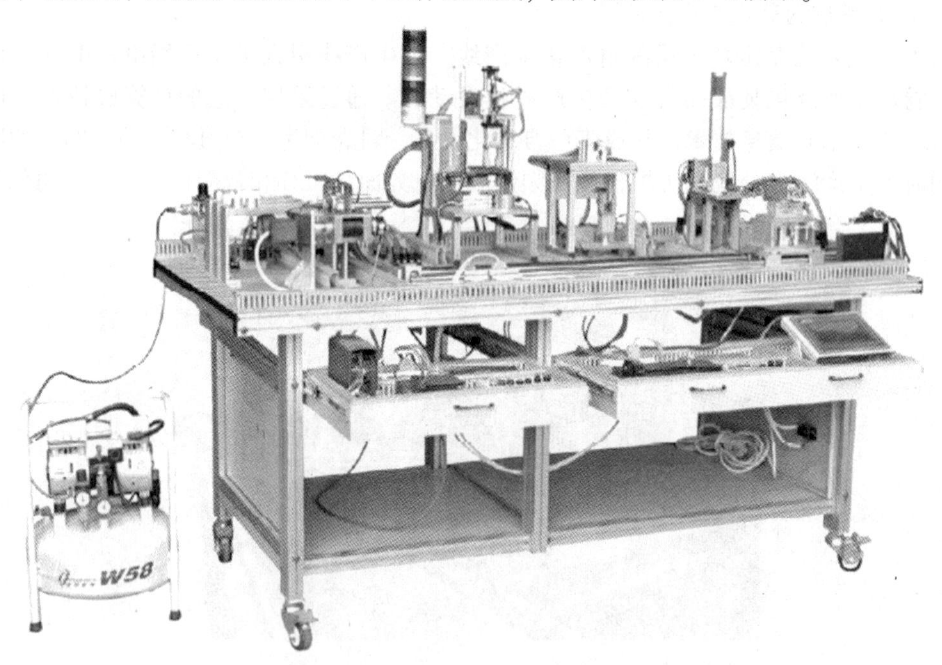

图 1-6　YL-335B 自动化生产线实训考核装备

每一个工作站都可自成一个独立的系统，同时也都是一个机电一体化的系统。在控制方面，YL-335B 自动线采用了基于 RS-485 串行通信的 PLC 网络控制技术，即每一个工作站由一台 PLC 承担其控制任务，各工作站的 PLC 之间通过 RS-485 串行通信构成点对点接口（Point-to-Point Interface，PPI）网络实现分布式控制系统，如图 1-7 所示。

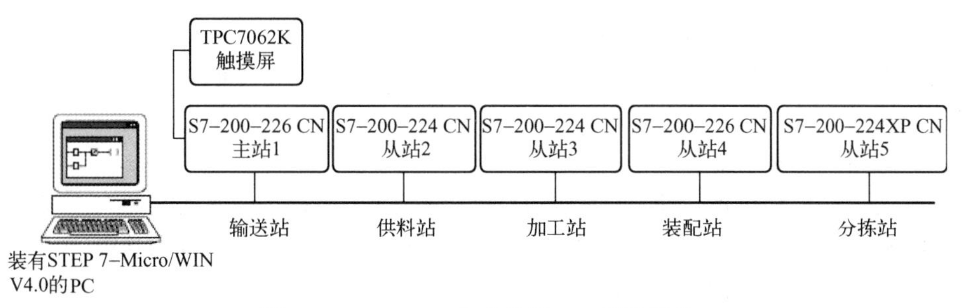

图 1-7　YL-335B 自动线的 PPI 网络结构

1.2.2　基本结构

YL-335B 自动线是一个典型的机电一体化产品，每一个工作站的基本结构均由机械部分、若干个传感器、若干个气缸和电磁阀（组）、电气控制电路和 PLC 等组成。除此之外，有些工作站还包括变频器、伺服驱动器和伺服电动机。YL-335B 自动线各工作站在实训台上的分布如图 1-8 所示。

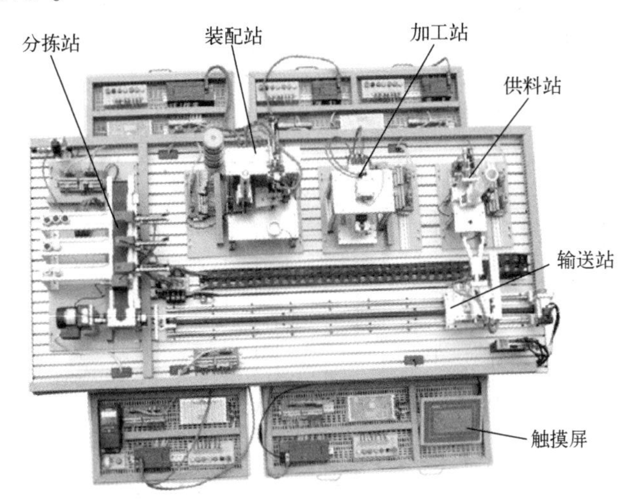

图 1-8　YL-335B 自动线 5 个工作站在实训台上的分布

1.2.3　基本功能

1. 各工作站的基本功能

（1）供料站的基本功能

供料站是 YL-335B 自动线中的起始工作站，在整个系统中，起着向系统中的其他工作站提供原料的作用。具体的功能是：按照需要将放置在料仓中的待加工工件（原料）自动地推出到供料台上，以便输送站的机械手装置将其抓取，输送到其他工作站。

（2）加工站的基本功能

将输送站送来的工件送到加工站冲压区域，完成一次冲压加工动作，然后再送回到加工台上，待输送站的机械手装置取出该工件送到下一工作站。

（3）装配站的基本功能

将该工作站料仓内的黑色或白色小圆柱形工件嵌入到装配台上的杯形工件中，从而完成一次装配过程。

（4）分拣站的基本功能

将上一工作站送来的已加工、装配好的工件进行分拣，使得不同材质和颜色的工件从不同的料槽分流。

（5）输送站的基本功能

通过直线运动传动机构，驱动抓取旧的机械手装置在指定工作站的物料台上实现精确定位，在该物料台上抓取工件并将其输送到指定位置放下，实现传送工件的功能。

2. YL-335B 自动线的整体功能

当在触摸屏上发出主令信号后，系统会根据生产任务要求将供料站料仓中的工件推出并送往加工站加工，然后把加工好的工件送往装配站进行装配，装配完成后再送往分拣站进行分拣，系统自动根据产品的不同材质和颜色将工件分流至不同的分拣槽。

1.2.4 供电电源

初识 YL-335B 自动线时必须弄清楚其供电电源。该自动线采用三相五线制供电（AC 380 V/220 V），供电电源模块的一次回路原理图如图 1-9 所示，对应的配电箱设备安装图如图 1-10 所示。在图 1-9 中，总电源开关选用 DZ47LE-32/C32 型三相四线剩余电流断路器。

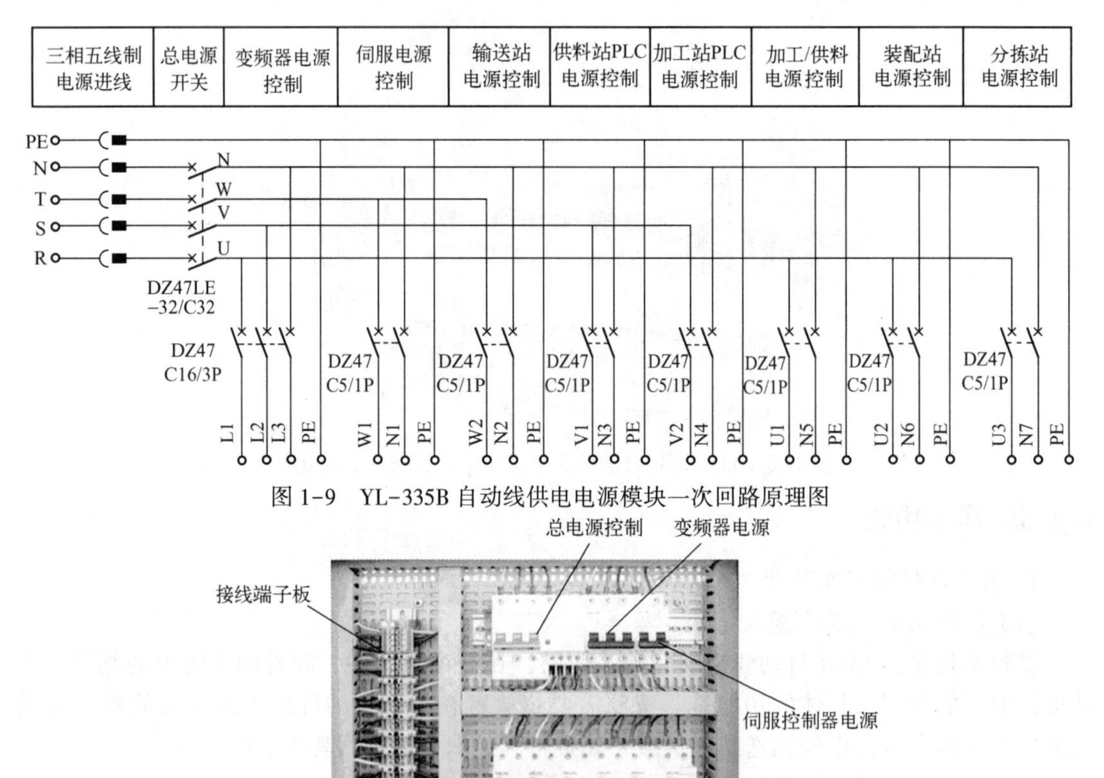

图 1-9　YL-335B 自动线供电电源模块一次回路原理图

图 1-10　YL-335B 自动线配电箱设备安装图

系统各主要负载电源通过断路器单独供电，其中：变频器电源通过 DZ47C16/3P 三相断路器供电；各工作站 PLC 均采用 DZ47C5/1P 单相断路器供电。此外，系统配置 4 台 24 V 开关稳压电源分别用作供料、加工、装配、分拣和输送站的 24 V 直流电源（供料、加工站合用 1 台稳压电源）。

动手实践

任务 1.3 实训内容

严格按照工作任务单来完成本项目的实训内容，学生完成实训项目后需提交工作任务单，具体见表 1-1。

表 1-1 项目 1 工作任务单（自动化生产线的认识）

<table>
<tr><td>班级</td><td colspan="2"></td><td>组别</td><td>组长</td><td></td></tr>
<tr><td>成员</td><td colspan="5"></td></tr>
<tr><td>项目 1</td><td colspan="5">自动化生产线的认识</td></tr>
<tr><td>实训内容</td><td colspan="5">1. 现场认识 YL-335B 自动线的整体结构，它包括哪些工作站？各工作站的基本组成结构如何？熟悉整条生产线的整体运行工艺控制过程
2. 现场认识 YL-335B 自动线的供电系统结构，正确理解其电路原理，熟悉各个自动开关（空气断路器）的控制功能</td></tr>
<tr><td>实训报告</td><td colspan="5">1. 简述 YL-335B 自动线的整体结构，以及各工作站的基本组成结构
2. 简述生产线的整体运行工艺控制过程
3. 画出 YL-335B 自动线电源配电箱的整体布置图，并标照各自动开关的控制功能</td></tr>
<tr><td>完成时间</td><td colspan="5"></td></tr>
<tr><td rowspan="5">完成情况（评分）</td><td>序号</td><td>实 训 内 容</td><td>评 价 要 点</td><td>配分</td><td>教师评分</td></tr>
<tr><td>1</td><td>YL-335B 自动线的基本结构</td><td>对基本结构理解到位，并叙述正确</td><td>30</td><td></td></tr>
<tr><td>2</td><td>YL-335B 自动线的整体工艺控制过程</td><td>对整体工艺控制过程理解到位，并叙述准确</td><td>30</td><td></td></tr>
<tr><td>3</td><td>YL-335B 自动线电源配电箱的认识</td><td>能正确绘制电源配电箱的整体布置图，并且能正确标出各自动开关的控制功能</td><td>30</td><td></td></tr>
<tr><td>4</td><td>职业素养与安全意识</td><td>操作是否符合安全操作规程和岗位职业要求；工具摆放是否整齐；团队合作精神是否好；是否保持工位清洁、爱惜实训设备等</td><td>10</td><td></td></tr>
<tr><td>其他</td><td colspan="5"></td></tr>
</table>

课后提高

1. 进一步熟悉 YL-335B 自动线的基本操作技能，掌握 YL-335B 自动线的单站运行操作和联机运行操作技能，深刻理解自动线的工艺控制过程。

2. 利用互联网或图书馆等资源进一步了解自动化生产线的最新技术及其应用领域，拓展知识面及拓宽视野。

项目 2　供料站的原理、安装与调试

学习目标

知识目标：了解供料站的基本结构，理解供料站的工作过程，掌握传感器技术和气动技术的工作原理及其在供料站中的应用，掌握供料站的 PLC 程序设计。

技能目标：能够熟练安装、调试供料站的机械、气路（气动控制线路）和电路，保证硬件部分正常工作；能够根据供料站的工艺要求编写及调试 PLC 程序。

教学重点：供料站气路和电路的安装与调试；供料站 PLC 程序设计及调试。

教学难点：供料站 PLC 程序设计及调试。

项目描述

供料站是 YL-335B 自动线的起始工作站，担负着向其他工作站源源不断地提供原料（或工件）的作用。其具体功能为：按照需要将放置在供料站料仓中待加工的工件自动送到供料站物料台上，以便输送站的机械手装置将其抓取送往其他工作站进行加工、装配或分拣等操作。供料站既可以独立完成供料操作，也可以与其他工作站联网协同操作。而要想联网操作，则必须保证供料站能单站正确运行，所以单站操作是前提条件。

单站运行任务描述如下。

1. 正常工作情况

供料站的主令信号和工作状态显示信号来自 PLC 旁边的按钮/指示灯模块，并且按钮/指示灯模块上的工作方式选择开关 SA 应被置于“单站方式”位置。具体的控制要求如下。

（1）初始状态检查

设备通电和气源接通后，若供料站的两个气缸均处于缩回位置，且料仓内有足够的待加工工件，则“正常工作”指示灯 HL1（黄色灯）常亮，表示设备准备好。否则，该指示灯以 1 Hz 的频率闪烁。

（2）起动运行

若设备准备好，按下起动按钮，供料站起动，“设备运行”指示灯 HL2（绿色灯）常亮。起动后，若出料台上没有工件，则应把工件推到出料台上。出料台上的工件被人工取出后，若没有停止信号，则进行下一次推出工件操作。

（3）正常停止

若在运行中按下停止按钮，则在完成本工作周期任务后，供料站停止工作，HL2 指示灯熄灭，HL3（红色灯）指示灯亮。

2. 异常工作情况

（1）料不足情况

若在运行中料仓内工件不足，则供料站继续工作，但“正常工作”指示灯 HL1 以 1 Hz

的频率闪烁，“设备运行”指示灯 HL2 保持常亮。

（2）缺料情况

若料仓内没有工件，则 HL1 指示灯和 HL2 指示灯均以 2 Hz 的频率闪烁。供料站在完成本周期任务后停止。除非向供料仓补充足够的工件，否则供料站不能再起动。

项目分析

根据项目的任务描述，本项目需要完成的工作如下：

1）供料站的机械安装；

2）供料站的气路连接；

3）供料站的电气控制原理图的设计与接线；

4）供料站的硬件调试；

5）供料站的 PLC 程序设计；

6）供料站的功能调试及运行。

理论学习

任务 2.1 认识供料站的基本结构与原理

2.1.1 供料站的基本结构

供料站的结构主要由机械部件、电气元件和气动元件构成。机械部件由四脚支架、供料台底板、气缸支撑板、供料站底板、管形料仓和光电传感器支架等组成。电气元件包括 3 个光电传感器（也称为光电接近开关）、1 个金属传感器（也称为电感接近开关）、4 个磁性传感器（也称为磁性开关）。气动部件包括 2 个双作用直线气缸（推料气缸和顶料气缸）、4 个气缸节流阀和 2 个电磁阀。供料站的外形结构如图 2-1 所示。

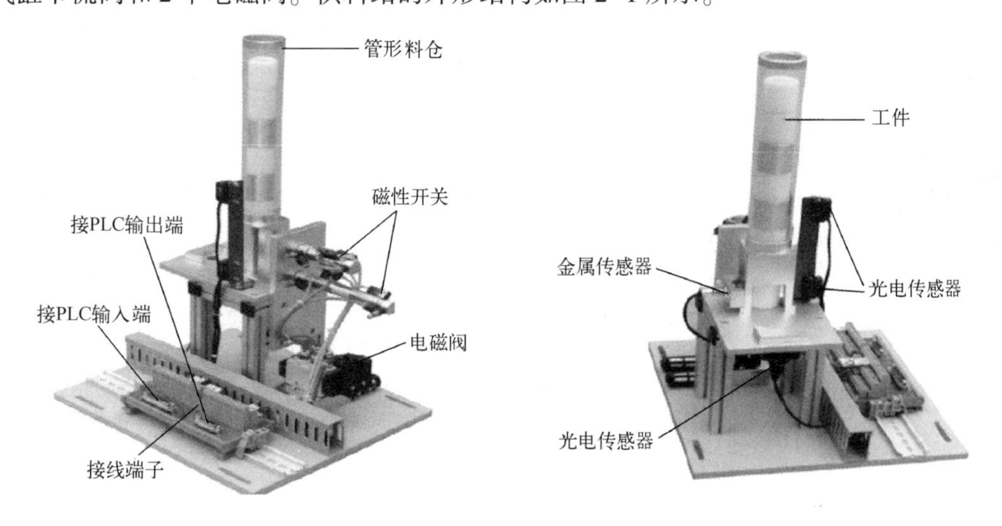

图 2-1 供料站的外形结构

2.1.2 供料站的工作原理

供料站的工作原理如图 2-2 所示。工件垂直叠放在料仓中，推料气缸处于料仓的底层并且其活塞杆可从料仓的底部通过。当活塞杆在退回位置时，它与最下层工件处于同一水平位置，而顶料气缸则与次下层工件处于同一水平位置。在需要将工件推出到物料台上时，首先使顶料气缸的活塞杆推出，压住次下层工件；然后使推料气缸活塞杆推出，从而把最下层工件推到物料台上。在推料气缸返回并从料仓底部抽出后，再使顶料气缸返回，松开次下层工件。这样，料仓中的工件在重力的作用下，就自动向下移动一个工件，为下一次推出工件做好准备。

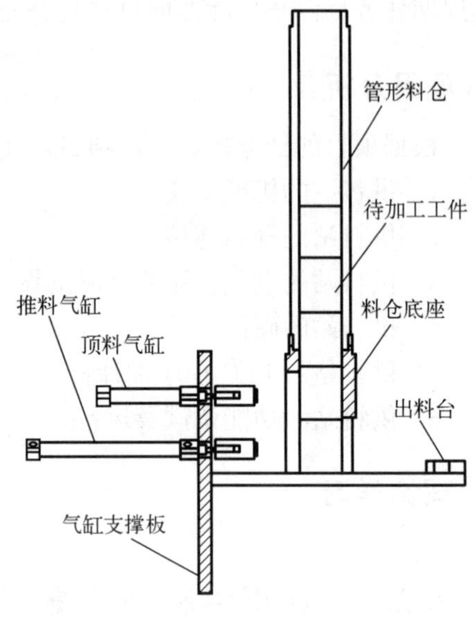

图 2-2 供料站的工作原理示意图

在底层和第 4 层分别安装一个漫射式光电接近开关。它们的功能是检测料仓中有无工件或工件是否足够。若该部分机构内没有工件，则处于底层和第 4 层位置的两个漫射式光电接近开关均处于常态；若仅在底层有 3 个工件，则底层处光电接近开关动作而第 4 层处光电接近开关处于常态，这表明工件已经快用完了。这样，料仓中有无工件或工件是否足够，就可通过这两个光电接近开关的信号状态反映出来。

推料气缸把工件推出到出料台上。出料台面开有小孔，出料台下面安装有一个圆柱形漫射式光电接近开关，工作时向上发出光线，从而透过小孔检测是否有工件存在，以便向系统提供本站出料台有无工件的信号。在联机控制程序中，可以利用该信号状态来判断是否需要驱动输送站的机械手装置来抓取工件。

2.1.3 传感器在供料站中的应用

供料站使用光电传感器、金属传感器和磁性传感器 3 种不同类型的传感器。光电传感器主要用于检测是否有工件（物料），金属传感器用于检测是否有金属工件，磁性传感器用于检测气缸活塞的位置。

1. 光电传感器

光电传感器用在环境比较好、无灰尘及无粉尘污染的场合，为非接触式测量，主要测量被测物的有无，其外形如图 2-3 所示。

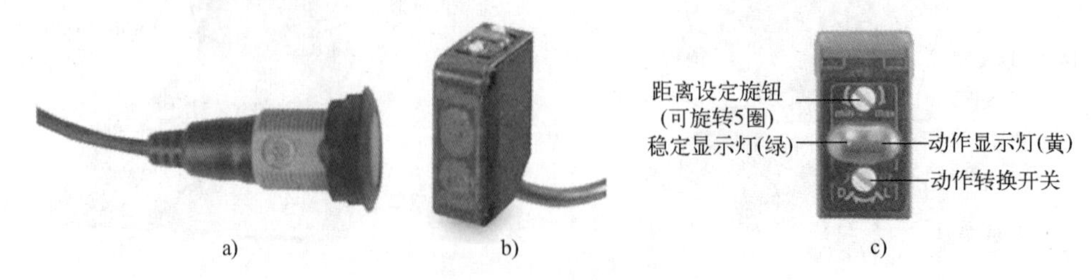

图 2-3 光电传感器外形图

a）MHT15-N231 光电传感器外形 b）E3Z-L 光电传感器外形 c）E3Z-L 光电传感器调节旋钮和显示灯

（1）工作原理

利用光敏晶体管、光敏二极管、光敏电阻或光敏电池检测反射光的强弱或有无反射光，从而检测是否存在物体。其工作原理如图 2-4 所示。

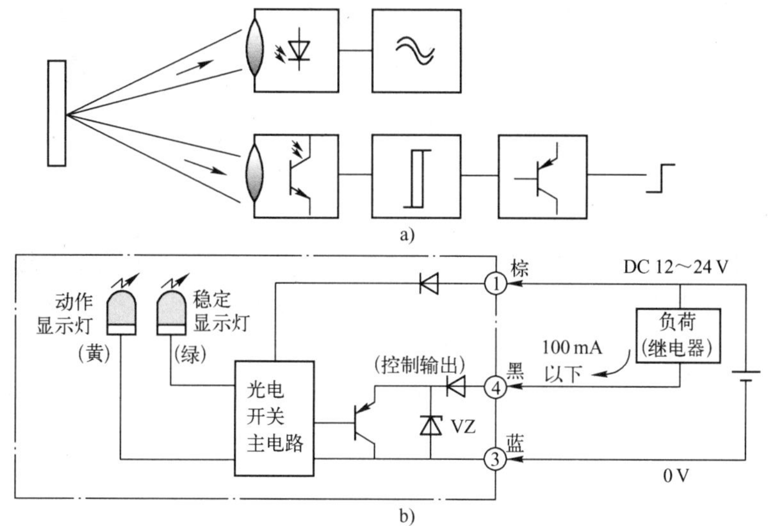

图 2-4　光电传感器的工作原理

a）原理　b）接线图

（2）光电传感器的接线

由图 2-4 可知，棕色为电源线正极，接 24 V，蓝色为电源线负极，接 0 V，黑色为信号线，接 PLC 数字量输入端口。

（3）光电传感器在供料站中的具体应用

1）检测供料站物料台是否有料。

2）检测供料站料仓工件是否充足和料仓是否缺料。具体作用如图 2-5 所示。

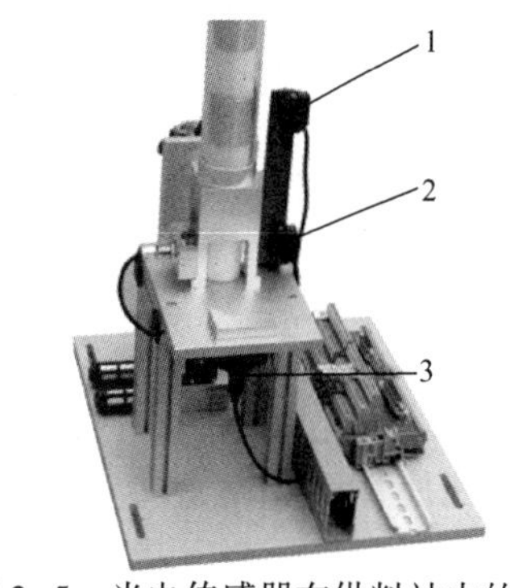

图 2-5　光电传感器在供料站中的作用

1—检测料仓工件是否充足　2—检测料仓是否缺料　3—检测料台是否有料

2. 磁性传感器

气缸体为非导磁性材料，活塞上装有永久磁环，当磁环接近磁性传感器时，磁性传感器被磁化而使得触点吸合在一起，从而使回路接通，这样就可以检测气缸活塞的位置。磁性传感器的工作原理如图 2-6 所示。

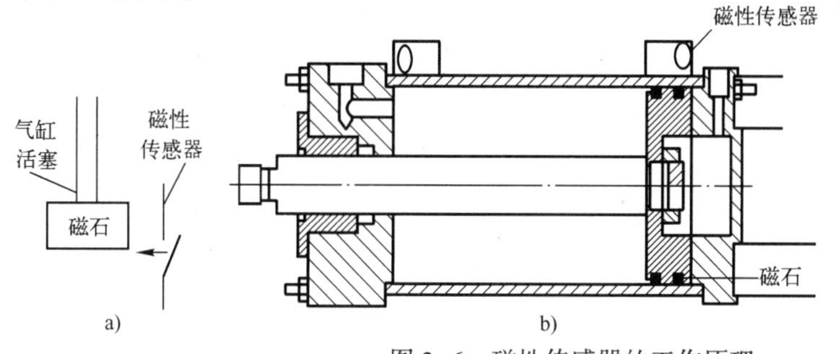

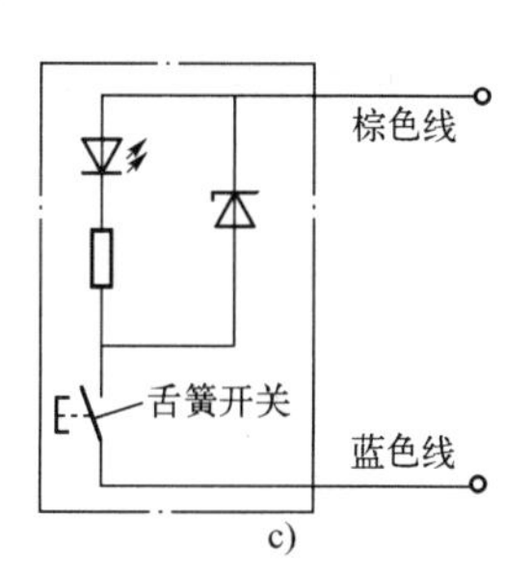

图 2-6　磁性传感器的工作原理

a）示意图　b）气缸与磁性传感器　c）接线图

（1）磁性传感器的接线

磁性传感器一般有两根引线，棕色线接 PLC 数字量输入端口，蓝色线接 DC 0 V。

（2）磁性传感器在供料站中的具体应用（见图 2-7）

1）检测顶料气缸顶料到位的位置或顶料复位的位置。

2）检测推料气缸推料到位的位置或推料复位的位置。

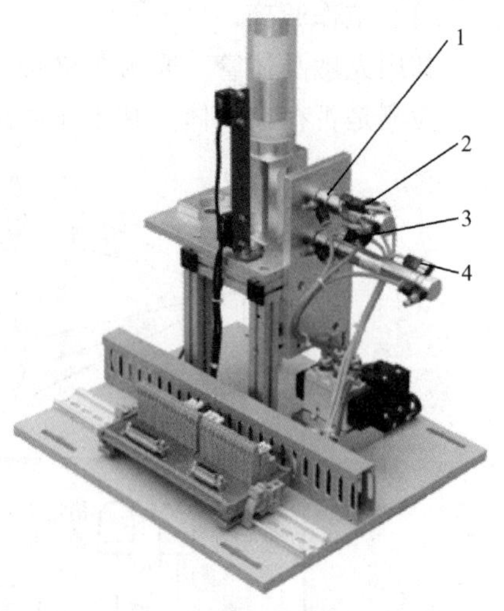

图 2-7　磁性传感器在供料站中的作用
1—顶料到位　2—顶料复位
3—推料到位　4—推料复位

3. 金属传感器

当被测金属物体接近检测用的电感线圈时产生了涡流效应，引起振荡器振幅或频率的变化，由传感器的信号调理电路（包括检波、放大、整形和输出等电路）将该变化转换成开关量以输出，从而达到检测目的。金属传感器主要用于检测金属工件的有无，其外形及工作原理如图 2-8 所示。

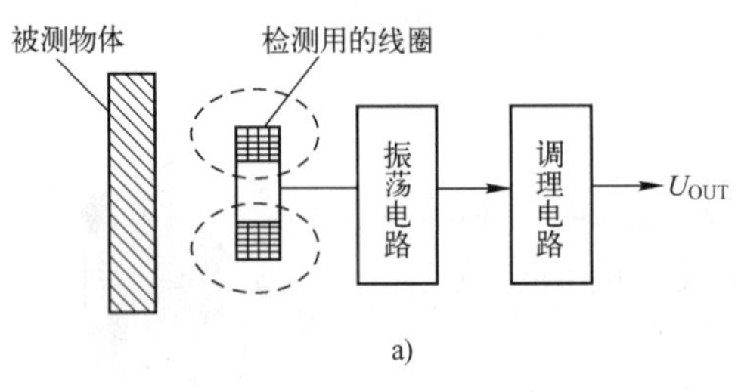

a)　b)

图 2-8　金属传感器的外形及工作原理
a）工作原理　b）外形

（1）金属传感器的接线

棕色为电源线正极，接 24 V，蓝色为电源线负极，接 0 V，黑色为信号线，接 PLC 数字量输入端口。

（2）金属传感器在供料站中的应用

检测被推出供料台的工件是否为金属工件，其结构如图 2-9 所示。

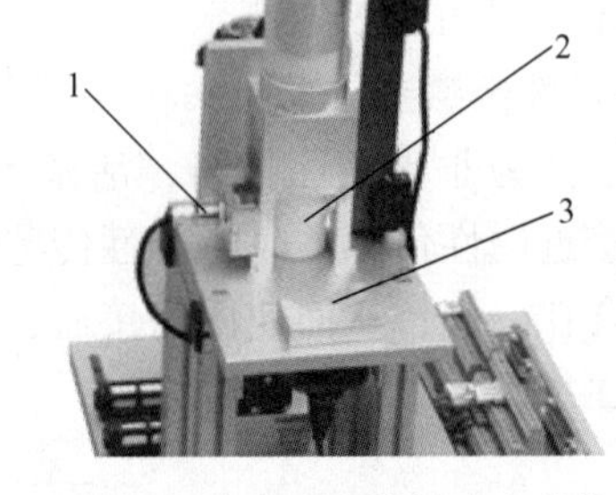

图 2-9　金属传感器在供料站中的作用结构
1—金属传感器　2—工件　3—供料台

4. 传感器的电路符号

常用传感器的电路符号如图 2-10 所示。

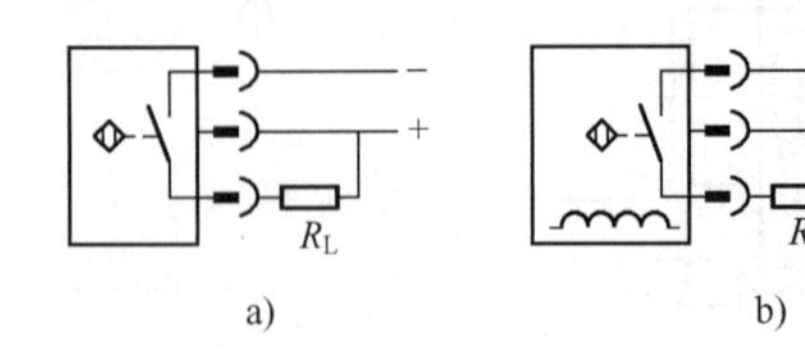

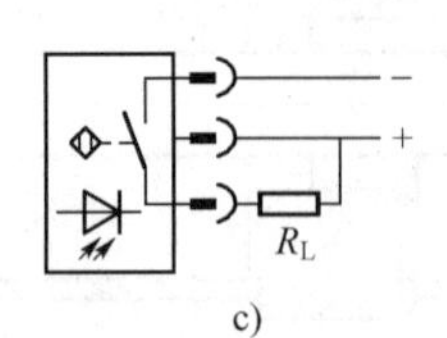

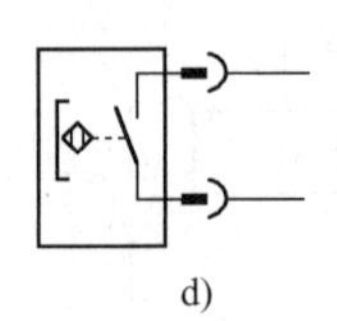

a)　b)　c)　d)

图 2-10　常用传感器电路符号
a）通用图形符号　b）金属传感器　c）光电传感器　d）磁性传感器

2.1.4　气动元件在供料站中的应用

供料站中用到的气动元件主要有双作用直线气缸、节流阀和电磁阀。

1. 双作用直线气缸

双作用直线气缸是指活塞的往复运动均由压缩空气来推动。气缸的两个端盖上都设有进、排气通口，如图2-11所示，当从气口2进气时，推动活塞作伸出运动；反之，从气口1进气时，推动活塞缩回运动。

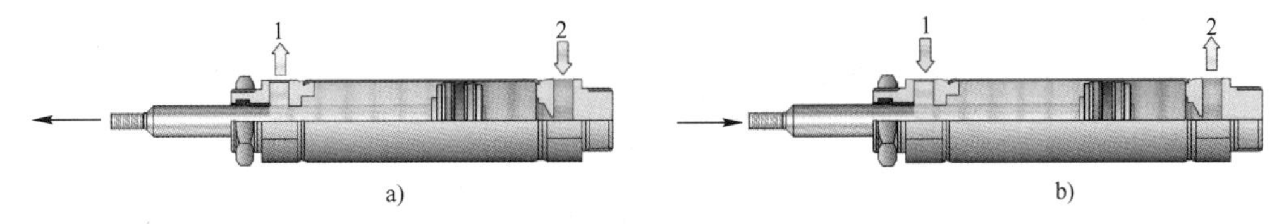

图2-11　双作用直线气缸的工作示意图

a）气缸伸出　b）气缸缩回

双作用直线气缸结构简单，输出力稳定，行程可根据需要选择，但由于是利用压缩空气交替作用于活塞上实现伸缩运动，缩回时压缩空气的有效作用面积较小，所以产生的力要小于伸出时产生的推力。

在供料站中需要两个双作用直线气缸，分别完成顶料操作和推料操作。

2. 单向节流阀

单向节流阀的作用是对气缸的运动速度加以控制，使气缸的动作平稳可靠。单向节流阀是由单向阀和节流阀并联而成的流量控制阀，常用于控制气缸的运动速度，所以也称为速度控制阀。

图2-12给出了在双作用直线气缸中装两个单向节流阀的连接示意图，这种连接方式称为排气节流方式。即当压缩空气从A端进入、从B端排出时，单向节流阀A的单向阀开启，向气缸的无杆腔快速充气；由于单向节流阀B的单向阀关闭，有杆腔的气体只能经节流阀排出，调节节流阀B的开度，便可改变气缸伸出时的运动速度。反之，调节节流阀A的开度则可改变气缸缩回时的运动速度。通过这种控制方式，活塞运行稳定。同时这也是最常用的方式之一。

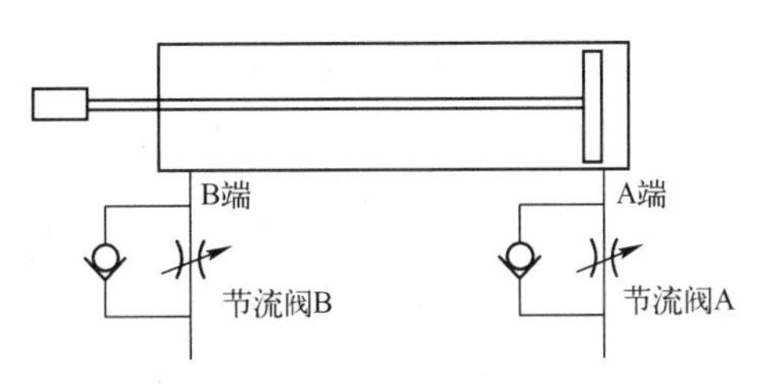

图2-12　节流阀连接和调整原理示意图

3. 单向控制电磁阀

单向控制电磁阀只有一个通电线圈，通过控制线圈的通电与否来改变气流的方向，从而控制双作用直线气缸的动作方向。

供料站用了两个二位五通的单向控制电磁阀，如图2-13所示。这两个电磁阀带有手动换向和加锁钮，有锁定（LOCK）和开启（PUSH）两个位置。用小螺钉旋具把加锁钮旋至LOCK位置时，手控开关向下凹陷，不能进行手控操作。只有在PUSH位置时，才可用工具向下按，此时信号为“1”，等同于该侧的电磁信号为“1”；常态时，手控开关的信号为“0”。在进行设备调试时，可以使用手控开关对阀进行控制，从而实现对相应气路的控制，以改变对推料气缸等执行机构的控制，达到调试的目的。两个电磁阀是集中安装在汇流板上的。汇流板中两个排气口末端均连接了消声器，消声器的作用是减少压缩空气向大气排放时的噪声。这种将多个阀与消声器、汇流板等集中在一起构成的一组控制阀的集成称为阀组，阀组中每个阀的功能是彼此独立的。

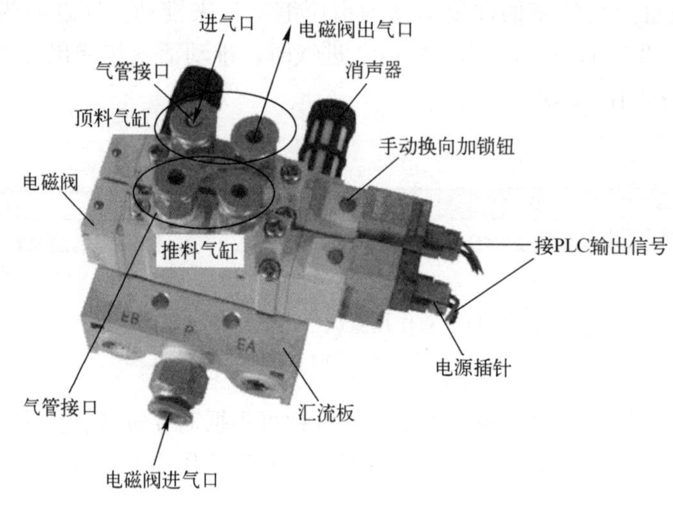

图 2-13　单向二位五通电磁阀组工作原理

任务 2.2　供料站的硬件安装与调试

供料站的硬件安装包括机械安装、气路的连接及电气接线和调试。

2.2.1　供料站的机械安装

首先把供料站各零件组合成整体安装时的组件，然后对组件进行组装。所组合成的组件包括铝合金支撑架组件、供料台及料仓底座组件、推料机构及挡板，如图 2-14 所示。

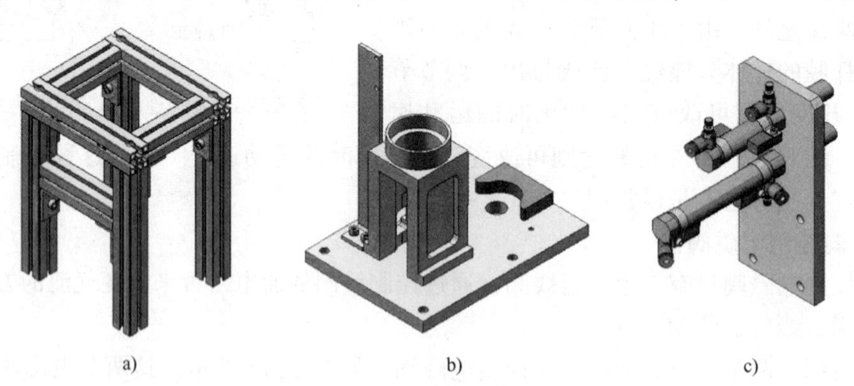

图 2-14　供料站的安装组件

a）铝合金支撑架　b）供料台及料仓底座　c）推料机构及挡板

各组件装配好后，用螺栓把它们连接为整体，再用橡皮锤把装料管敲入料仓底座。然后将安装好的供料站机械部分以及电磁阀组、PLC 和接线端子排固定在底板上，最后固定底板，完成供料站的安装。

安装过程中的注意事项如下。

1）装配铝合金支撑架时，注意调整好各条边的平行度及垂直度后，再锁紧螺栓。

2）气缸安装板和铝合金支撑架的连接，是靠预先在特定位置的铝型材“T”形槽中放置与之相配的螺母，因此在对该部分的铝合金型材进行连接时，一定要在相应的位置放置相应的螺母。如果没有放置螺母或没有放置足够多的螺母，将造成无法安装或安装不可靠。

3）机械机构固定在底板上的时候，需要将底板移动到操作台的边缘，螺栓从底板的反面拧入，将底板和机械机构部分的支撑型材连接起来。

2.2.2 供料站的气路安装

1. 安装方法

供料站的气路安装原理如图 2-15 所示，气源从电磁阀组的汇流板进气，两个电磁阀分别控制顶料气缸与推料气缸的动作。具体为：顶料电磁阀的进气口连接至顶料气缸的端口 2，出气口气管连接至顶料气缸的端口 1（图 2-11）。推料电磁阀进、出气管的连接与顶料电磁阀类似。

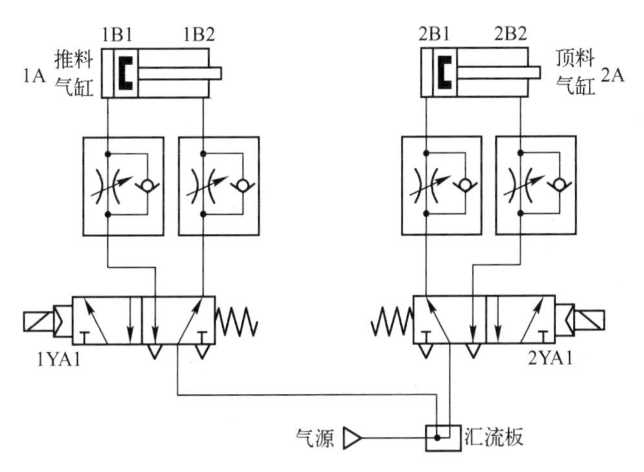

图 2-15　供料站的气路控制原理

2. 安装注意事项

1）一个电磁阀的两根气管只能连接至一个气缸的两个端口，不能使一个电磁阀连接至两个气缸、或使两个电磁阀连接至一个气缸。

2）接入气管时插入节流阀的气孔后确保其不能被拉出，而且保证不能漏气。

3）拔出气管时先要用左手按下节流阀气孔上的伸缩件，右手轻轻拔出即可，切不可直接用力强行拔出，否则将损坏节流阀内部的锁扣环。

4）连接气路时，最好进、出气管用两种不同颜色的气管来连接，以方便识别。

5）气管的连接要做到走线整齐、美观，扎带绑扎距离保持在 4~5 cm 为宜。

2.2.3 供料站的电气线路设计与连接

1. 电气控制原理图

供料站的电气控制电路主要由 PLC、传感器、电磁阀和控制按钮等组成。采用西门子 S7-200 系列 CPU224 继电器输出型 PLC，硬件配置 I/O 点数为 24 点，其中数字量输入 14 点，数字量输出 10 点。输入端主要用于连接现场设备的传感器和相关的控制命令按钮。输出端用于连接气缸电磁阀和信号指示灯。其电气控制原理图如图 2-16 所示。

图 2-16 中，PLC 工作电源为 AC 220 V。数字量输入/输出模块电源为 DC 24 V，其中 1M、2M 接入的电源均为 24 V。1L、2L、3L 接入的电源为 24 V，这样当输出端继电器线圈得电时输出高电平，否则输出低电平。值得注意的是，这里的 24 V 电源由独立的开关稳压电源来提供，而不采用 PLC 内置的 24 V 电源。

2. 供料站 I/O 端口分配表

根据图 2-16，可以列出 PLC 的 I/O（输入/输出）端口分配表，见表 2-1。

表 2-1 供料站输入/输出端口分配表

输入信号				输出信号			
序号	PLC输入点	信号名称	信号来源	序号	PLC输出点	信号名称	信号来源
1	I0.0	顶料气缸伸出到位	装置侧	1	Q0.0	顶料电磁阀	装置侧
2	I0.1	顶料气缸缩回到位		2	Q0.1	推料电磁阀	
3	I0.2	推料气缸伸出到位		3	Q0.2		
4	I0.3	推料气缸缩回到位		4	Q0.3		
5	I0.4	出料台物料检测		5	Q0.4		
6	I0.5	供料不足检测		6	Q0.5		
7	I0.6	缺料检测		7	Q0.6		
8	I0.7	金属工件检测		8	Q0.7	黄色指示灯	按钮/指示灯模块
9	I1.0			9	Q1.0	绿色指示灯	
10	I1.1			10	Q1.1	红色指示灯	
11	I1.2	停止按钮	按钮/指示灯模块				
12	I1.3	起动按钮					
13	I1.4	急停按钮					
14	I1.5	工作方式选择：单机/联机					

3. 供料站电气接线

供料站电气接线包括装置侧接线和 PLC 侧接线。

（1）装置侧接线

一是把供料站各传感器信号线、电源线、0 V 线按规定接至装置侧左边较宽的接线端子排；二是把供料站电磁阀的信号线接至装置侧右边较窄的接线端子排。具体的接线示意简图如图 2-17 所示。各传感器信号线及电磁阀信号线与装置侧对应的端子排号见表 2-2。

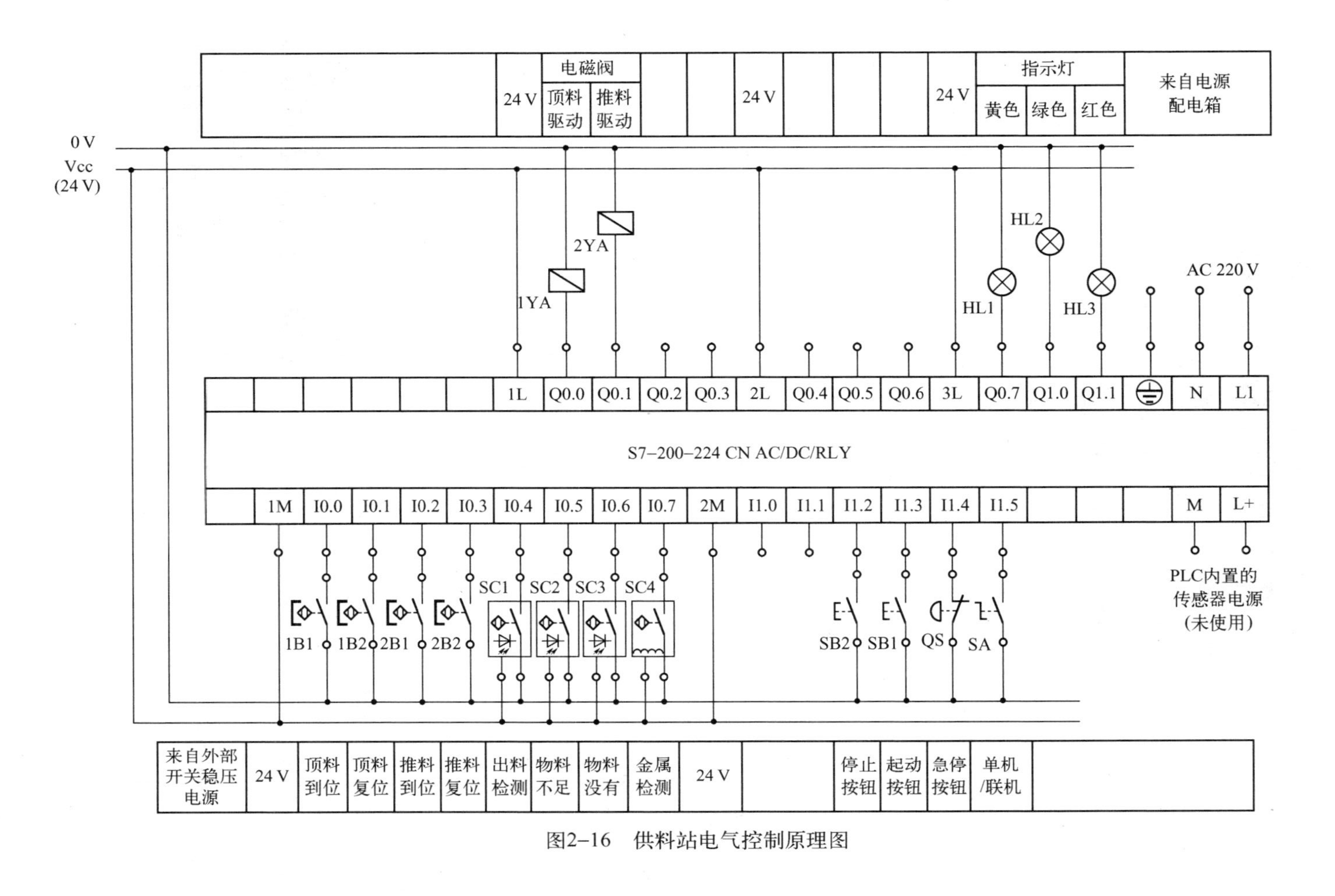

图2-16　供料站电气控制原理图

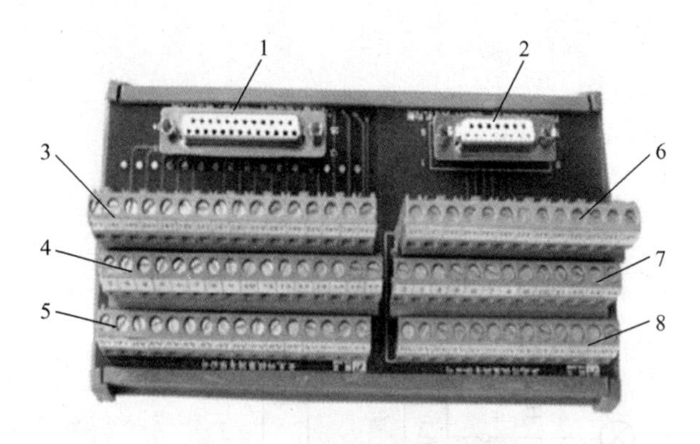

图 2-17　装置侧接线端子排

1—25 针通信端口　2—9 针通信端口　3—传感器 24 V 电源端口　4—传感器信号端口
5—传感器 0 V 端口　6—电磁阀 24 V 电源端口　7—电磁阀信号端口　8—电磁阀 0 V 端口

表 2-2　供料站装置侧信号线与端口号的对应分配

输入端口中间层			输出端口中间层		
端子号	设备符号	信　号　线	端子号	设备符号	信　号　线
2	1B1	顶料到位	2	1YA	顶料电磁阀
3	1B2	顶料复位	3	2YA	推料电磁阀
4	2B1	推料到位			
5	2B2	推料复位			
6	SC1	出料台物料检测			
7	SC2	物料不足检测			
8	SC3	物料有无检测			
9	SC4	金属材料检测			
10#~17#端子没有连接			4#~14#端子没有连接		

(2) PLC 侧接线

包括电源接线、PLC 输入/输出端口的接线、以及按钮/指示灯模块的接线 3 个部分。PLC 侧接线端子排为双层两列端子，左边较窄的一列主要接 PLC 的输出端口，右边较宽的一列接 PLC 的输入端口。两列中的下层分别接 24 V 电源端子（见图 2-18 中的 4、8）和 0 V 端子（见图 2-18 中的 5、7）。左列上层为 PLC 的输出信号端子，右列上层为 PLC 的输入信号端子。PLC 的按钮/指示灯模块中的按钮接线端子连接至 PLC 的输入端口，信号指示灯信号端子接至 PLC 的输出端口，如图 2-19 所示。

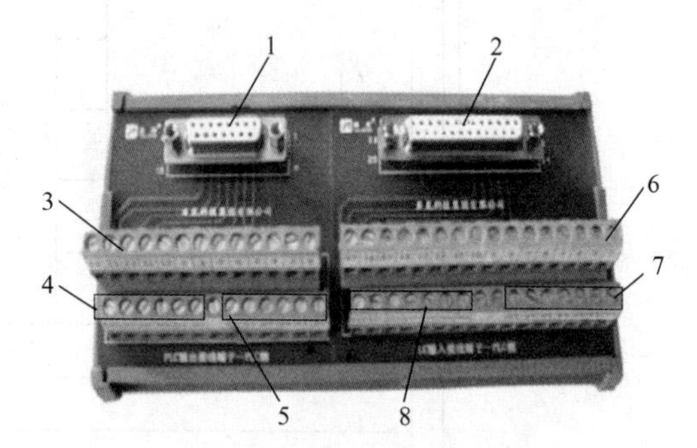

图 2-18　PLC 侧接线端子排

1—9 针通信端口　2—25 针通信端口
3—PLC 输出信号端口　4—24 V 电源端口
5—0 V 端口　6—PLC 输入信号端口
7—0 V 电源端口　8—24 V 端口

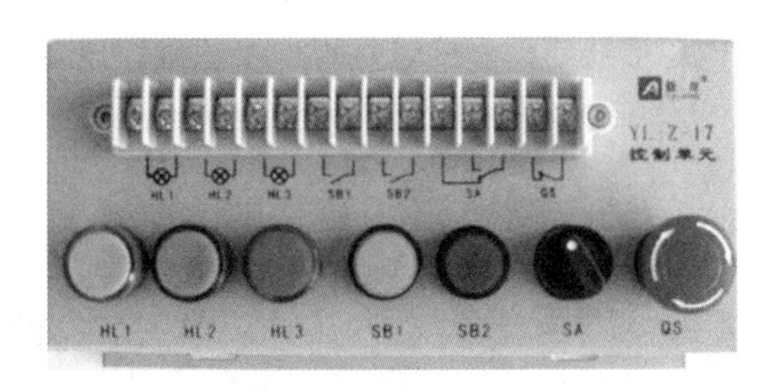

图 2-19　按钮/指示灯模块

(3) 接线注意事项

装置侧接线端口中，输入信号端子的上层端子（24 V）只能作为传感器的正电源端，切勿用于连接电磁阀等执行元件的负载的连接。电磁阀等执行元件的正电源端和 0 V 端应连接到输出信号端子下层端子的相应端子上。装置侧接线完成后，应用扎带绑扎，力求整齐美观。

电气接线的工艺应符合国家职业标准的规定，例如，导线连接到端子时，采用端子压接方法；连接线须有符合规定的标号；每一端子连接的导线不超过两根等。

2.2.4　供料站的硬件调试

硬件安装完成后，需要对硬件进行调试，只有硬件安装正确，才能保证软件的顺利调试。硬件调试主要有机械部分调试、气路部分调试和电气部分调试。

1. 机械部分调试

适当调整紧固件和螺钉，保证能顺利顶料和准确推料到供料台，而且所有紧固件不能松动。

2. 气路部分调试

1) 接通气源后，观察顶料气缸和推料气缸是否处于缩回状态，若没有，则关掉气源后调整气管的连接方式。

2) 接通气源后，分别手动按下推料、顶料电磁阀，观察推料气缸和顶料气缸动作是否平顺，若不平顺，则调整两个气缸两端的节流阀。

3) 接通气源后，观察所有气管接口处是否有漏气现象，若有，则关掉气源，调整气头和气管。

3. 电气部分调试

电气部分调试主要是检查 PLC 和开关稳压电源等工作是否正常，检查 PLC 的输入端口电路和输出端口电路连接是否正确。如电路工作不正常或电路连接不正确，则需要对电路进行排查、核查和调试，保证供料站的硬件电路能正常工作。

1) 检查工作电源是否正常。上电后，观察 PLC、开关稳压电源的电源指示灯是否正常点亮，否则关闭电源以检测其电源接线是否正确或元器件是否损坏。正常工作时，PLC 和开关稳压电源的工作状态如图 2-20 和图 2-21 所示。

2) 核查各传感器信号端口、指示灯/按钮模块的按钮（或开关）信号端口与 PLC 输入端口的连接是否正确。上电后，对照表 2-1 的输入信号部分，逐个检测各传感器信号线是否正确连接至 PLC 的输入口，当某个传感器有动作信号输出时，传感器上的动作指示灯会点亮，其连接至 PLC 输入端口的 LED 指示灯点亮。如果传感器本身不工作或无动作信号输出，则需要检查传感器的电源接线或信号接线是否连接正确，以及调整传感器的检测位置。如果传感器工作正常，但 PLC 输入端口的指示灯不亮，则应检查传感器信号端口与 PLC 输入端口之间的连线是否正常。

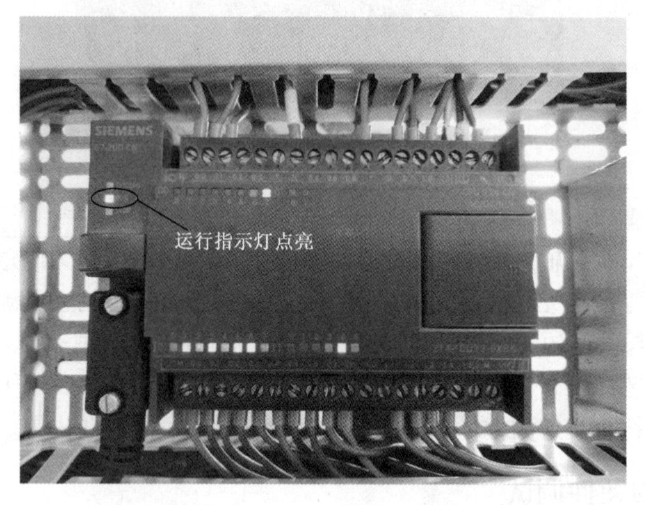

图 2-20　PLC 正常工作状态（运行指示灯亮）

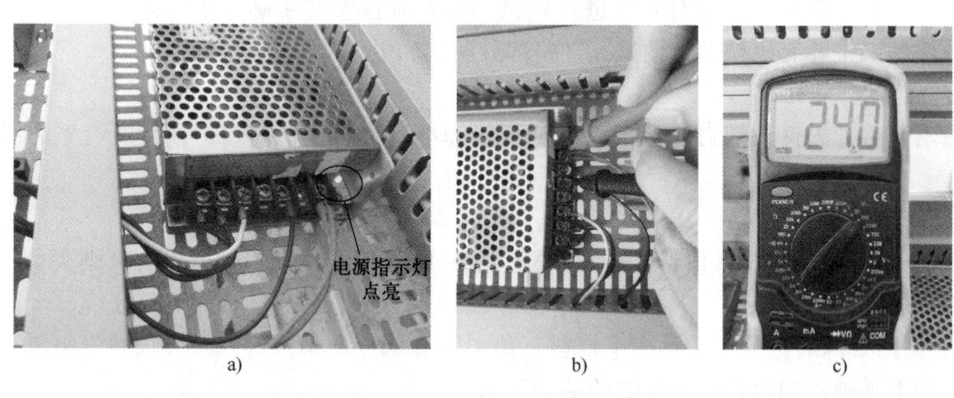

a)　　b)　　c)

图 2-21　开关稳压电源正常工作状态（电源指示灯亮时直流输出电压为 24 V）

对于光电传感器，正常工作时，电源指示灯（绿色灯）点亮，用手或其他遮挡物放在光电传感器检测端的正前方有效检测距离范围内，传感器的动作指示灯（黄色灯）点亮，移开手或遮挡物时，其动作指示灯熄灭。此时连接至 PLC 输入端口的 LED 指示灯也会同步点亮或熄灭。否则，检查传感器的电源接线及其与 PLC 输入端口信号接线的连接是否正确。以供料不足传感器为例，其动作情况及与 PLC 输入端口的连接关系如图 2-22 所示。

对于金属传感器，正常工作时，用螺丝刀等金属物体靠近传感器的检测端，其动作指示灯（红色）点亮，金属物体离开传感器时，动作指示灯熄灭。此时与之相连接的 PLC 的输入端口的 LED 指示灯也会同步点亮或熄灭。否则，检查传感器的电源接线及其与 PLC 输入端口信号线的连接是否正确。供料站金属传感器的动作情况及与 PLC 输入端口的连接关系如图 2-23 所示。

对于磁性传感器，正常工作时，当有磁性物体靠近传感器时（可在关闭气源状态下，用手拉动活塞杆使磁环靠近磁性开关），其动作指示灯（红色）点亮，磁性物体离开传感器

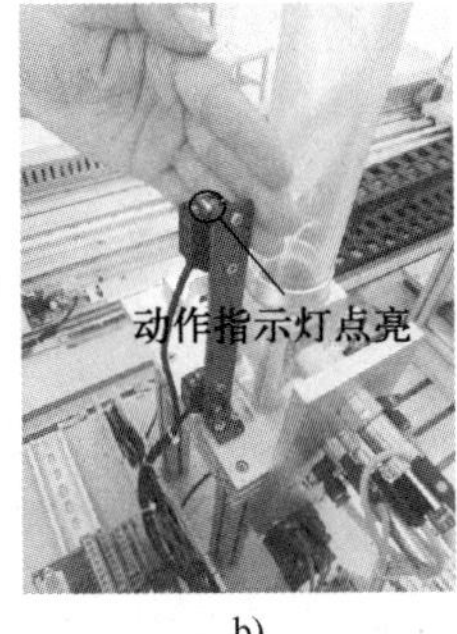

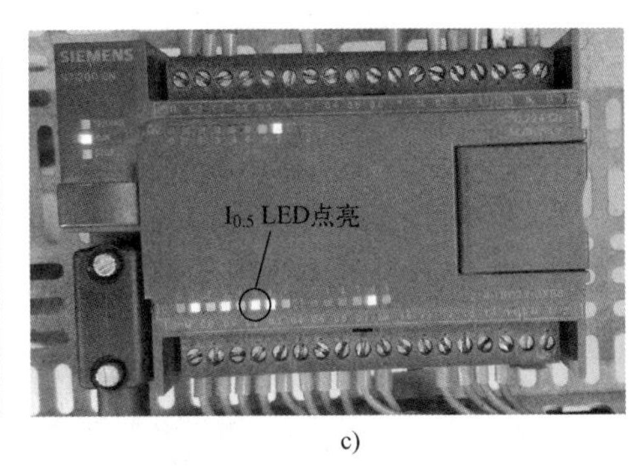

a) b) c)

图 2-22　光电传感器与 PLC 的输入端口连接的核对方法

a）无动作输出信号　b）有动作输出信号　c）供料不足传感器动作时 PLC 输入端口 LED 点亮

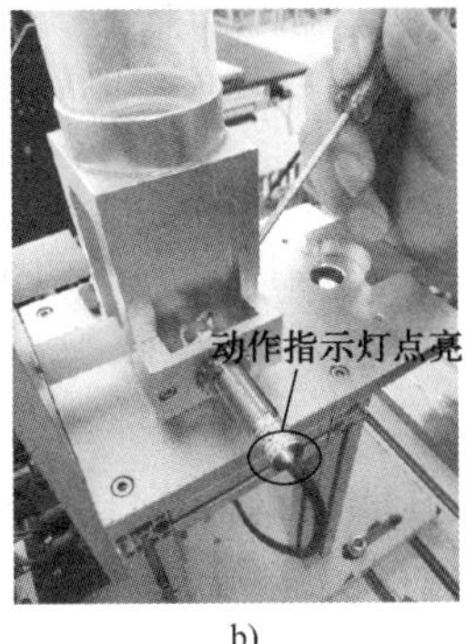

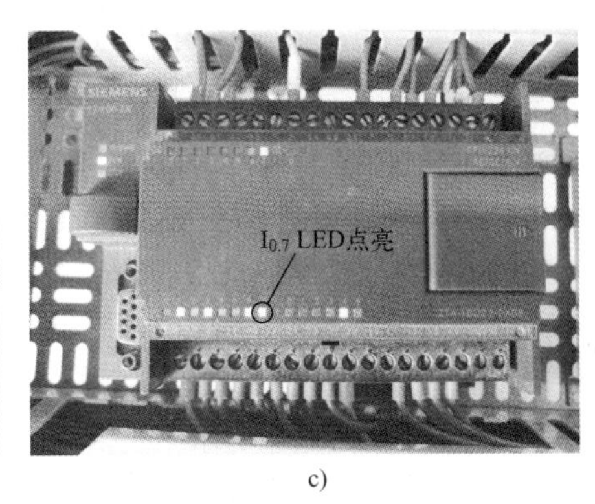

a) b) c)

图 2-23　金属传感器与 PLC 输入端口连接的核对方法

a）无动作输出信号　b）有动作输出信号　c）金属传感器动作时 PLC 输入端口 LED 点亮

时，动作指示灯熄灭。此时，其连接至 PLC 输入端口的 LED 指示灯也同步的点亮或熄灭。否则，检查传感器的 0 V 接线及其与 PLC 输入端口信号线的连接是否正确。以顶料复位传感器为例，其动作情况及与 PLC 输入端口的连接关系如图 2-24 所示。

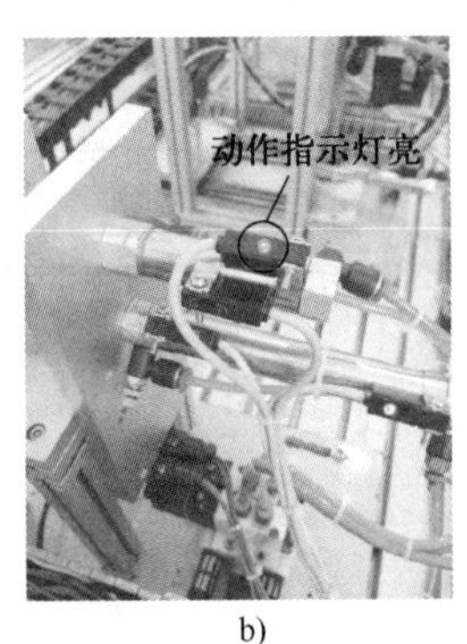

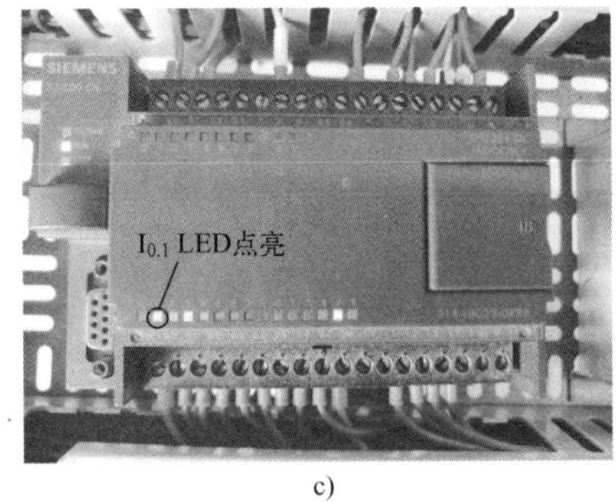

a) b) c)

图 2-24　磁性传感器与 PLC 的输入端口连接核对方法

a）无动作输出信号　b）有动作输出信号　c）顶料复位传感器动作时 PLC 输入端口 LED 点亮

对于指示灯/按钮模块的按钮或开关信号，对照表 2-1 逐个检测指示灯/按钮模块中的各按钮或开关工作是否正常。手动按下某个按钮，或切换工作方式开关，PLC 对应的输入端口指示灯应点亮，否则检查按钮或工作方式开关的接线是否正确并做相应的调试。以起动按钮的核对为例，如图 2-25 所示。

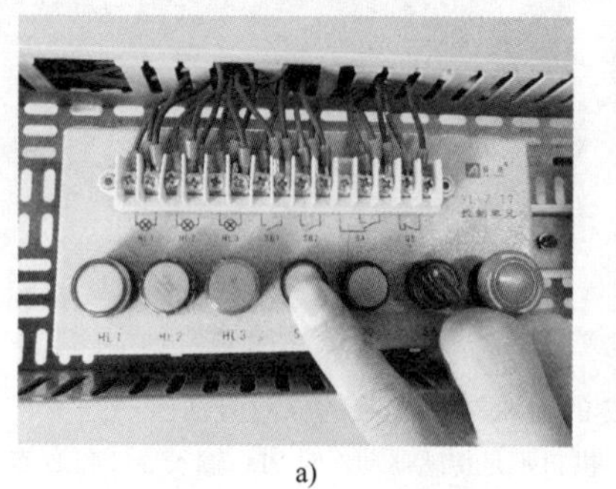

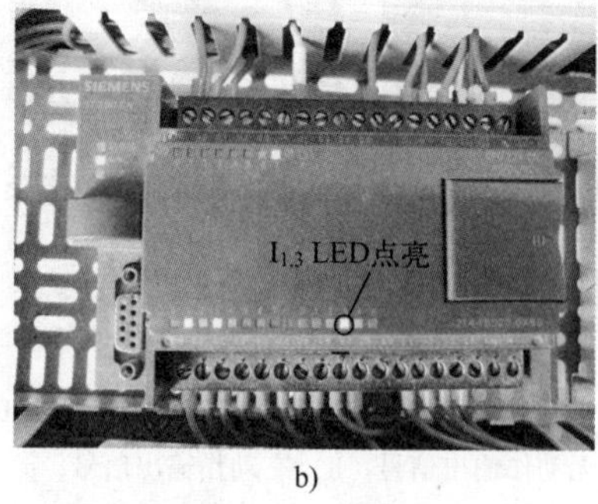

a)　　　　　　b)

图 2-25　核对起动按钮与 PLC 输入端口连接是否正确

a）按下起动按钮　b）PLC 输入端口 I1.3 的 LED 指示灯点亮

（3）核对 PLC 输出端口与电磁阀、指示灯连接是否正确。打开 STEP 7-Micro/WIN 编程软件，分别用软件强制方法调试 Q0.0 和 Q0.1 端口对应的两个电磁阀是否工作正常。当 Q0.0=1 时，顶料电磁阀应动作，此时执行顶料动作。电磁阀不动作，应检查 Q0.0 至装置侧电磁阀的信号接线是否正常，如果正常则检查电磁阀内部接线是否正常或者是否已损坏。用同样的方法完成推料电磁阀和各信号指示灯的调试。软件强制核查 PLC 输出端口的调试界面如图 2-26 和图 2-27 所示。

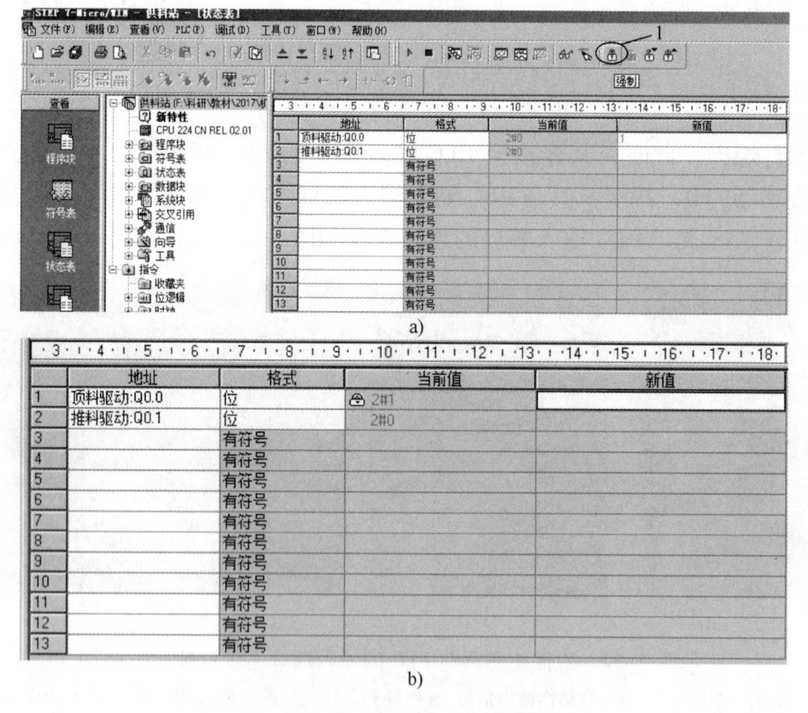

a)

b)

图 2-26　软件强制核查 PLC 输出端口 Q0.0

a）准备给 Q0.0 端口强制输入新值“1”

b）给 Q0.0 端口强制输入新值为“1”后，其输出值为“1”，Q0.0 端口线圈得电

c)

图 2-26　软件强制核查 PLC 输出端口 Q0.0（续）

c）执行顶料驱动动作

a)

	地址	格式	当前值	新值
1	顶料驱动:Q0.0	位	2#0	
2	推料驱动:Q0.1	位	2#1	
3		有符号		
4		有符号		
5		有符号		
6		有符号		
7		有符号		
8		有符号		
9		有符号		
10		有符号		
11		有符号		
12		有符号		
13		有符号		

b)

c)

图 2-27　软件强制核查 PLC 输出端口 Q0.1

a）准备给 Q0.1 端口强制输入新值“1”　b）给 Q0.1 端口强制输入新值为“1”后，其输出值为“1”，Q0.1 端口线圈得电　c）执行推料驱动动作

任务 2.3　供料站的程序设计

供料站的程序设计是整个项目的重点和难点。程序设计首要任务是理解供料站的工艺要求和控制过程，在充分理解的基础上，绘制程序流程图，然后根据流程图来编写程序，而不是单靠经验来编程，只有这样才能取得事半功倍的效果。

2.3.1　顺序功能图

由供料站的工艺流程（见项目描述部分）可以绘制供料站的主程序和供料控制子程序的顺序功能图，如图 2-28 和图 2-29 所示。

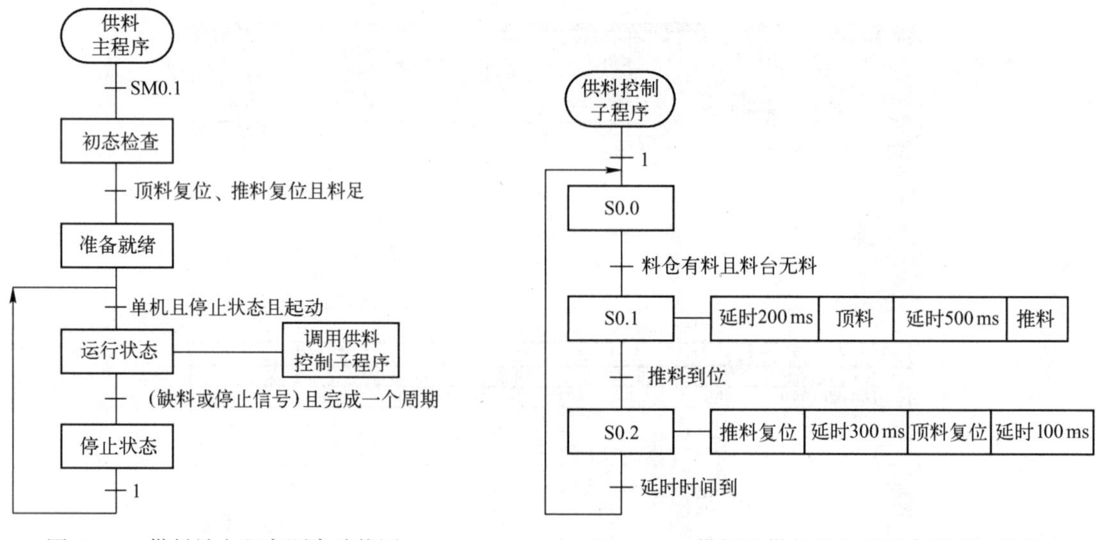

图 2-28　供料站主程序顺序功能图　　　图 2-29　供料站供料控制子程序顺序功能图

整个程序的结构包括主程序、供料控制子程序和信号显示子程序。主程序是一个周期循环扫描的程序。通电后先进行初态检查，即检查顶料气缸、推料气缸是否处于复位状态，料仓内的工件是否充足。这 3 个条件中的任一条件不满足，初态均不能通过，也就是说不能起动供料站使之运行。如果初态检查通过，则说明设备准备就绪，允许起动。起动后，系统就处于运行状态，此时主程序每个扫描周期调用供料控制子程序和显示子程序。

供料控制子程序是一个步进程序，可以采用置位和复位方法来编程，也可以用西门子特有的顺序继电器指令（SCR 指令）来编程。如果料仓有料且料台无料，则依次执行顶料、推料操作，然后再执行推料复位、顶料复位操作，延时 100 ms 后返回子程序入口处开始下一个周期的工作。

信号显示子程序相对比较简单，可以根据项目的任务描述用经验设计法来编写程序。

2.3.2 梯形图程序

1. 主程序（见图 2-30）

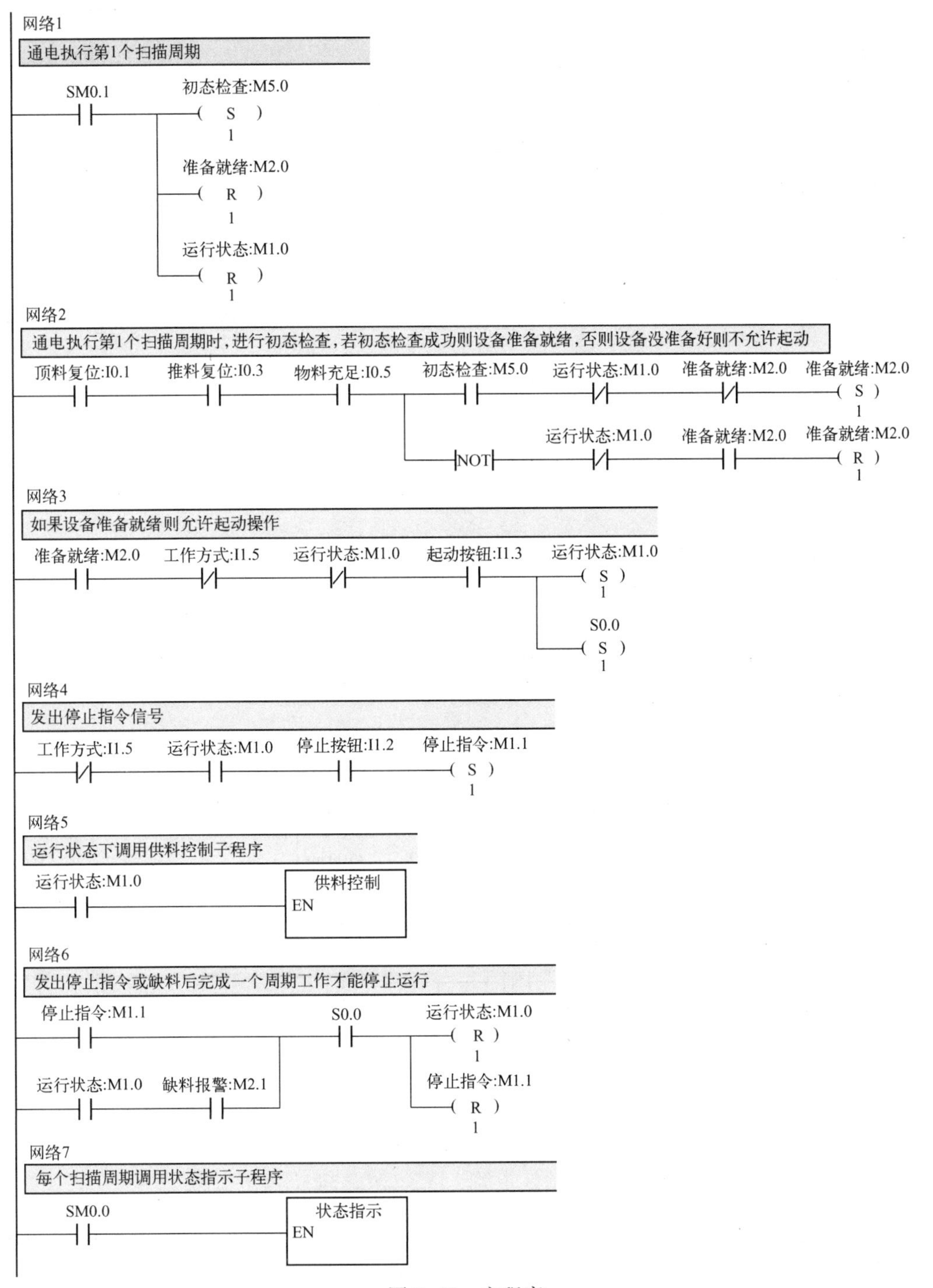

图 2-30 主程序

2. 供料控制子程序（见图 2-31）

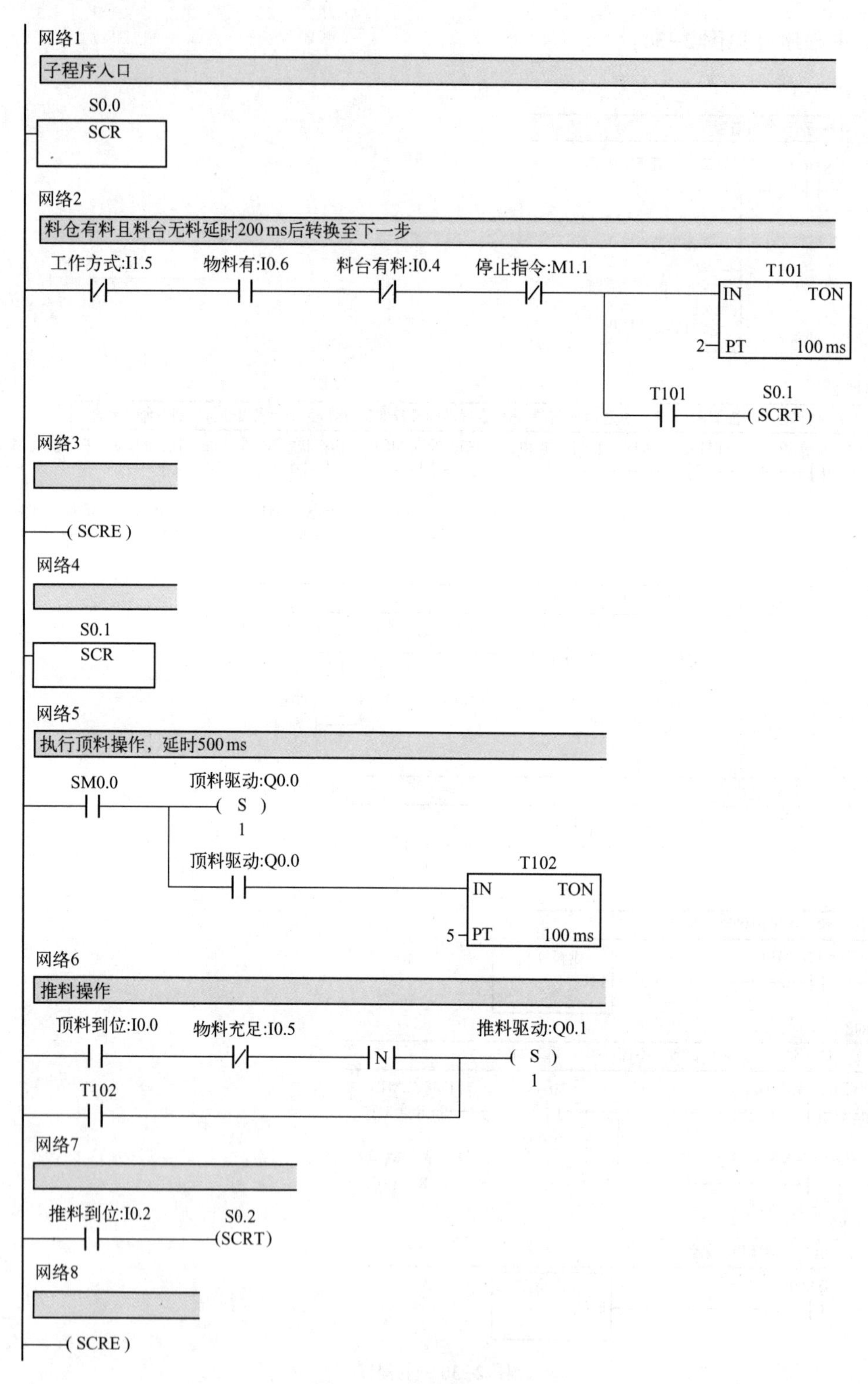

图 2-31　供料控制子程序

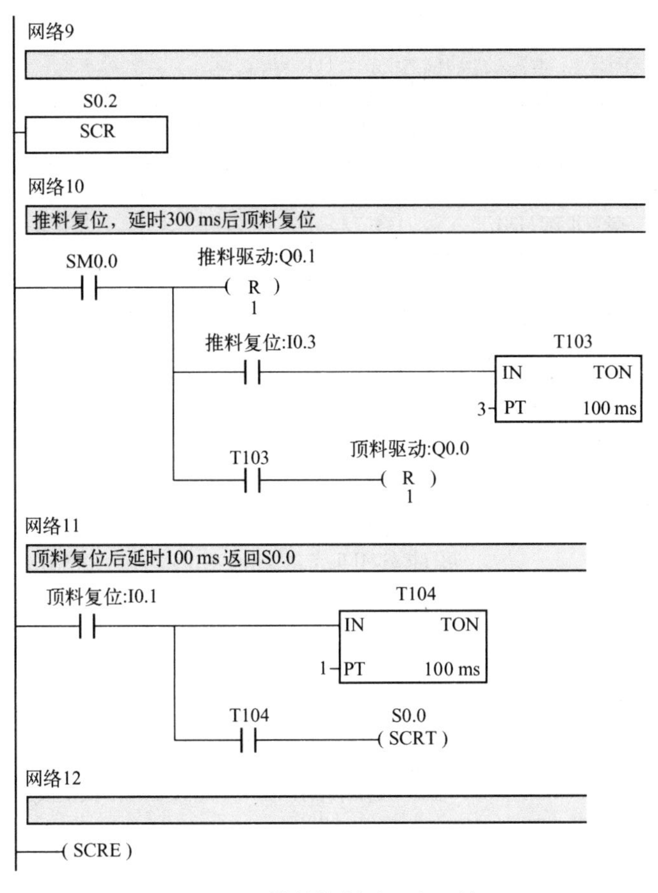

图 2-31　供料控制子程序（续）

3. 显示子程序（见图 2-32）

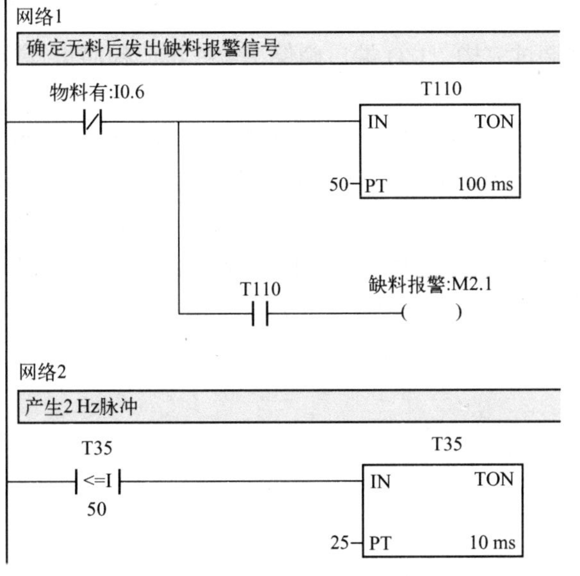

图 2-32　信号显示子程序

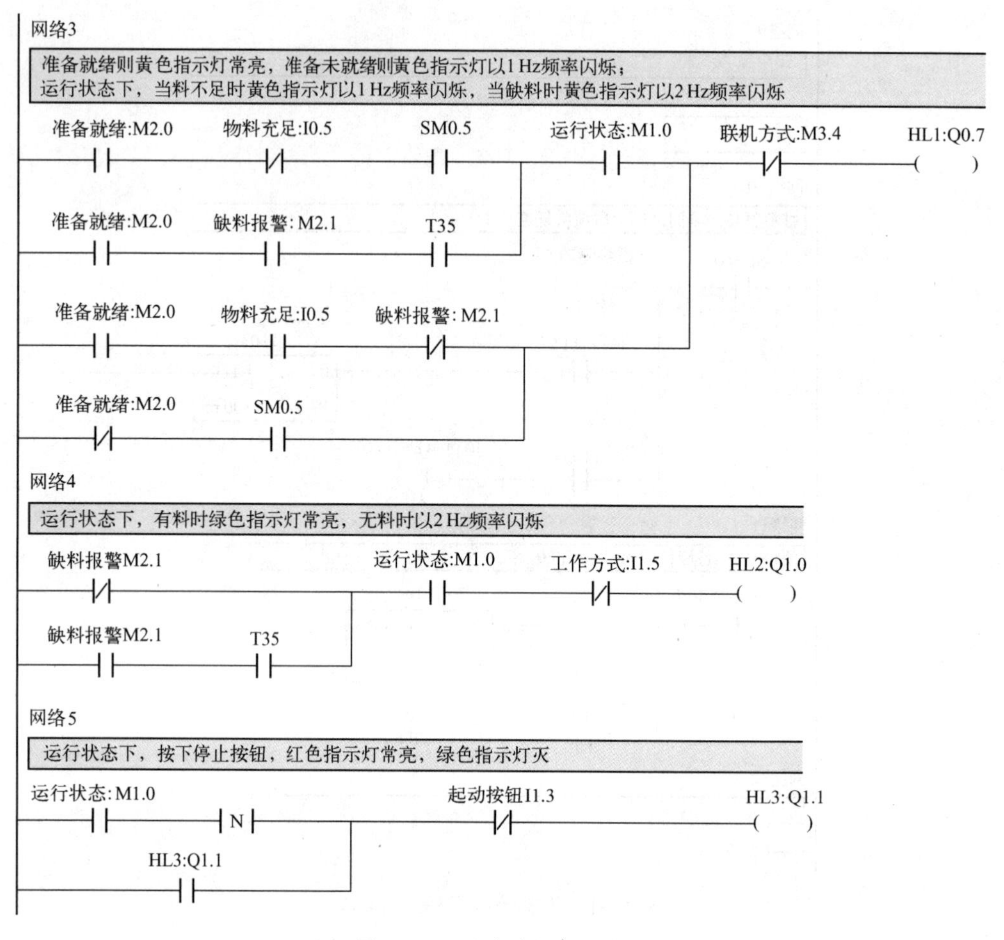

图 2-32　显示子程序（续）

2.3.3　供料站的 PLC 程序调试

之前供料站的硬件调试完毕，I/O 端口确保正常连接，程序设计完成后，就可以进行软件下载和调试了。调试步骤如下。

1）用 PC/PPI 电缆将 PLC 的通信端口与 PC 的 USB 接口（或 RS-232 端口）相连，打开 PLC 编程软件，设置通信端口和通信波特率，建立上位机与 PLC 的通信连接。

2）PLC 程序编译无误后将其下载至 PLC，并使 PLC 处于 RUN 状态。

3）将程序调至监视状态，观察 PLC 程序的能流状态，以此来判断程序的正确与否，并有针对性地进行程序修改，直至供料站能按工艺要求运行。程序每次修改后需对其进行重新编译并将其下载至 PLC。

动手实践

任务 2.4　实训内容

严格按照工作任务单来完成本项目的实训内容，学生完成实训项目后需提交工作任务单，具体见表 2-3。

表 2-3　项目 2 工作任务单（供料站）

<table>
<tr><td>班级</td><td colspan="2"></td><td>组别</td><td></td><td>组长</td><td></td></tr>
<tr><td>成员</td><td colspan="6"></td></tr>
<tr><td>项目 2</td><td colspan="6">供料站的原理、安装与调试</td></tr>
<tr><td>实训内容</td><td colspan="6">1. 安装机械部件
2. 安装与调试光电传感器、金属传感器和磁性传感器、电磁阀
3. 安装并调试气路
4. 根据电气原理图连接电气线路
5. 编写、下载、调试与运行程序</td></tr>
<tr><td>实训报告</td><td colspan="6">1. 写出安装机械部件的方法及要点
2. 写出安装与调试光电传感器、金属传感器和磁性传感器的方法及要点
3. 写出安装与调试气路的方法及要点
4. 设计并画出供料站的电气控制电路图
5. 以表格形式列出供料站的 I/O 端口分配表
6. 根据工艺流程、顺序功能图和 I/O 端口分配表编写梯形图程序
7. 写出调试供料站的过程及心得体会</td></tr>
<tr><td>完成时间</td><td colspan="6"></td></tr>
<tr><td rowspan="7">完成情况
（评分）</td><td>序号</td><td>实 训 内 容</td><td colspan="2">评 价 要 点</td><td>配分</td><td>教师评分</td></tr>
<tr><td>1</td><td>机械部分安装与调试</td><td colspan="2">安装正确，动作顺畅，紧固件无松动</td><td>10</td><td></td></tr>
<tr><td>2</td><td>气路安装与调试</td><td colspan="2">气路连接正确、美观，无漏气现象，运行平稳</td><td>10</td><td></td></tr>
<tr><td>3</td><td>电路设计</td><td colspan="2">电路设计符合要求</td><td>10</td><td></td></tr>
<tr><td>4</td><td>电路接线</td><td colspan="2">接线正确，布线整齐美观</td><td>10</td><td></td></tr>
<tr><td>5</td><td>程序编制及调试</td><td colspan="2">根据工艺要求完成程序编制和调试，运行正确</td><td>50</td><td></td></tr>
<tr><td>6</td><td>职业素养与安全意识</td><td colspan="2">操作是否符合安全操作规程和岗位职业要求；工具摆放是否整齐；团队合作精神是否良好；是否保持工位清洁、爱惜实训设备等</td><td>10</td><td></td></tr>
<tr><td>其他</td><td colspan="6"></td></tr>
</table>

课后提高

1. 根据供料站的工艺流程图，采用置位和复位指令方法编写供料站程序，并完成调试使之正确运行。

2. 用单按钮实现供料站的起动和停止。

3. 总结供料站机械安装、电气安装、气路安装及其调试的过程和经验。

项目 3　加工站的原理、安装与调试

学习目标

知识目标：了解加工站的基本结构，理解加工站的工作过程，掌握传感器技术、气动技术的工作原理及其在加工站中的应用，掌握加工站的 PLC 程序设计。

技能目标：能够熟练安装、调试加工站的机械、气路和电路，保证硬件部分正常工作；能够根据加工站的工艺要求编写及调试 PLC 程序。

教学重点：加工站气路和电路的安装与调试；加工站 PLC 程序设计及调试。

教学难点：加工站 PLC 程序设计及调试。

项目描述

加工站是 YL-335B 自动线的第二个工作站，担负着加工原料（或工件）的作用。其具体功能为：把待加工工件从加工台移送到加工冲压区域（冲压气缸的正下方），完成对工件的冲压加工，然后把加工好的工件重新送回加工台。加工站既可以独立完成加工操作，也可以与其他工作站联网协同操作。而要想联网操作必须保证加工站能单站运行，所以单站运行是前提条件。

单站运行任务描述如下。

加工站的主令信号和工作状态显示信号来自 PLC 旁边的按钮/指示灯模块，并且按钮/指示灯模块上的工作方式选择开关 SA 应被置于“单站方式”位置。具体的控制要求如下。

1. 初态检查

设备通电和气源接通后，若滑动加工台伸缩气缸处于伸出位置，加工台气动手爪处于松开状态，冲压气缸处于缩回位置，急停按钮没有按下，则“正常工作”指示灯 HL1（黄色灯）常亮，表示设备已准备好；否则该指示灯以 1Hz 的频率闪烁。

2. 起动运行

若设备准备好，按下起动按钮，设备起动，“设备运行”指示灯 HL2（绿色灯）常亮。当待加工工件送到加工台上并被检出后，设备将工件夹紧，送往加工区域冲压，完成冲压操作后返回初始位置。如果没有停止信号输入，当再有待加工工件送到加工台上时，加工站又开始下一个周期的工作。

3. 正常停止

若在运行中按下停止按钮，则加工站在完成本周期的动作后停止工作。HL2（绿色灯）熄灭，HL3（红色灯）亮。

项目分析

根据项目的任务描述，本项目需要完成的工作如下：

1）加工站的机械安装；
2）加工站的气路连接；
3）加工站的电气控制原理图的设计与接线；
4）加工站的硬件调试；
5）加工站的 PLC 程序设计；
6）加工站的功能调试及运行。

理论学习

任务 3.1 认识加工站的基本结构与原理

3.1.1 加工站的基本结构

加工站的结构主要由机械部件、电气元件和气动元件构成。机械部件包括加工台及滑动机构、加工（冲压）机构、底板等。电气元件包括 1 个光电传感器、5 个磁性传感器（也称为磁性开关）、2 个接线端子排和 1 个指示灯/按钮模块。气动部件包括 1 个双作用直线气缸、1 个手爪气缸、1 个冲压气缸、4 个气缸节流阀和 3 个电磁阀。加工站的外形结构如图 3-1 所示。

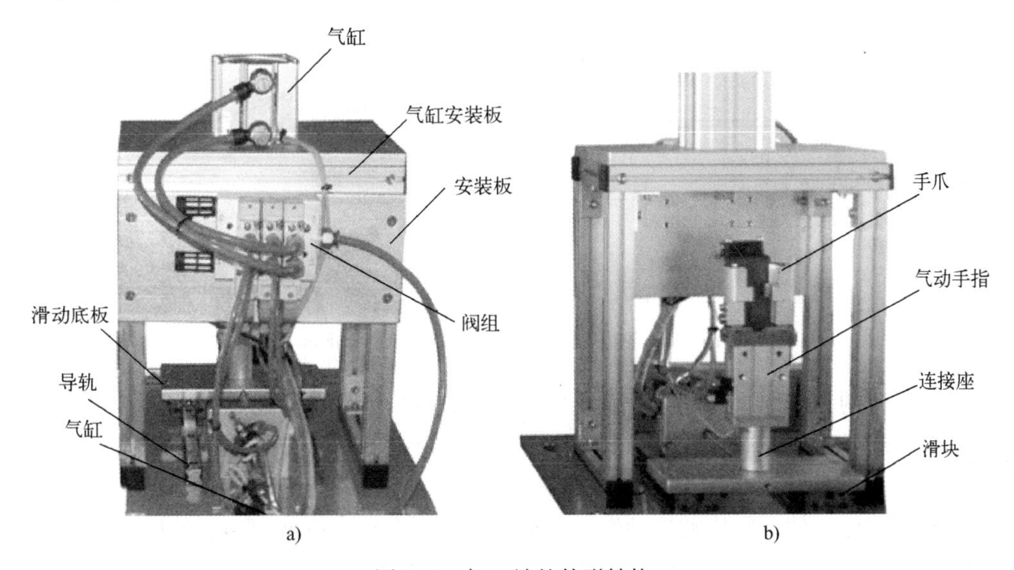

图 3-1 加工站的外形结构
a）后视图 b）主视图

1. 加工台及滑动机构

加工台用于固定被加工工件，并把工件移到加工（冲压）机构正下方进行冲压加工。它主要由气动手爪（带手指）、加工台伸缩气缸、线性导轨及滑块、磁性传感器、漫射式光电传感器等组成，如图 3-2 所示。

直线导轨是一种滚动导引，它由钢珠在滑块与导轨之间作无限滚动循环，使得负载平台

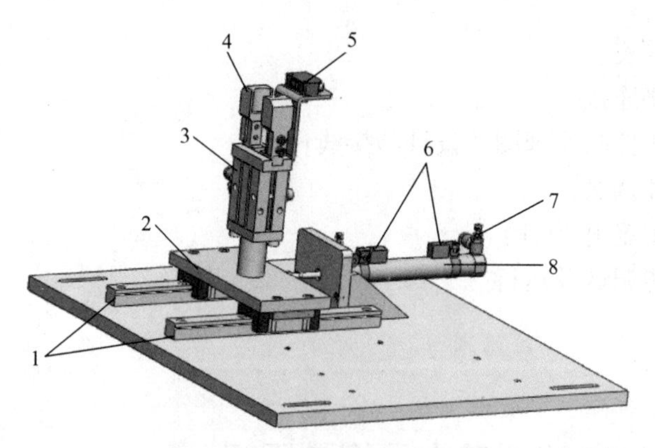

图 3-2　加工台及滑动机构

1—滑块　2—滑动底板　3—手爪气缸　4—气动手爪（带手指）

5—漫射式光电传感器　6—磁性开关　7—节流阀　8—双作用直线气缸

能沿着导轨以高精度作线性运动，其摩擦系数可降至传统滑动导轨的 1/50，使之能达到很高的定位精度。在直线传动领域中，直线导轨副一直是关键性的产品，目前已成为各种机床、数控加工中心及精密电子机械中不可缺少的重要功能部件。直线导轨副通常按照滚珠在导轨和滑块之间的接触牙型进行分类，主要有两列式和四列式两种。YL-335B 自动线上均选用普通级精度的两列式直线导轨副，其接触角在运动中能保持不变，刚性也比较稳定。图 3-3a 为直线导轨副的截面示意图，图 3-3b 为装配好的直线导轨副。

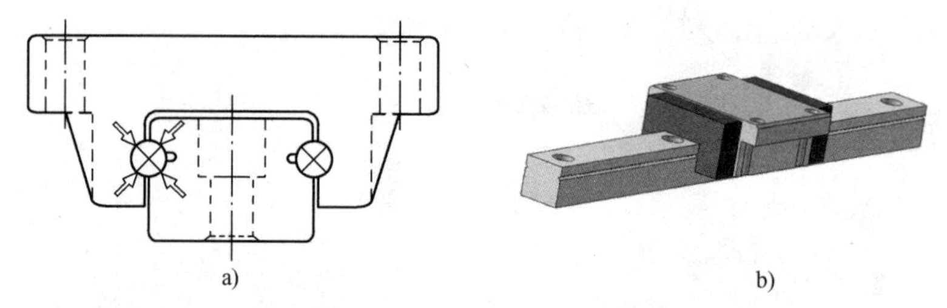

图 3-3　两列式直线导轨副

a）直线导轨副截面　b）装配好的直线导轨副

滑动加工台的工作原理如下：滑动加工台在系统正常工作后的初始状态为伸缩气缸伸出，加工台气动手指张开。当输送机构把物料送到料台上，物料检测传感器检测到工件后，PLC 控制程序驱动气动手指将工件夹紧→加工台回到加工区域冲压气缸下方→冲压气缸活塞杆向下伸出冲压工件→完成冲压动作后向上缩回→加工台重新伸出→到位后气动手指松开，从而完成工件加工工序，并向系统发出加工完成信号，为下一次工件的到来做加工准备。

2. 加工（冲压）机构

加工机构用于对工件进行冲压加工，它主要由冲压气缸、冲压头和安装板等组成，如图 3-4 所示。

冲压机构的工作原理如下：当工件到达冲压位置，即伸缩气缸活塞杆缩回到位，冲压气缸伸出对工件进行加工，完成加工动作后冲压气缸缩回，为下一次冲压做准备。冲压头根据工件的要求对工件进行冲压加工，冲压头安装在冲压气缸的头部。安装板用于安装冲压气缸，对冲压气缸进行固定。

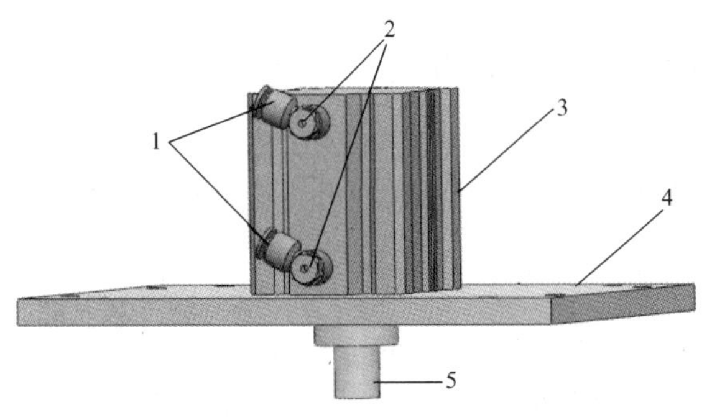

图 3-4　加工（冲压）机构
1—快速接头　2—节流阀　3—冲压气缸　4—安装板　5—冲压头

3.1.2　加工站的工作原理

系统正常工作时，滑动加工台的初始状态为：伸缩气缸为伸出状态，加工台气动手指为松开状态，加工台为无料状态。当输送机构把工件送到加工台上时，加工台工件检测传感器检测到工件后，PLC 控制程序驱动气动手指将工件夹紧→加工台缩回到加工区域（冲压气缸下方）→冲压气缸活塞杆向下伸出冲压工件→完成冲压动作后向上缩回→加工台重新伸出→到位后气动手指松开，按此工艺流程完成工件加工工序，并向系统发出加工完成信号。一个周期工作完成后，为下一次工件到来加工做准备。

3.1.3　传感器在加工站中的应用

加工站使用光电传感器和磁性传感器两种不同类型传感器。光电传感器和磁性传感器的作用、原理参见 2.1.3 节的相关内容。

1. 光电传感器在加工站中的具体应用

安装于加工站加工台正前方的光电传感器主要用于检测加工台是否有工件，如图 3-5 所示。

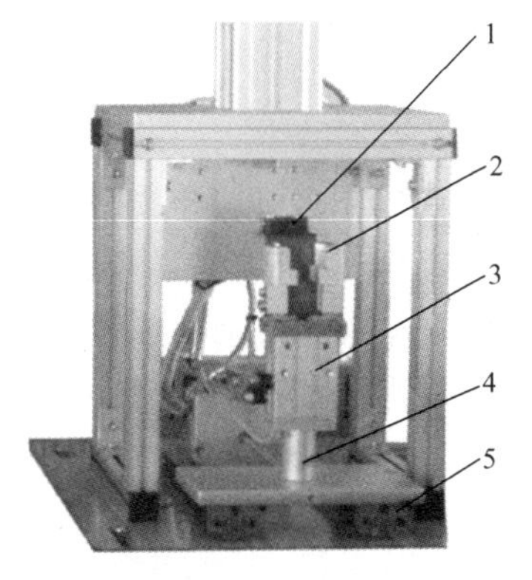

图 3-5　光电传感器在加工站中的作用
1—检测加工台是否有工件　2—气动手爪
3—手爪气缸　4—连接座　5—滑块

2. 磁性传感器在加工站中的具体应用

在加工站中，磁性传感器安装在加工台气动手指气缸的侧面、伸缩气缸的两端和冲压气缸的侧面两端，如图 3-6 所示。其主要作用为：检测气动手爪是否松开/夹紧；检测加工台伸缩状态；检测冲压上、下限位置。

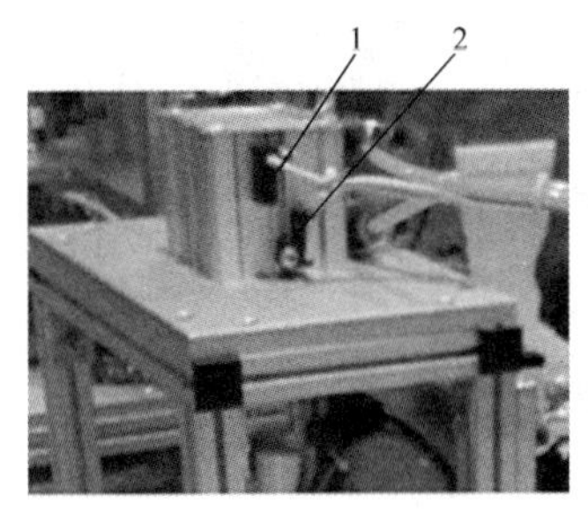

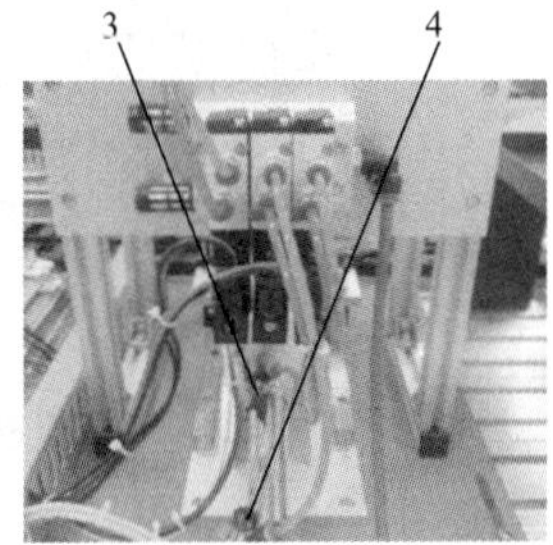

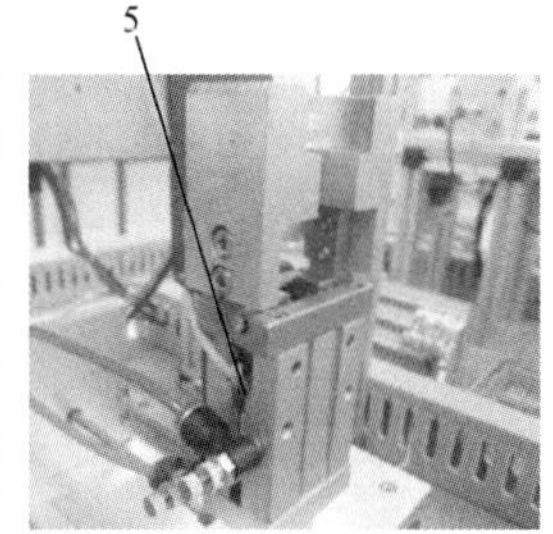

图 3-6　磁性传感器在加工站中的作用
1—检测冲压上限　2—检测冲压下限　3—检测加工台伸出到位　4—检测加工台缩回到位　5—检测气动手爪松开/夹紧

3.1.4 气动元件在加工站中的应用

加工站中用到的气动元件主要有双作用直线气缸、薄型气缸、气动手爪（带手指）、节流阀和电磁阀。其中双作用直线气缸、节流阀和电磁阀的原理及作用参见 2.1.4 节的相关内容。

1. 薄型气缸

薄型气缸属于省空间气缸类，即气缸的轴向或径向尺寸比标准气缸有较大减小的气缸，具有结构紧凑、重量轻和占用空间小等优点。图 3-7 是薄型气缸的外形及剖视图。薄型气缸的特点是：缸筒与无杆侧端盖压铸成一体，杆盖用弹性挡圈固定，缸体为方形。这种气缸通常用于固定夹具和搬运中固定工件等。在 YL-335B 自动线的加工站中，薄型气缸用于冲压，这主要是考虑该气缸行程短的特点。

a)

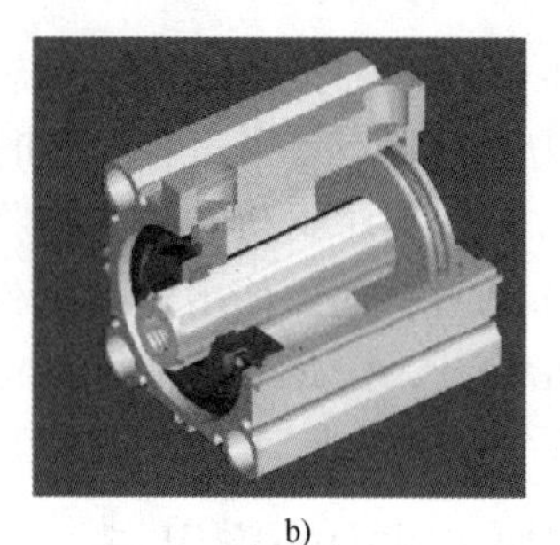

b)

图 3-7 薄型气缸外形及剖视图

a）外形 b）剖视图

2. 气动手爪（带手指）

气动手爪用于抓取、夹紧工件。气动手爪通常有滑动导轨型、支点开闭型和回转驱动型等工作方式。YL-335B 自动线的加工站所使用的是滑动导轨型气动手爪，如图 3-8a 所示。其工作原理可从图 3-8b、c 中看出。

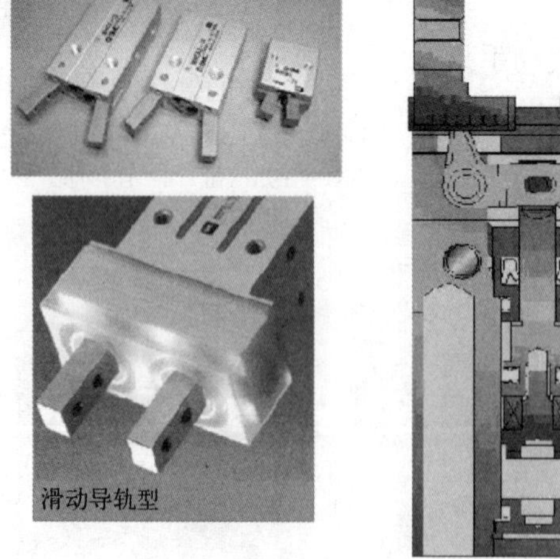

a)

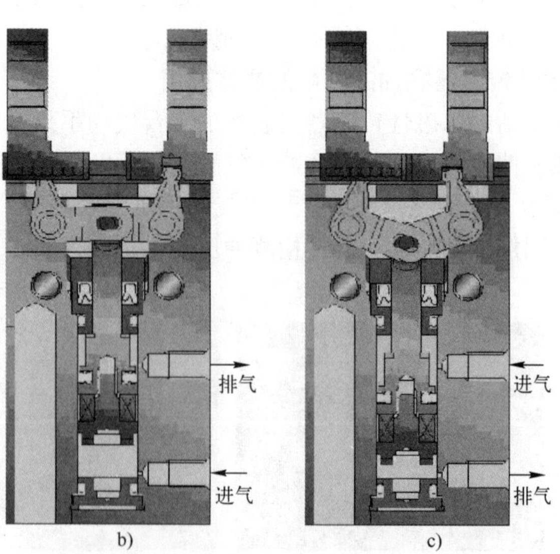

b) c)

图 3-8 气动手爪实物及工作原理图

a）气动手爪实物 b）气动手爪松开状态 c）气动手爪夹紧状态

3. 单向控制电磁阀

加工站采用 3 个二位五通单向控制电磁阀组，其结构及工作原理与供料站采用的电磁阀相同。

任务 3.2　加工站的硬件安装与调试

加工站的硬件安装包括机械安装、气路的连接、电气接线和调试。

3.2.1　加工站的机械安装

加工站的机械安装过程包括两部分，一是加工机构组件装配，二是滑动加工台组件装配。先进行组件安装，然后进行总装。图 3-9 是加工机构组件装配图，图 3-10 是滑动加工台组件装配图，图 3-11 是整个加工站的机械总装图。

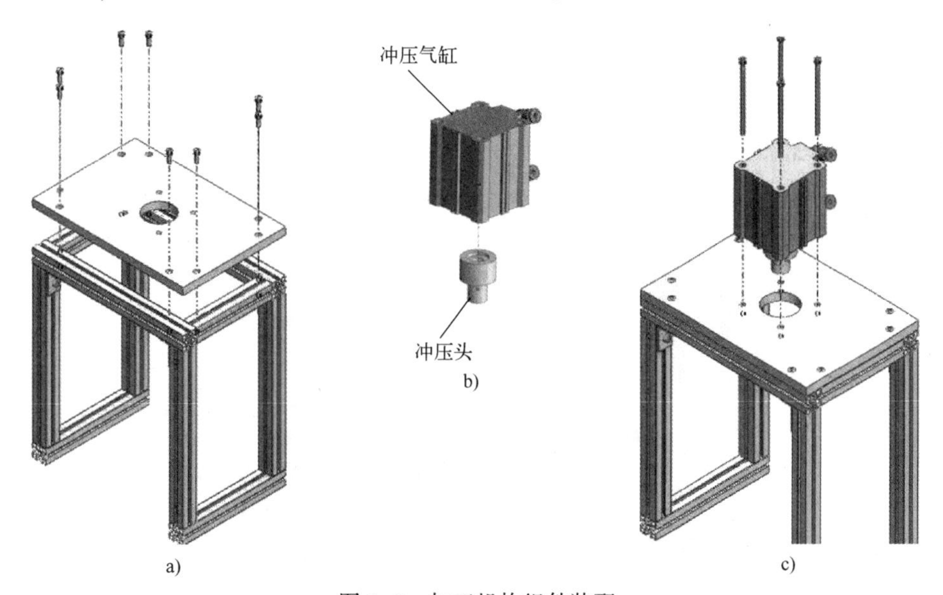

图 3-9　加工机构组件装配

a）加工机构组件安装　b）冲压气缸安装　c）将冲压气缸安装到支架

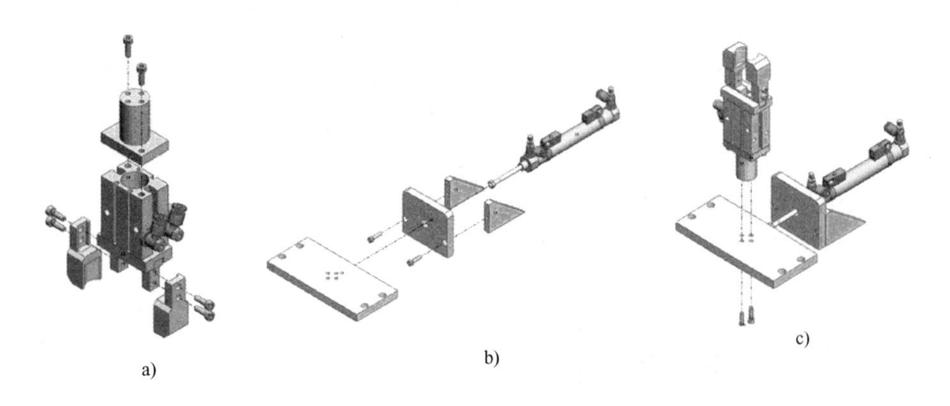

图 3-10　滑动加工台组件装配

a）夹紧机构组装　b）伸缩台组装　c）将夹紧机构安装到伸缩台上

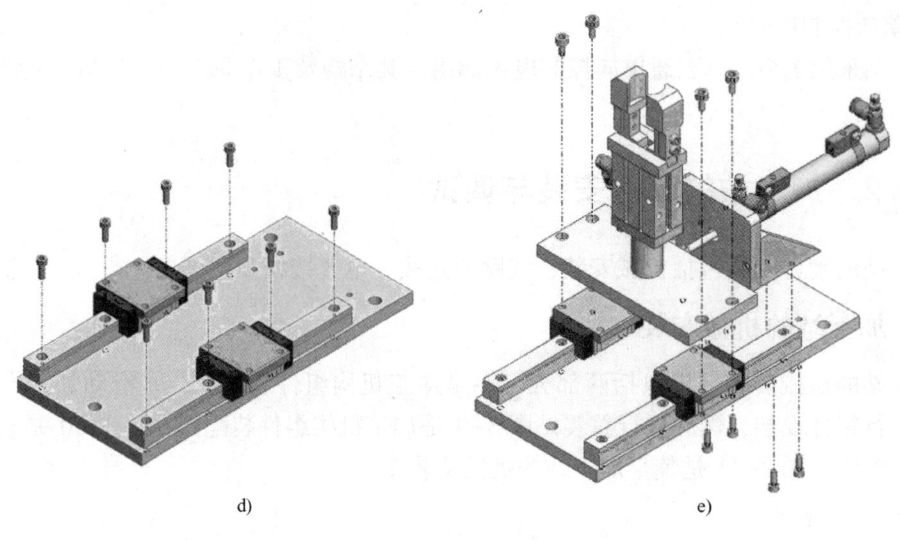

图 3-10　滑动加工台组件装配（续）

d）直线导轨组装　e）将加工机构安装到直线导轨上

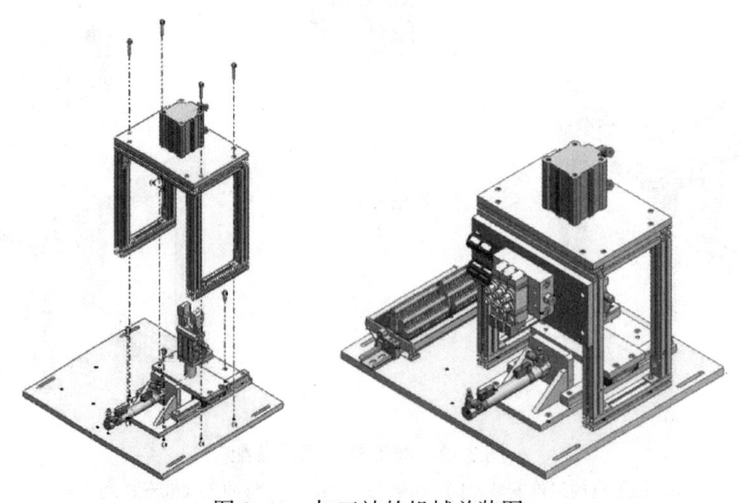

图 3-11　加工站的机械总装图

在完成以上各组件的装配后，首先将物料夹紧及运动送料部分与整个安装底板进行连接并固定，再将铝合金支撑架安装在大底板上，最后将加工组件部分固定在铝合金支撑架上，完成该单元的装配。

安装过程中的注意事项如下：

1）调整两直线导轨的平行度时，要一边移动安装在两导轨上的安装板，一边拧紧固定导轨的螺栓。

2）如果加工组件部分的冲压头和加工台上的工件的中心没有对正，可以通过调整推料气缸旋入两导轨的连接板的深度来进行对正。

3.2.2 加工站的气路安装

1. 安装方法

加工站的气路控制原理图如图 3-12 所示，气源从电磁阀组的汇流板进气，3 个电磁阀分别控制冲压气缸、加工台伸缩气缸和工件夹紧气缸的动作。

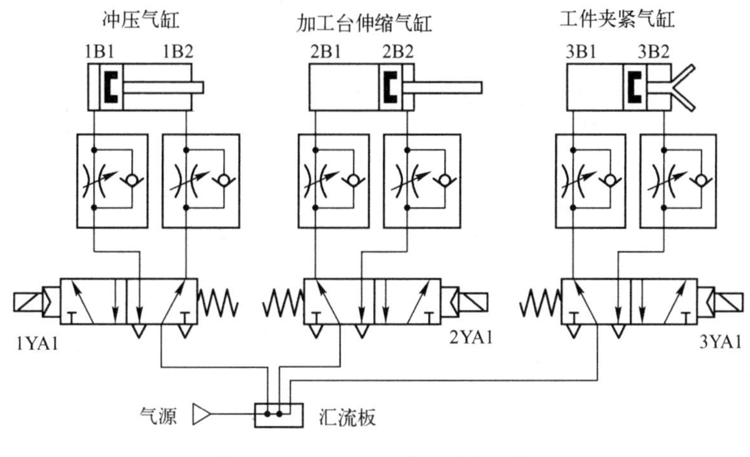

图 3-12 加工站气路控制原理图

2. 安装注意事项

1）一个电磁阀的两根气管只能连接至一个气缸的两个端口，不能使一个电磁阀连接至两个气缸、或使两个电磁阀连接至一个气缸。

2）接入气管时插入节流阀的气孔后确保其不能被拉出，而且保证不能漏气。

3）拔出气管时先要用左手按下节流阀气孔上的伸缩件，右手轻轻拔出即可，切不可直接用力强行拔出，否则损坏节流阀内部的锁扣环。

4）连接气路时，最好进、出气管用两种不同颜色的气管来连接，方便识别。

5）气管的连接做到走线整齐、美观，扎带绑扎距离保持在 4~5 cm 为宜。

3.2.3 加工站的电气线路设计与连接

1. 电气控制原理图

加工站的电气控制电路主要由 PLC、传感器、电磁阀和控制按钮等组成。采用西门子 S7-200 系列 CPU224 继电器输出型 PLC，硬件配置 I/O 端口点数为 24 点，其中数字量输入 14 点，数字量输出 10 点。输入端主要用于连接现场设备的传感器和相关的控制按钮。输出端用于连接气缸电磁阀和信号指示灯。其电气控制原理图如图 3-13 所示。

图 3-13 中，PLC 工作电源为 AC 220 V。数字量输入/输出模块电源为 DC 24 V，其中 1M、2M 接入的电源为 24 V。1L、2L、3L 接入的电源为 24 V，这样当输出端继电器线圈得电时，输出高电平，否则输出低电平。值得注意的是，这里的 24 V 电源由独立的开关稳压电源来提供，而不采用 PLC 内置的 24 V 电源。

2. 加工站 I/O 端口分配表

根据图 3-13，可以列出 PLC 的输入/输出端口分配表，见表 3-1。

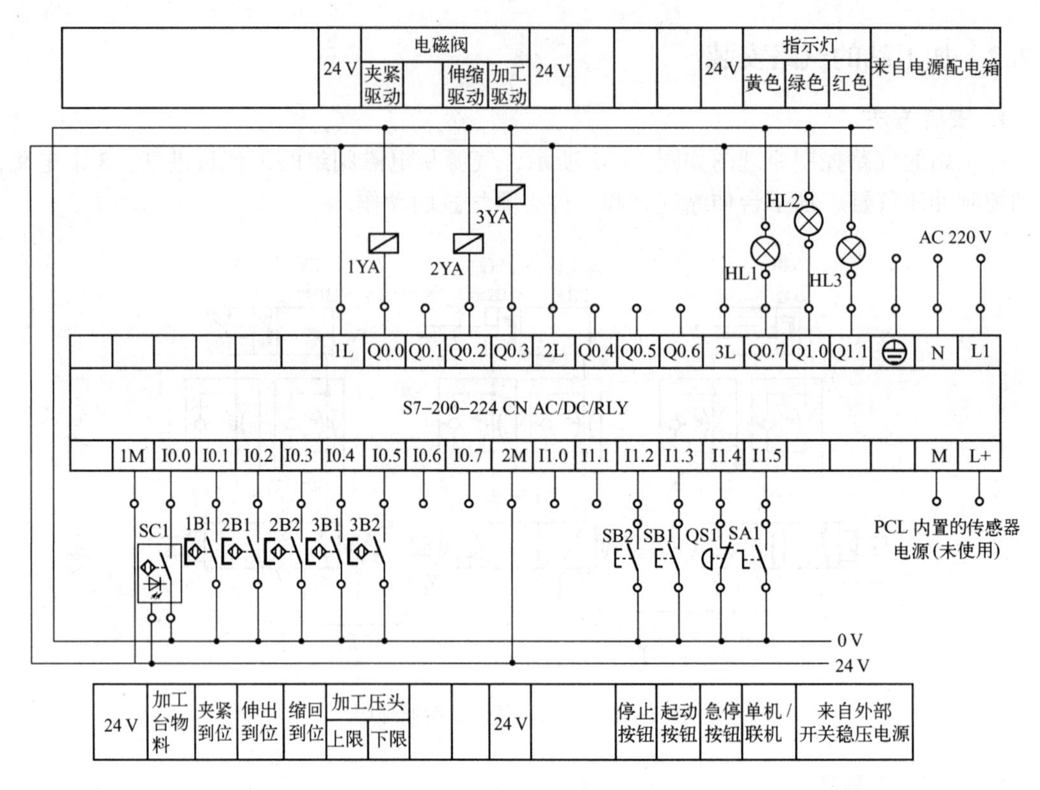

图 3-13　加工站电气控制原理图

表 3-1　加工站输入/输出端口分配表

输入信号				输出信号			
序号	PLC输入点	信号名称	信号来源	序号	PLC输出点	信号名称	信号来源
1	I0.0	加工台物料检测	装置侧	1	Q0.0	夹紧电磁阀	装置侧
2	I0.1	工件夹紧检测		2	Q0.1		
3	I0.2	加工台伸出到位		3	Q0.2	加工台伸缩电磁阀	
4	I0.3	加工台缩回到位		4	Q0.3	加工冲压电磁阀	
5	I0.4	加工压头上限		5	Q0.4		
6	I0.5	加工压头下限		6	Q0.5		
7	I0.6			7	Q0.6		
8	I0.7			8	Q0.7	黄色指示灯	按钮/指示灯模块
9	I1.0			9	Q1.0	绿色指示灯	
10	I1.1			10	Q1.1	红色指示灯	
11	I1.2	停止按钮	按钮/指示灯模块				
12	I1.3	起动按钮					
13	I1.4	急停按钮					
14	I1.5	工作方式选择：单机/联机					

3. 加工站电气接线

加工站电气接线包括装置侧接线和 PLC 侧接线。

（1）装置侧接线

一是把加工站各传感器信号线、电源线、0 V 线按规定接至装置侧左边较宽的接线端子排；二是把加工站电磁阀的信号线接至装置侧右边较窄的接线端子排。具体的接线示意图如图 2-7 所示。各传感器信号线及电磁阀信号线与装置侧对应的端子号见表 3-2。

表 3-2　加工站装置侧信号线与端子号的对应分配

输入端口中间层			输出端口中间层		
端子号	设备符号	信号线	端子号	设备符号	信号线
2	SC1	加工台物料检测	2	1YA	夹紧电磁阀
3	1B1	工件夹紧检测	3		
4	2B1	加工台伸出到位	4	2YA	伸缩电磁阀
5	2B2	加工台缩回到位	5	3YA	冲压电磁阀
6	3B1	加工压头上限			
7	3B2	加工压头下限			
8#~17#端子没有连接			6#~14#端子没有连接		

（2）PLC 侧接线

包括电源接线、PLC 输入/输出端子的接线、以及按钮/指示灯模块的接线 3 个部分。PLC 侧接线端子排为双层两列端子，左边较窄的一列主要接 PLC 的输出端口信号，右边较宽的一列接 PLC 的输入端口信号。两列中的下层分别接 24 V 电源（见图 2-18 中的 4、8）和 0 V（见图 2-18 中的 5、7）。左列上层接 PLC 的输出信号口，右列上层接 PLC 的输入信号口。PLC 的按钮接线端子连接至 PLC 的输入信号口，信号指示灯信号端子接至 PLC 的输出信号口，如图 2-19 所示。

（3）接线注意事项

装置侧接线端口中，输入信号端子的上层端子（24 V）只能作为传感器的正电源端，切勿用于连接电磁阀等执行元件的负载。电磁阀等执行元件的正电源端和 0 V 端应连接到输出信号端子下层端子的相应端子上。装置侧接线完成后，应用扎带绑扎，力求整齐美观。

电气接线的工艺应符合国家职业标准的规定，例如，导线连接到端子时，采用端子压接方法；连接线须有符合规定的标号；每一端子连接的导线不超过两根等。

3.2.4　加工站的硬件调试

硬件安装完成后，需要对其进行调试，只有硬件安装正确，才能保证软件的顺利调试。硬件调试主要有机械部分调试、气路部分调试和电气部分调试。

1. 机械部分调试

适当调整紧固件和螺钉，保证加工台能顺利伸出和缩回，冲压气缸能顺利冲压和缩回，气动手爪能顺利夹紧和松开，而且所有紧固件不能松动。

2. 气路部分调试

1）接通气源后，观察加工台气缸是否处于缩回状态，加工台气动手爪是否处于松开状态，冲压气缸是否处于上限位置，若没有，则关掉气源后调整气管的连接方式。

2）接通气源后，分别手动按下加工台伸缩气缸、手爪气缸和冲压气缸电磁阀换向按钮，观察加工台伸缩气缸、手爪气缸和冲压气缸动作是否平顺，若不平顺，则调整相应气缸两端（侧）的节流阀。

3）接通气源后，观察所有气管接口处是否有漏气现象，如果有，则关掉气源，调整气头和气管。

3. 电气部分调试

电气部分调试主要是检查PLC和开关稳压电源等工作是否正常，检查PLC的输入端口电路和输出端口电路连接是否正确，如电路工作不正常或电路连接不正确，则需要对电路进行排查、核查和调试，保证加工站的硬件电路能正常工作。

1）检查工作电源是否正常。上电后，观察PLC和开关稳压电源的电源指示灯是否正常点亮，否则关闭电源以检测其电源接线是否正确或器件是否损坏。

2）核查各传感器信号端口、指示灯/按钮模块的按钮（或开关）信号端口与PLC输入端口的连接是否正确。上电后，对照表3-1逐个检测各传感器信号线是否正确工作，当某个传感器工作时，传感器上的指示灯会点亮，其对应的PLC输入端口LED指示灯亮。如果传感器本身不工作，则需要检查传感器的接线以及调整传感器的位置。如果传感器工作，但PLC输入端口的指示灯不亮，则应检查传感器信号端口与PLC输入端口之间的连线是否正常。对照表3-1逐个检测指示灯/按钮模块中的各按钮工作是否正常，手动按下某个按钮或切换转换开关，对应的PLC输入端口LED指示灯应点亮，否则检查按钮的接线并做相应的调试。

3）核对PLC输出端口与电磁阀、指示灯连接是否正确。打开STEP 7-Micro/WIN编程软件，分别用软件强制方法调试Q0.0端口、Q0.2端口和Q0.3端口对应的3个电磁阀是否工作正常。当Q0.0=1时，夹紧电磁阀应动作，此时执行手爪夹紧动作。电磁阀不动作，应检查Q0.0端口与装置侧电磁阀的信号连接是否正常，如果正常则检查电磁阀内部接线是否正常或者是否已损坏。用同样的方法完成冲压电磁阀、伸缩电磁阀和各信号指示灯的调试。

本部分的具体方法和步骤可以参照2.2.4节“供料站的电气部分调试”。

任务3.3　加工站的程序设计

加工站的程序设计是整个项目的重点，也是难点。程序设计首要任务是理解加工站的工艺要求和控制过程，在充分理解其工作过程的基础上，绘制程序流程图，然后根据流程图来编写程序，而不是单靠经验来编程，只有这样才能取得事半功倍的效果。

3.3.1　顺序功能图

由加工站的工艺流程（见项目描述部分）可以绘制加工站的主程序和加工控制子程序的顺序功能图，如图3-14和图3-15所示。

整个程序的结构包括主程序、加工控制子程序和信号显示子程序。主程序是一个周期循环扫描的程序。通电后先进行初态检查，即检查伸缩气缸、手爪气缸和冲压气缸是否在复位状态，加工台是否有工件。这4个条件中的任一条件不满足，初态均不能通过，也就是说不能起动加工站使之运行。如果初态检查通过，则说明设备准备就绪，允许起动。起动后，系统就处于运行状态，此时主程序每个扫描周期后调用加工控制子程序和显示子程序。

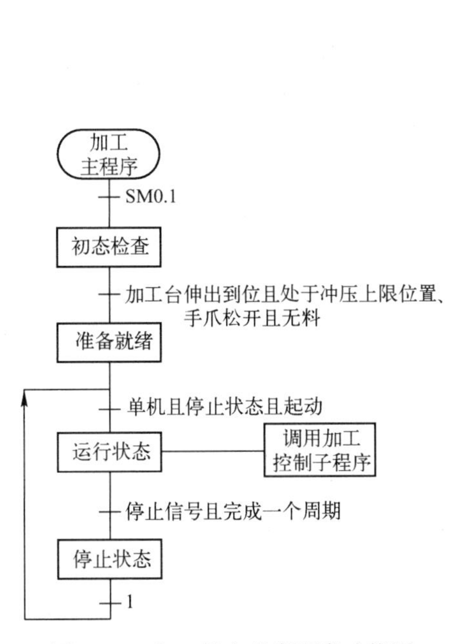

图3-14　加工站主程序顺序功能图

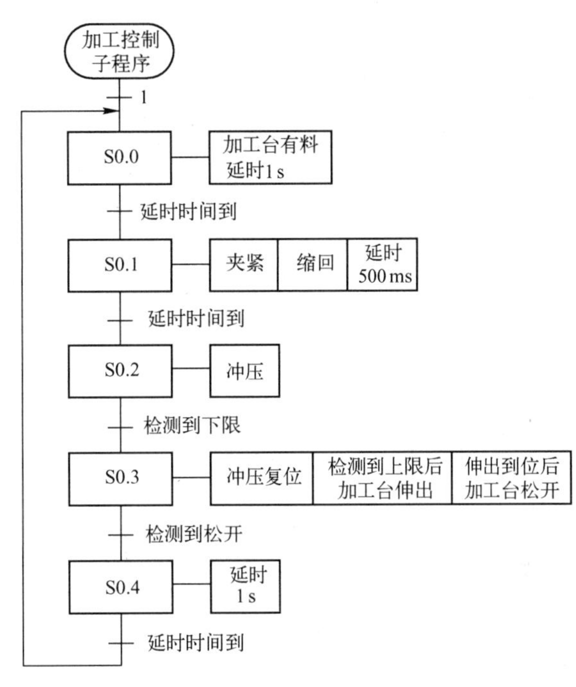

图3-15　加工站加工控制子程序顺序功能图

加工控制子程序是一个步进程序，可以采用置位和复位方法来编程，也可以用西门子特有的顺序继电器指令（SCR指令）来编程。如果加工台有料，则相继执行夹紧、缩回、冲压操作，然后再执行冲压复位、加工台缩回复位、手爪松开复位等操作，延时1s后返回子程序入口处开始下一个周期的工作。

信号显示子程序相对比较简单，可以根据项目的任务描述用经验设计法来编程实现。

3.3.2　梯形图程序

1. 主程序（见图3-16）

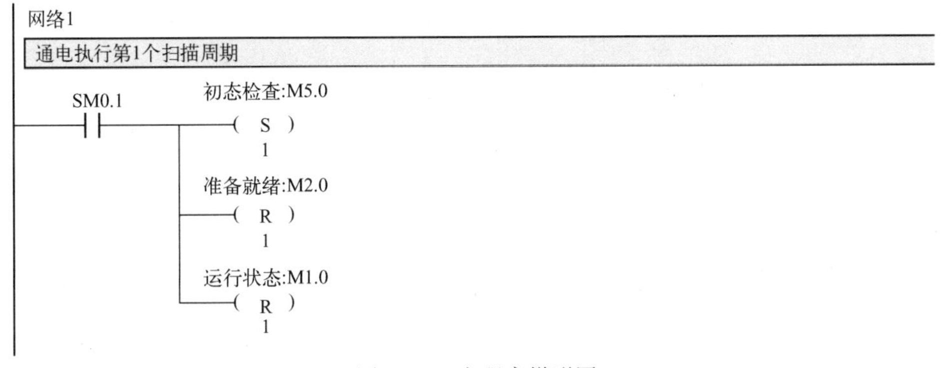

图3-16　主程序梯形图

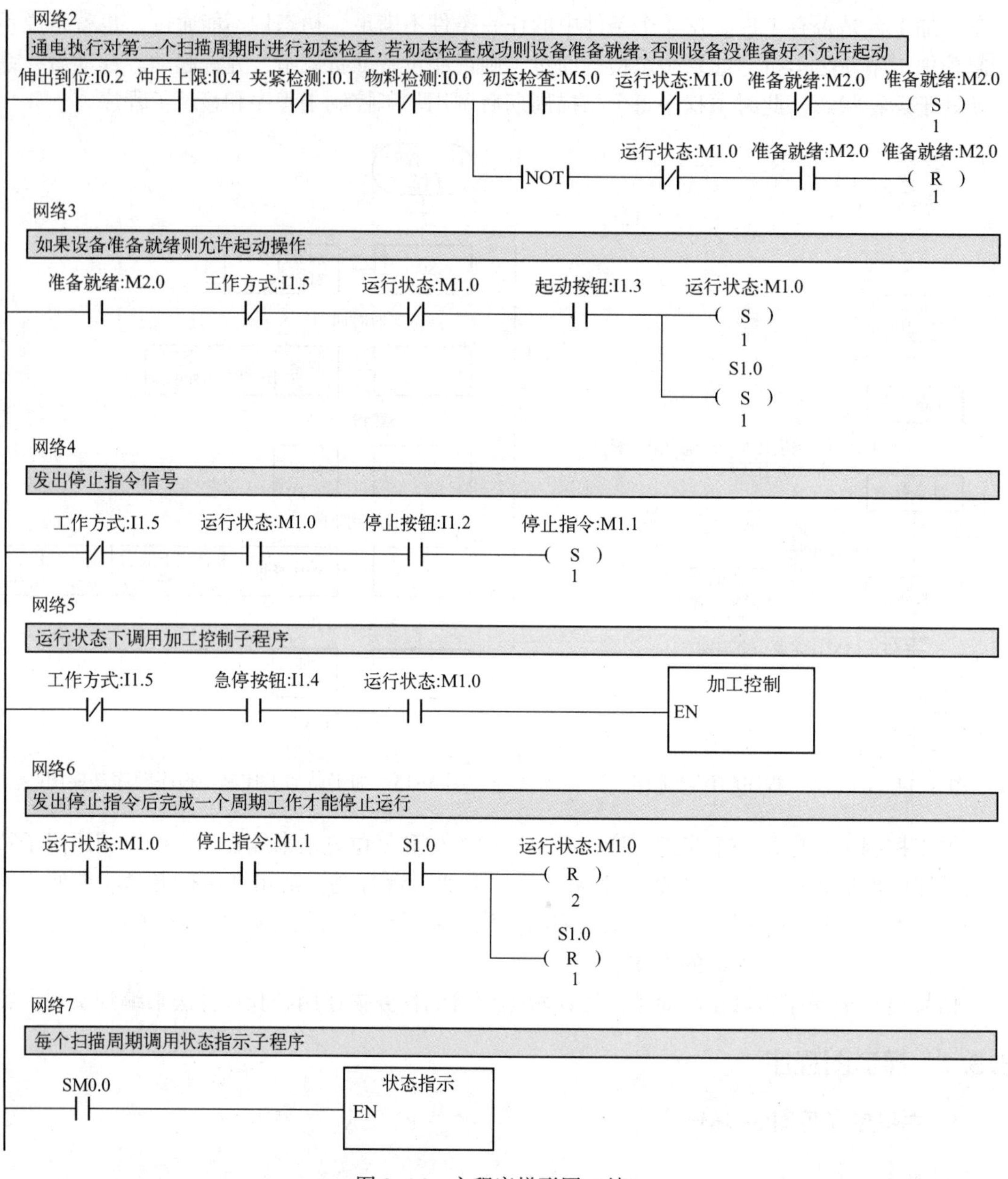

图 3-16　主程序梯形图（续）

2. 加工控制子程序（见图 3-17）

网络1

子程序入口

S1.0

SCR

图 3-17　加工控制子程序

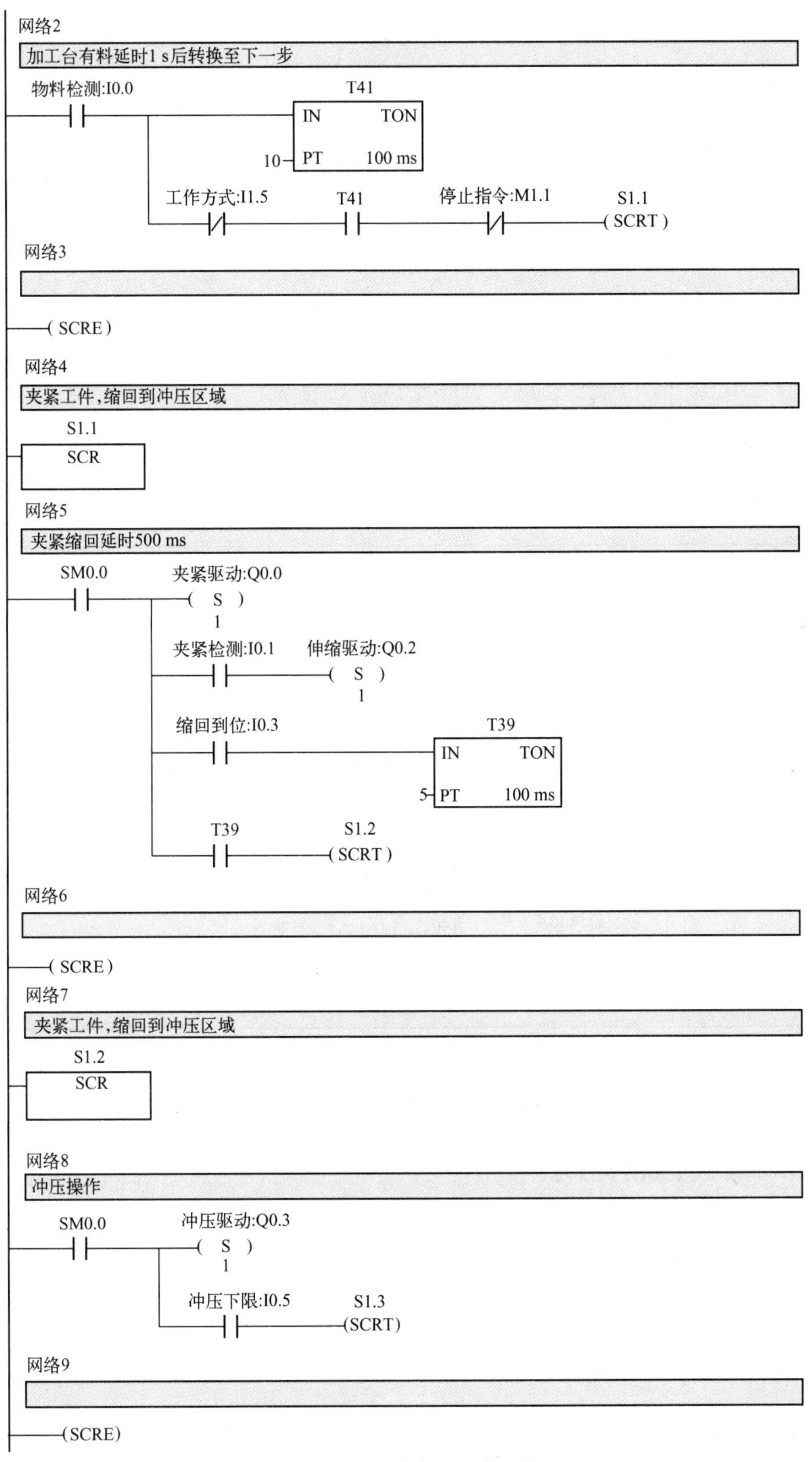

图 3-17 加工控制子程序（续）

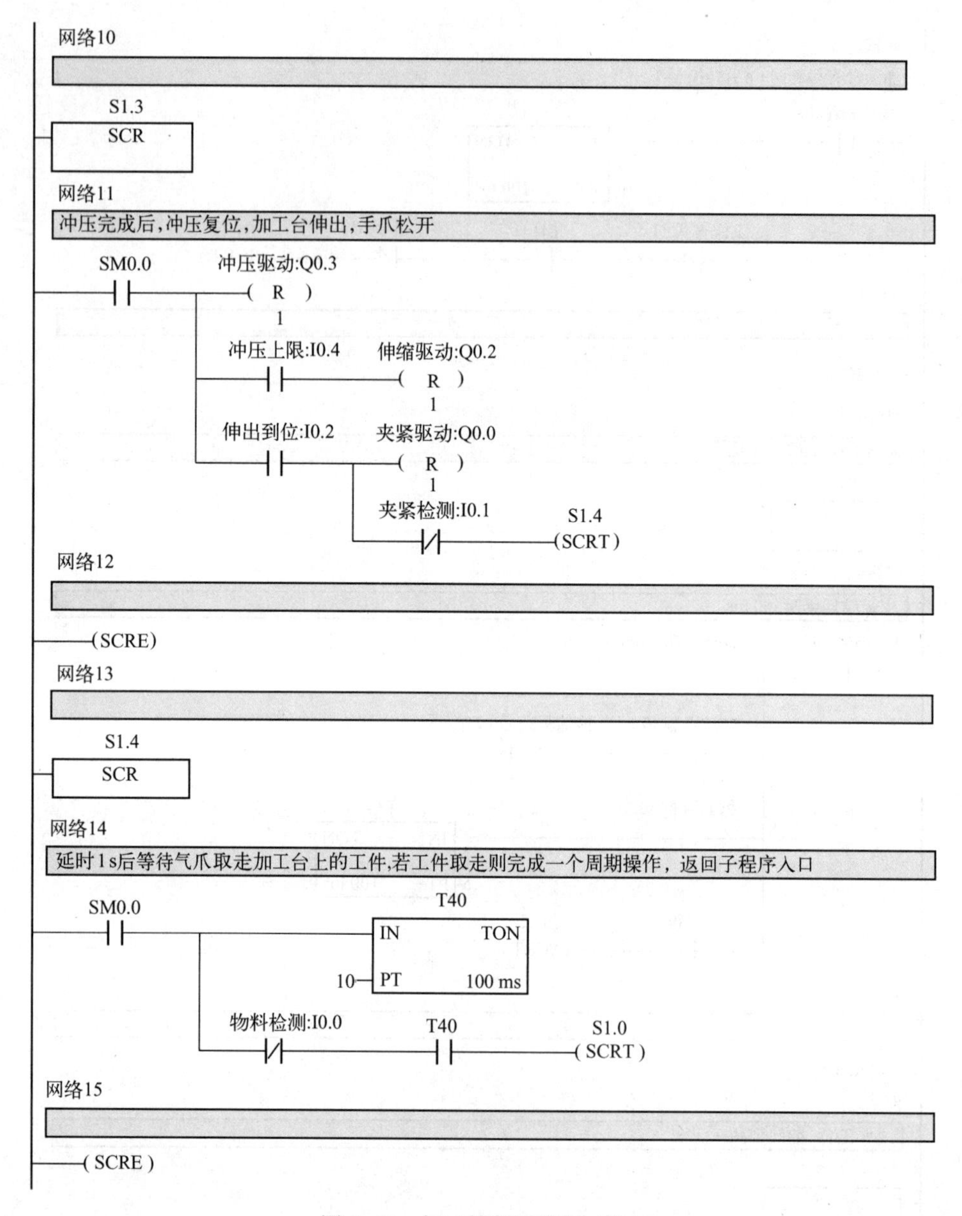

图 3-17　加工控制子程序（续）

3. 显示子程序（见图 3-18）

网络1

若设备没有准备就绪,HL1以1 Hz频率闪烁,否则HL1指示灯常亮

SM0.5　准备就绪:M2.0　工作方式:I1.5　HL1:Q0.7

准备就绪:M2.0

图 3-18　信号显示子程序

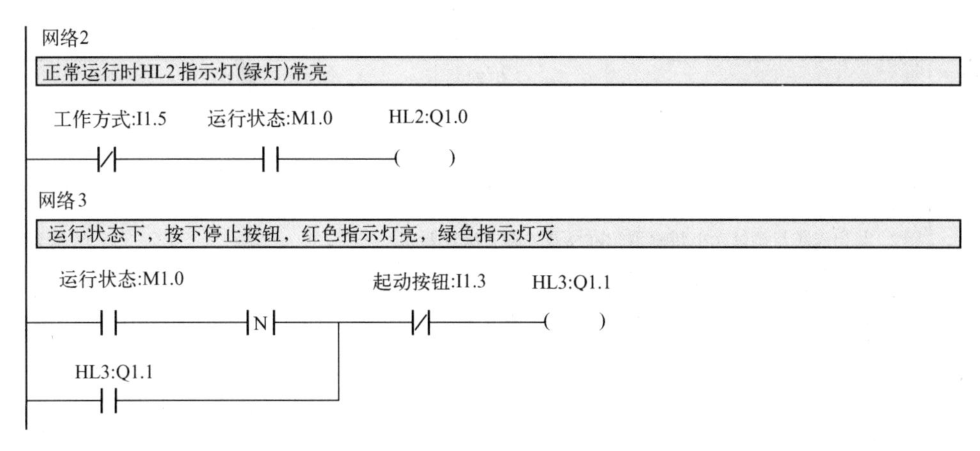

图 3-18　信号显示子程序（续）

3.3.3　加工站的 PLC 程序调试

加工站的硬件调试完毕，I/O 接口确保正常连接，程序设计完成后，就可以进行软件下载和调试了。调试步骤如下：

1）用 PC/PPI 电缆将 PLC 的通信端口与 PC 的 USB 接口（或 RS-232 端口）相连，打开 PLC 编程软件，设置通信端口和通信波特率，建立上位机与 PLC 的通信连接。

2）PLC 程序编译无误后将其下载至 PLC，并使 PLC 处于 RUN 状态。

3）将程序调至监视状态，观察 PLC 程序的能流状态，以此来判断程序的正确与否，并有针对性地进行程序修改，直至加工站能按工艺要求来运行。程序每次修改后，需重新对其进行编译并将其下载至 PLC。

动手实践

任务 3.4　实训内容

严格按照工作任务单来完成本项目的实训内容，学生完成实训项目后需提交工作任务单，具体见表 3-3。

表 3-3　项目 3 工作任务单（加工站）

班级		组别		组长	
成员					
项目 3	加工站的原理、安装与调试				
实训内容	1. 安装机械部件 2. 安装与调试光电传感器和磁性开关、电磁阀 3. 安装并调试气路 4. 根据电气原理图连接电气线路 5. 编写、下载、调试与运行程序				

（续）

<table>
<tr><td>班级</td><td colspan="2"></td><td>组别</td><td></td><td>组长</td><td></td></tr>
<tr><td>成员</td><td colspan="6"></td></tr>
<tr><td>项目 3</td><td colspan="6">加工站的原理、安装与调试</td></tr>
<tr><td>实训报告</td><td colspan="6">1. 写出安装机械部件的方法及要点
2. 写出安装与调试光电传感器和磁性开关的方法及要点
3. 写出安装与调试气路的方法及要点
4. 设计并画出加工站的电气控制电路图
5. 以表格形式列出加工站的 I/O 端口分配表
6. 根据工艺流程、顺序功能图和 I/O 端口分配表编写梯形图程序
7. 写出调试加工站的过程及心得体会</td></tr>
<tr><td>完成时间</td><td colspan="6"></td></tr>
<tr><td rowspan="7">完成情况
（评分）</td><td>序号</td><td>实 训 内 容</td><td colspan="2">评 价 要 点</td><td>配分</td><td>教师评分</td></tr>
<tr><td>1</td><td>机械部分安装与调试</td><td colspan="2">安装正确，动作顺畅，紧固件无松动</td><td>10</td><td></td></tr>
<tr><td>2</td><td>气路安装与调试</td><td colspan="2">气路连接正确、美观，无漏气现象，运行平稳</td><td>10</td><td></td></tr>
<tr><td>3</td><td>电路设计</td><td colspan="2">电路设计符合要求</td><td>10</td><td></td></tr>
<tr><td>4</td><td>电路接线</td><td colspan="2">接线正确，布线整齐美观</td><td>10</td><td></td></tr>
<tr><td>5</td><td>程序编制及调试</td><td colspan="2">根据工艺要求完成程序编制和调试，运行正确</td><td>50</td><td></td></tr>
<tr><td>6</td><td>职业素养与安全意识</td><td colspan="2">操作是否符合安全操作规程和岗位职业要求；工具摆放是否整齐；团队合作精神是否良好；是否保持工位清洁、爱惜实训设备等</td><td>10</td><td></td></tr>
<tr><td>其他</td><td colspan="6"></td></tr>
</table>

课后提高

1. 根据加工站的工艺流程图，采用置位和复位指令方法编写加工站程序，并完成调试使之正确运行。

2. 用单按钮实现加工站的起动和停止工作。

3. 总结加工站机械安装、电气安装、气路安装及其调试的过程和经验。

项目 4　装配站的原理、安装与调试

学习目标

知识目标：了解装配站的基本结构，理解装配站的工作过程，掌握传感器技术和气动技术的工作原理及其在装配站中的应用，掌握装配站的 PLC 程序设计。

技能目标：能够熟练安装与调试装配站的机械、气路和电路，保证硬件部分正常工作；能够根据装配站的工艺要求编写及调试 PLC 程序。

教学重点：装配站气路和电路的安装与调试；装配站 PLC 程序设计及调试。

教学难点：装配站 PLC 程序设计及调试。

项目描述

装配站是 YL-335B 自动线的第 3 个工作站，担负着给小圆柱形原料（或工件）装配芯件的任务。其具体功能为：将该工作站料仓内的黑色或白色小圆柱形芯件嵌入到装配台上的待装配工件中。装配站既可以独立完成装配操作，也可以与其他工作站联网协同操作。而要想联网操作则必须保证装配站能单站运行，所以单站运行是前提条件。

单站运行任务描述如下。

1. 正常工作情况

装配站的主令信号和工作状态显示信号来自 PLC 旁边的按钮/指示灯模块，并且按钮/指示灯模块上的工作方式选择开关 SA 应被置于“单站方式”位置。具体的控制要求如下。

（1）初态检查

设备通电和气源接通后，若挡料气缸处于伸出状态，顶料气缸处于缩回状态，料仓内已经有足够多的小圆柱形零件，装配机械手的升降气缸处于提升状态、伸缩气缸处于缩回状态，气爪处于松开状态，装配台上没有待装配工件，急停按钮没有按下，则“正常工作”指示灯 HL1（黄色灯）常亮，表示设备准备好；否则该指示灯以 1 Hz 的频率闪烁。

（2）起动运行

若设备准备好，则按下起动按钮，装配站起动，“设备运行”指示灯 HL2（绿色灯）常亮。如果回转台上的左料盘内没有小圆柱形零件，则执行下料操作；如果左料盘内有小圆柱形零件，而右料盘内没有，则执行回转台回转操作。如果回转台上的右料盘内有小圆柱形零件且装配台上有待装配工件，则执行装配机械手抓取小圆柱形零件，并将其放入待装配工件中的操作。完成装配任务后，装配机械手应返回初始位置，等待下一次装配。

（3）正常停止

若在运行过程中按下停止按钮，则装配站供料机构应立即停止供料，在装配条件满足的情况下，装配站在完成本次装配后停止工作。

2. 异常情况

（1）零件不足

在运行中发生“零件不足”报警时，指示灯 HL3（红色灯）以 1Hz 的频率闪烁，HL1（黄色灯）和 HL2（绿色灯）常亮。

（2）没有小圆柱形零件

在运行中发生“零件没有”报警时，指示灯 HL3（红色灯）以亮 1s，灭 0.5s 的方式闪烁，HL2（绿色灯）熄灭，HL1（黄色灯）常亮。

项目分析

根据项目的任务描述，本项目需要完成的工作如下：

1. 装配站的机械安装；
2. 装配站的气路连接；
3. 装配站的电气控制原理图的设计与接线；
4. 装配站的硬件调试；
5. 装配站的 PLC 程序设计；
6. 装配站的功能调试及运行。

理论学习

任务 4.1　认识装配站的基本结构与原理

4.1.1　装配站的基本结构

装配站的外形结构如图 4-1 所示，其硬件结构主要由机械部件、电气元件和气动部件构成。机械部件包括管形料仓、供料机构、回转台、装配机械手、待装配工件的定位机构、气动系统及其阀组、接线端口、铝合金支架和底板等。电气元件包括 4 个光电传感器、7 个磁性传感器（也称为磁性开关）、1 个光纤传感器和 1 个警示灯。气动部件包括 4 个双作用直线气缸、1 个手爪气缸、1 个回转气缸、8 个气缸节流阀和 6 个电磁阀。

1. 管形料仓

管形料仓用来存储装配用的金属、黑色和白色的小圆柱形零件。它由塑料圆管和中空底座构成。塑料圆管顶端放置加强金属环，以防止破损。工件竖直放入料仓的空心圆管内，由于二者之间有一定的间隙，使其能在重力作用下自由下落。为了能在料仓供料不足和缺料时报警，在塑料圆管底部和底座处分别安装了两个漫射式光电传感器（E3Z-L 型），并在料仓塑料圆柱上对其进行纵向铣槽，以使光电传感器的红外光斑能可靠地照射到被检测的物料上。

2. 落料机构

落料机构负责向回转台提供小圆柱形零件，其结构如图 4-2 所示。料仓底座的背面上方安装一个顶料气缸，下方安装一个挡料气缸。系统气源接通后，顶料气缸的初始位置在缩回状态，挡料气缸的初始位置在伸出状态。料仓中放入零件时，零件将被挡料气缸活塞杆终端的挡块阻挡而不能落下。需要进行落料操作时，首先使顶料气缸伸出，把次下层的工件夹紧，然后挡料气缸缩回，零件落入回转台的左料盘中。然后挡料气缸复位伸出，顶料气缸缩回，次下层工件跌落到挡料气缸终端挡板上，为再一次供料做准备。

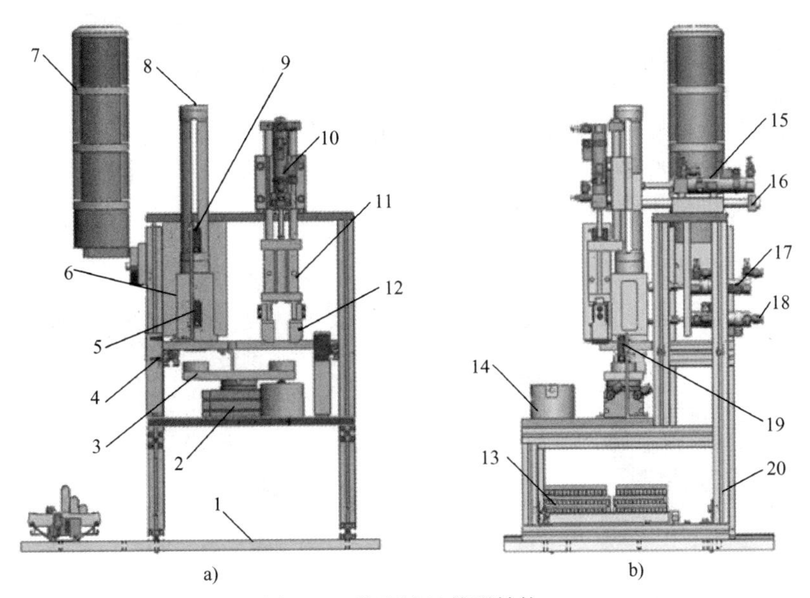

图 4-1　装配站的外形结构

a）主视图　b）右视图

1—底板　2—回转气缸　3—回转台　4—左料盘光电传感器　5—缺料光电传感器　6—管形料仓底座　7—警示灯　8—管形料仓　9—供料充足光电传感器　10—升降气缸　11—机械手气缸　12—机械手爪　13—接线端子排　14—装配台　15—伸缩气缸　16—伸缩导杆　17—顶料气缸　18—挡料气缸　19—右料盘光电传感器　20—铝合金支架

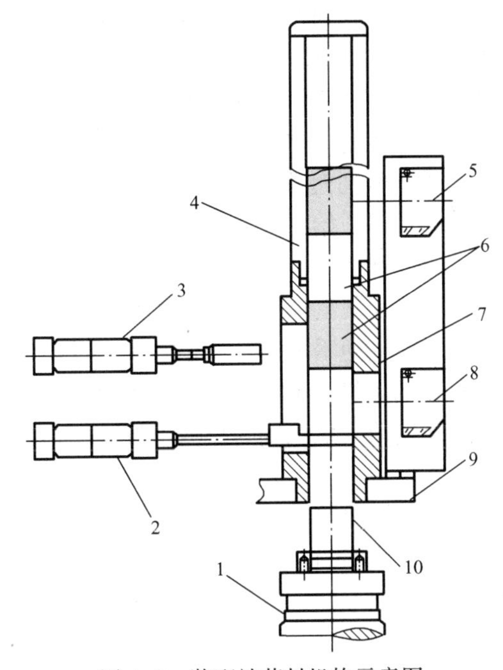

图 4-2　装配站落料机构示意图

1—回转台　2—挡料气缸　3—顶料气缸　4—管形料仓　5—供料充足光电传感器　6—小圆柱形零件　7—料仓底座　8—缺料光电传感器　9—料仓固定底板　10—落入左料盘的零件

3. 回转台

回转台由气动摆台和左、右两个料盘组成，气动摆台能驱动料盘旋转 180°，从而实现把从供料机构落入左料盘的零件传送到装配机械手正下方，其结构如图 4-3 所示。图中的两个光电传感器用来检测左、右料盘是否有零件，两个光电传感器均选用 CX-441 型。

4. 装配机械手

装配机械手是整个装配站的核心。当装配机械手正下方的回转台料盘上有小圆柱形零件，且装配台侧面的光纤传感器检测到装配台上有待装配零件时，机械手从初始状态开始执行装配操作。装配机械手的外形如图 4-4 所示。

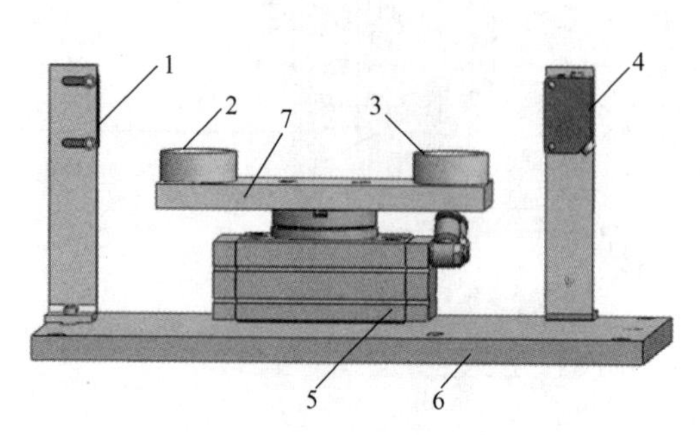

图 4-3 装配站回转台结构图

1—左料盘光电传感器 2—左料盘 3—右料盘
4—右料盘光电传感器 5—回转台气缸
6—回转台底板 7—气动摆台

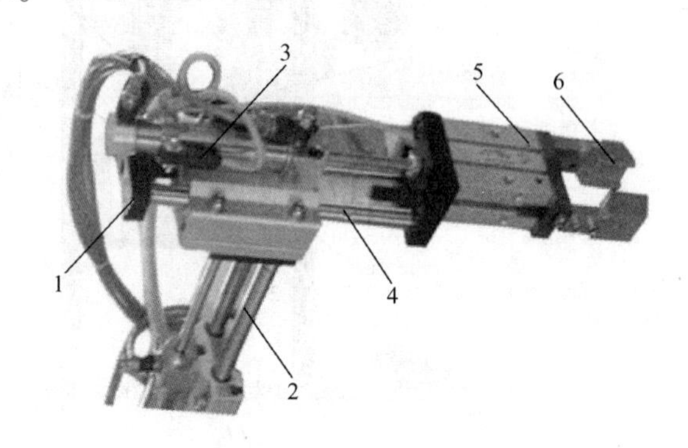

图 4-4 装配机械手的外形

1—行程调整板 2—水平导杆气缸
3—磁性传感器 4—垂直导杆气缸
5—手爪气缸 6—手爪

装配机械手是一个能进行三维运动的机构，即水平方向移动、垂直方向移动和气动手指夹紧/松开移动。3 个方向的移动分别由水平导杆气缸、垂直导杆气缸和手爪气缸来执行，3 个气缸又由 3 个电磁阀来驱动控制。其工作原理如下：

PLC 驱动与垂直移动气缸相连的电磁换向阀动作时，机械手向下移动，到位后手爪气缸驱动手爪夹紧零件，并将夹紧信号通过磁性开关传送给 PLC。在 PLC 控制下，垂直移动气缸复位，被夹紧的零件随气动手爪开始提升，提升到位后，水平移动气缸在与之对应的换向阀的驱动下，机械手伸出，伸出到位后，机械手下降，下降到位后，气动手爪松开，经短暂延时后，垂直移动气缸和水平移动气缸缩回，机械手恢复初始状态。

在整个机械手动作过程中，除气动手爪松开到位时没有设置传感器检测外，其余动作的到位信号检测均采用与气缸配套的磁性传感器，将采集到的信号输入 PLC，由 PLC 输出信号驱动电磁阀换向，使由气缸及气动手爪组成的机械手按程序控制自动运行。

5. 装配台料斗

将来自输送站的待装配零件直接放置在装配台料斗定位孔中，由定位孔与零件之间的较小的间隙配合实现定位，从而完成准确的装配动作和定位精度，装配台料斗如图 4-5 所示。为了确定装配台料斗内是否有待装配工件，使用光纤传感器进行检测。

6. 警示灯

装配站上安装有红、黄、绿三色警示灯，它们是作为整个系统警示用的。警示灯有 5 根引出线，其中黄绿双色线为“地线”；红色线为红色灯控制线；黄色线为橙色灯控制线；绿色线为绿色灯控制线；黑色线为信号灯公共控制线。警示灯的工作电源为 DC 24 V，其外形及接线如图 4-6 所示。

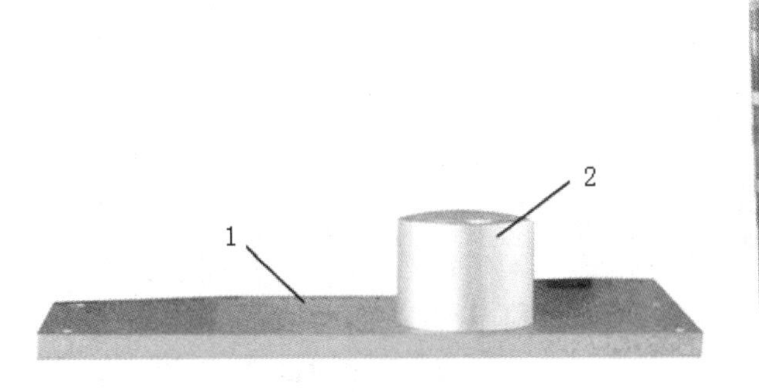

图 4-5　装配台料斗

1—装配台料斗固定板　2—装配台料斗

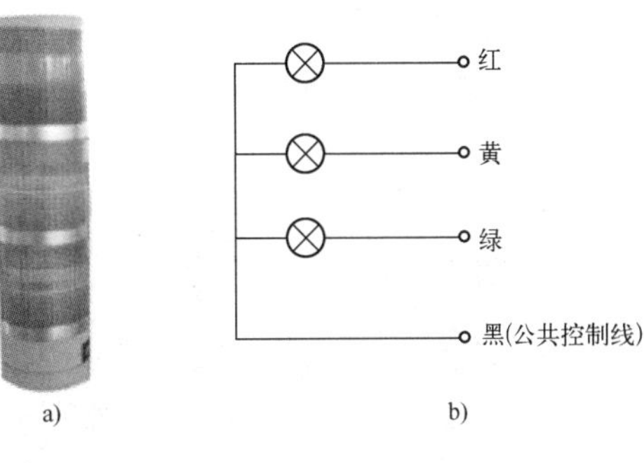

图 4-6　装配站警示灯的外形及接线图

a）外形　b）接线图

4.1.2　装配站的工作原理

若设备准备好，则按下起动按钮，装配站起动，“设备运行”指示灯 HL2（绿色灯）常亮。如果回转台上的左料盘内没有小圆柱形零件，则执行下料操作；如果左料盘内有小圆柱形零件，而右料盘内没有，则执行回转台回转操作。如果回转台上的右料盘内有小圆柱形零件且装配台上有待装配工件，则执行装配机械手抓取小圆柱形零件，并将其放入待装配工件中的操作。完成装配任务后，装配机械手应返回初始位置，等待下一次装配。

4.1.3　传感器在装配站中的应用

装配站使用 4 个光电传感器、7 个磁性传感器（也称为磁性开关）和 1 个光纤传感器。光电传感器和磁性开关的作用、原理参见 2.1.3 节的相关内容。

1. 光电传感器在装配站中的具体应用（见图 4-7）

1）检测管形料仓的小圆柱形零件是否充足、是否缺料。

2）检测左、右料盘是否有料。

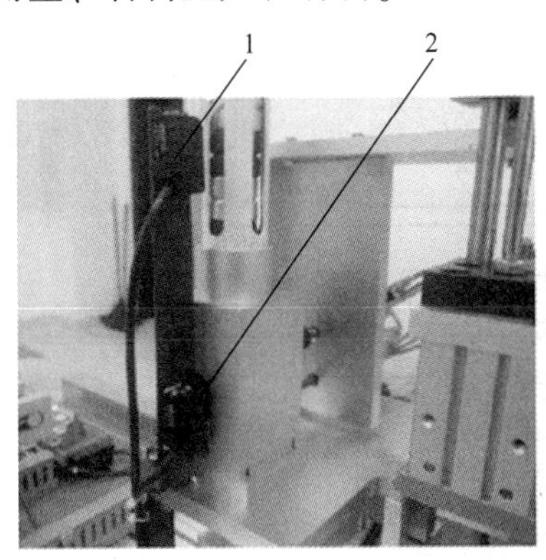

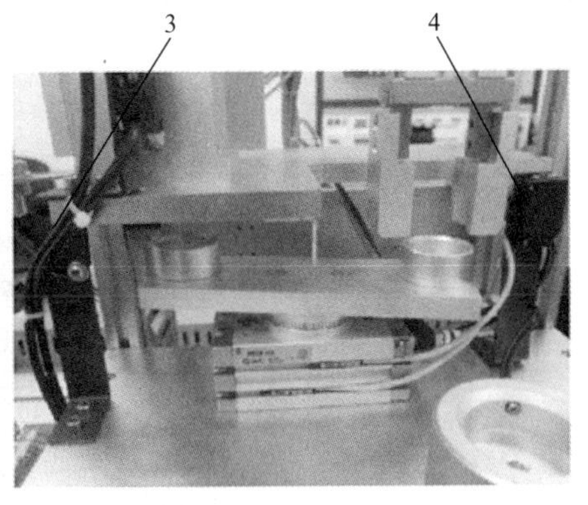

图 4-7　光电传感器在装配站中的应用

1—检测管形料仓零件是否充足　2—检测管形料仓是否缺料

3—检测左料盘是否有料　4—检测右料盘是否有料

2. 磁性传感器在装配站中的具体应用（见图 4-8）

1）检测气动手爪是否夹紧。

2）检测装配机械手的伸缩状态。

3）检测装配机械手的下降和提升状态。

4）检测回转台的状态。

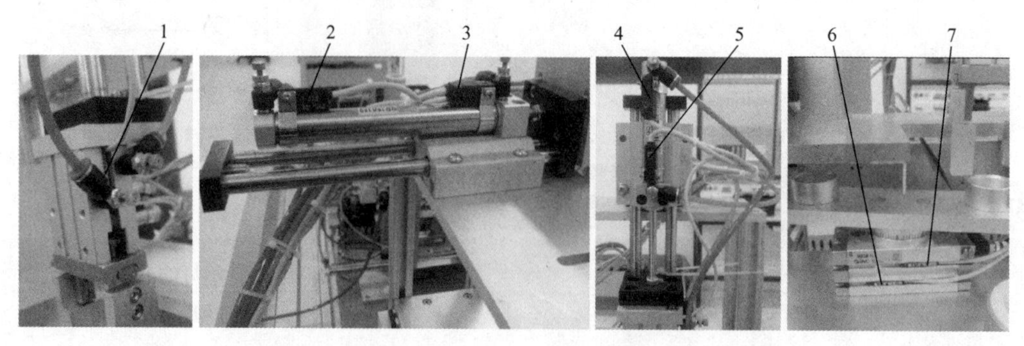

图 4-8　磁性开关在装配站中的作用

1—检测气动手爪是否夹紧　2—检测装配机械手缩回到位　3—检测装配机械手伸出到位　4—检测装配机械手提升到位　5—检测装配机械手下降到位　6—检测回转台左旋到位　7—检测回转台右旋到位

3. 光纤传感器在装配站中的具体应用

光纤传感器用于检测黑、白两种小圆柱形零件，也可以通过调节其灵敏度使其作为一般光电传感器用。其优点在于：可抗电磁干扰，可工作于恶劣环境，传输距离远，使用寿命长。此外，由于光纤头具有较小的体积，所以可以安装在很小的空间中。光纤传感器的外形如图 4-9 所示。

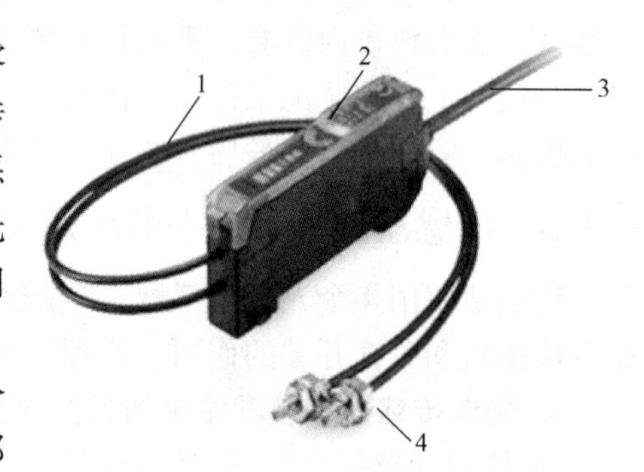

图 4-9　光纤传感器外形图

1—光纤　2—光纤放大器

3—信号线　4—光纤检测头

光纤传感器由光纤检测头和光纤放大器两部分组成。光纤放大器和光纤检测头是相分离的两个部分，光纤检测头的尾端分成两条光纤，使用时分别插入光纤放大器的两个光纤孔。光纤放大器的安装示意如图 4-10 所示。

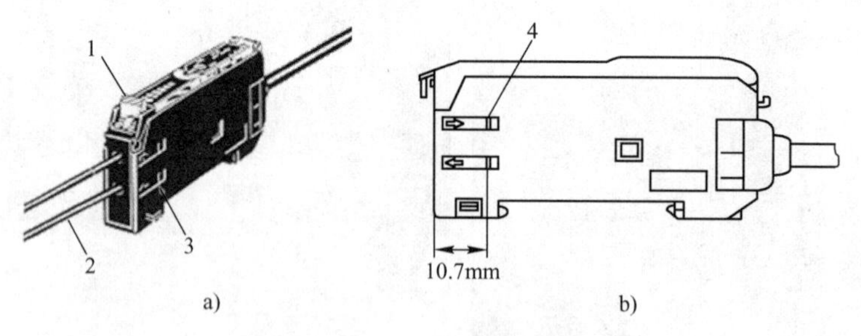

图 4-10　光纤放大器安装示意图

1—固定按钮　2—光纤　3—光纤插入位置标记　4—光纤插入位置

（1）工作原理

光纤传感器中放大器的灵敏度调节范围较大。当光纤传感器灵敏度调得较小时，对于反射性较差的黑色物体，光电探测器无法接收到反射信号；而对于反射性较好的白色物体，光电探测器就可以接收到反射信号。反之，若调高光纤传感器的灵敏度，即使对反射性较差的黑色物体，光电探测器也可以接收到反射信号。光纤传感器的灵敏度调节方法如图 4-11 所示。用螺丝刀旋转灵敏度旋钮可以调节其灵敏度大小（顺时针旋转灵敏度增大，逆时针旋转灵敏度减小）。当灵敏度足够大时，会看到“入光量显示灯”点亮，而且灵敏度越高，“入光量显示灯”点亮得越多。当光纤传感器检测到物料时，“动作显示灯”会点亮，提示检测到物料。

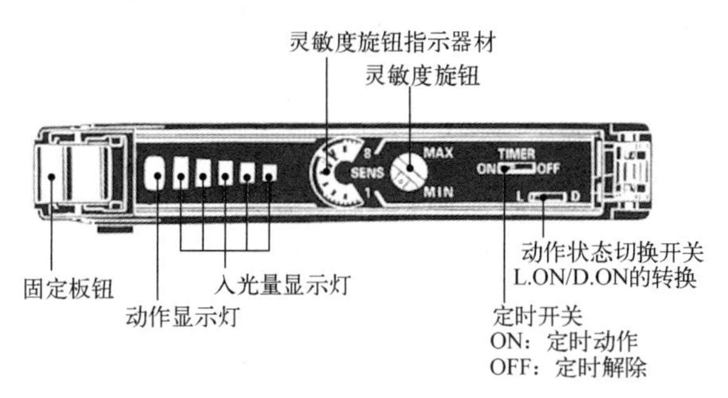

图 4-11　光纤传感器的灵敏度调节

（2）光纤传感器的接线

接线与光电传感器相同，即棕色线接 DC 24 V，蓝色线接 0 V，黑色线接信号线。

（3）光纤传感器在装配站中的具体应用

主要用于检测装配台上工件的颜色（黑色或白色工件），如图 4-12 所示。

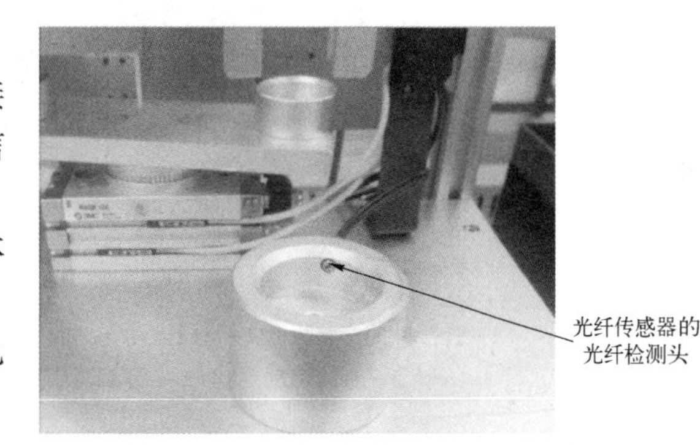

图 4-12　光纤传感器在装配站中的作用

4.1.4　气动元件在装配站中的应用

装配站中用到的气动元件主要有双作用直线气缸、导向气缸、气动手指、气动摆台、节流阀和电磁阀。其中双作用直线气缸、节流阀和电磁阀的原理及作用参见 2.1.4 节的相关内容。

1. 气动摆台

气动摆台是回转台的主要器件，它是由直线气缸驱动齿轮齿条实现回转运动，回转角度能在 0~90°和 0~180°之间任意可调，而且可以安装磁性传感器，检测旋转到位信号，多用于方向和位置需要变换的机构，如图 4-13 所示。

气动摆台的摆动角度能在 0~180°范围任意可调。当需要调节回转角度或调整摆动位置精度时，应首先松开调节螺杆上的反扣螺母，通过旋入和旋出调节螺杆，从而改变回转凸台的回转角度，调节螺杆 1 和调节螺杆 2 分别用于左旋和右旋角度的调整。当调整好摆动角度后，应将反扣螺母与基体反扣锁紧，防止调节螺杆松动造成的回转精度降低。

回转到位的信号是通过调整气动摆台滑轨内的两个磁性传感器的位置实现的（见图 4-8）。

2. 导向气缸

导向气缸是具有导向功能的气缸。一般为标准气缸和导向装置的组合体。导向气缸具有导向精度高、抗扭转力矩、承载能力强及工作平稳等特点。装配站用于驱动装配机械手水平方向移动的导向气缸外形如图 4-14 所示。该气缸由带双导杆直线运动气缸和其他附件组成。

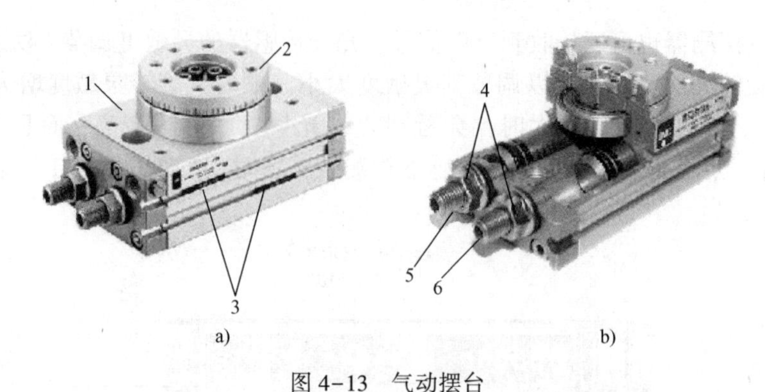

图 4-13　气动摆台

a) 实物图　b) 剖视图

1—回转气缸　2—回转凸台　3—磁性传感器　4—反扣螺母　5—调节螺杆 1　6—调节螺杆 2

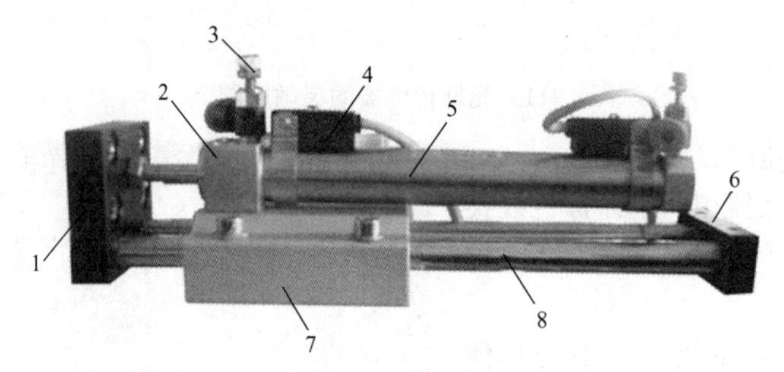

图 4-14　导向气缸

1—连接件的安装板　2—直线运动气缸的安装板　3—节流阀　4—磁性传感器

5—直线运动气缸　6—行程调整板　7—安装支架　8—导杆

3. 单向控制电磁阀

装配站采用 6 个二位五通电磁阀组，其结构及工作原理与供料站采用的电磁阀类似，这里不再赘述。

任务 4.2　装配站的硬件安装与调试

装配站的硬件安装内容包括机械安装、气路的连接及电气接线和调试。

4.2.1　装配站的机械安装

装配站的机械安装比较复杂，其装配过程中首先要装配 6 个组件，分别是供料组件、回转台组件、机械手组件、料仓组件、左支架组件和右支架组件，如图 4-15 所示。在完成以上组件的装配后，将与底板接触的型材放置在底板的连接螺纹之上，使用“L”形的连接件和联接螺栓，固定装配站的型材支架，如图 4-16 所示。然后把图 4-15 中的组件逐个安装上去，顺序为：装配回转台组件→小工件料仓组件→小工件供料组件→装配机械手组件。然后将支架固定在底板上，拧紧后进行总装。最后，安装警示灯及其各传感器，从而完成机械部分装配。

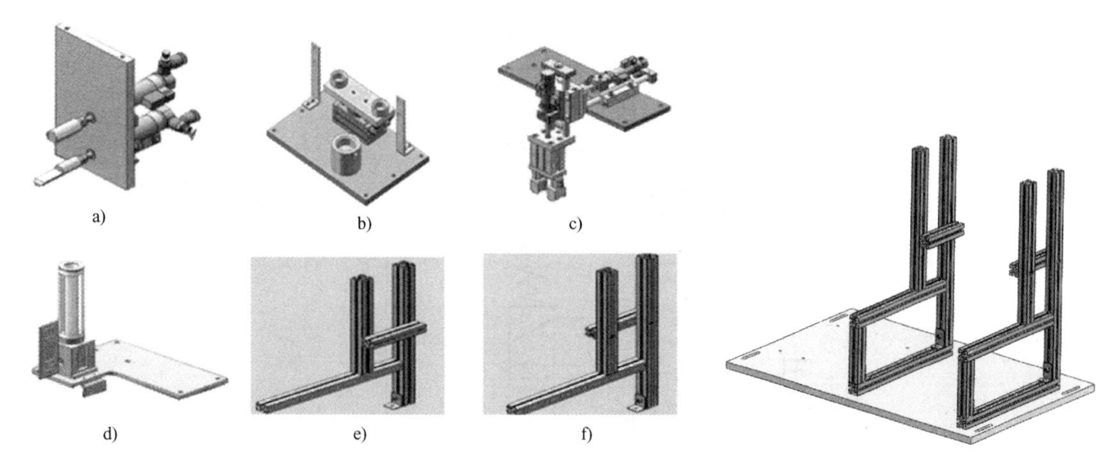

图 4-15　装配站 6 个组件的装配图
a）供料组件　b）回转台组件　c）机械手组件
d）料仓组件　e）左支架组件　f）右支架组件

图 4-16　框架组件被固定在底板上

安装过程中的注意事项如下。

1）装配时要注意摆台的初始位置，以免装配完后摆动角度不到位。

2）预留螺栓的放置一定要足够，以免造成组件之间不能完成安装。

3）建议先进行装配，但不要一次拧紧各固定螺栓，待相互位置基本确定后，再依次进行调整固定。

4.2.2　装配站的气路安装

1. 安装方法

装配站的气路控制原理图如图 4-17 所示，气源从电磁阀组的汇流板进气，6 个电磁阀分别控制顶料气缸、挡料气缸、手爪伸出气缸、手爪提升气缸、摆动气缸和手爪气缸的动作。

2. 安装注意事项

1）一个电磁阀的两根气管只能连接至一个气缸的两个端口，不能使一个电磁阀连接至两个气缸、或使两个电磁阀连接至一个气缸。

2）接入气管时，插入节流阀的气孔后确保其不能被拉出，而且保证不能漏气。

3）拔出气管时，先要用左手按下节流阀气孔上的伸缩件，右手轻轻拔出即可，切不可直接用力强行拔出，否则会损坏节流阀内部的锁扣环。

4）连接气路时最好进、出气管用两种不同颜色的气管来连接，以方便识别。

5）气管的连接做到走线整齐、美观，扎带绑扎距离保持在 4~5 cm 为宜。

4.2.3　装配站的电气线路设计与连接

1. 电气控制原理图

装配站的电气控制电路主要由 PLC、传感器、电磁阀和控制按钮等组成。采用西门子 S7-200 系列 CPU226 继电器输出型 PLC，硬件配置 I/O 端口点数为 40 点，其中数字量输入 24 点，数字量输出 16 点。输入端主要用于连接现场设备的传感器和相关的控制按钮。输出端用于连接气缸电磁阀和信号指示灯。其电气控制原理图如图 4-18 所示。

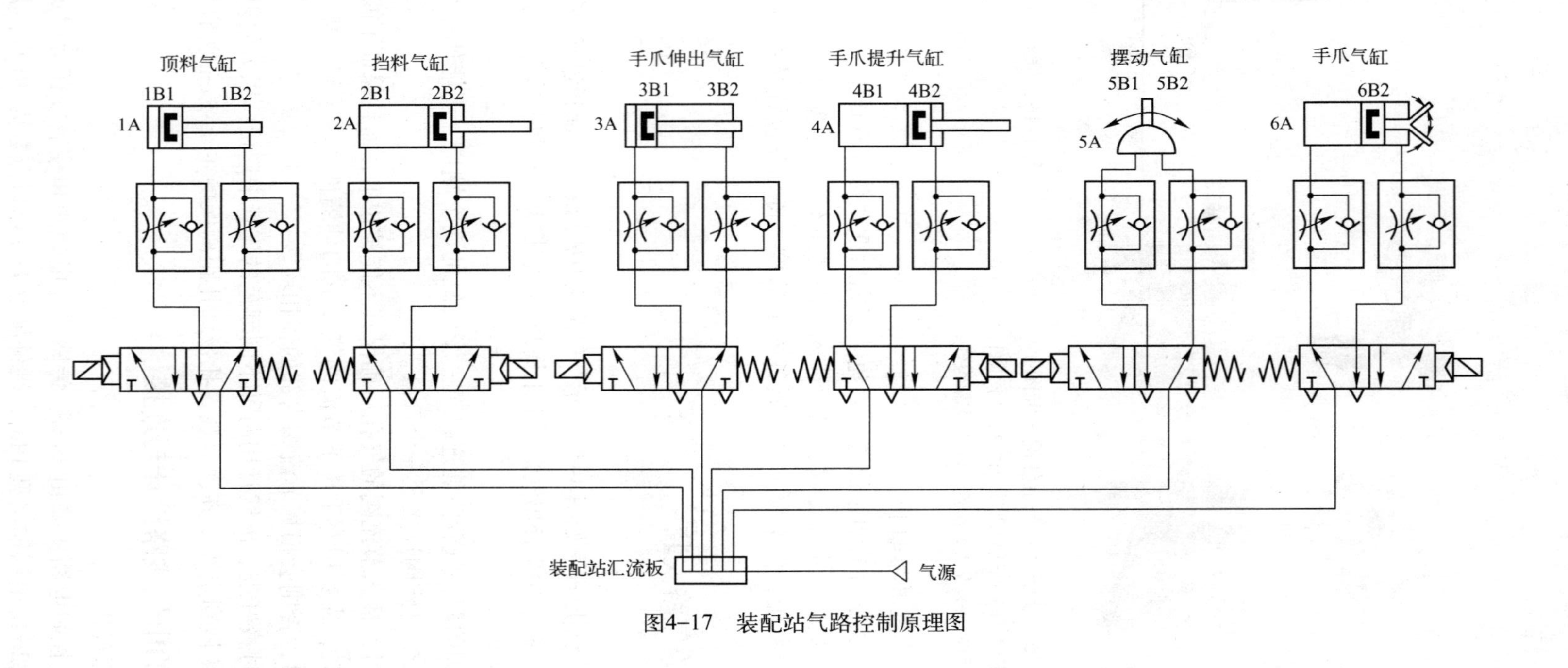

图4-17　装配站气路控制原理图

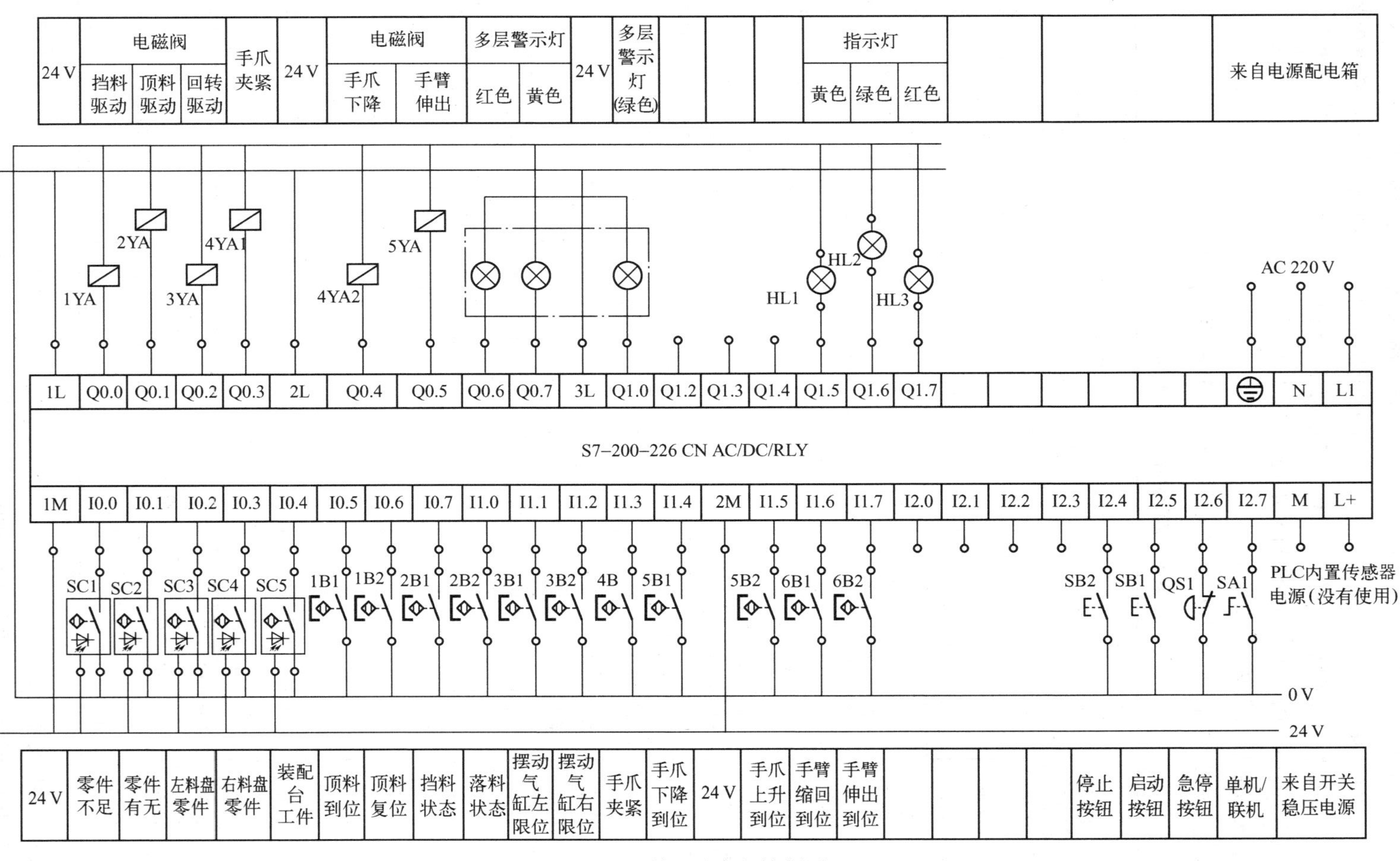

图4-18 装配站电气控制原理图

图 4-18 中，PLC 工作电源为 AC 220 V。数字量输入/输出模块电源为 DC 24 V，其中 1M、2M 接入的电源为 24 V。1 L、2 L、3 L 接入的电源为 24 V，这样，当输出端继电器线圈得电时输出高电平，否则输出低电平。值得注意的是，这里的 24 V 电源由独立的开关稳压电源来提供，而不采用 PLC 内置的 24 V 电源。

2. 装配站 I/O 分配表

根据图 4-18，可以列出 PLC 的输入/输出端口分配表，见表 4-1。

表 4-1　装配站输入/输出端口分配表

输入信号				输出信号			
序号	PLC 输入点	信号名称	信号来源	序号	PLC 输出点	信号名称	信号来源
1	I0.0	零件不足检测	装置侧	1	Q0.0	挡料电磁阀	装置侧
2	I0.1	零件有无检测		2	Q0.1	顶料电磁阀	
3	I0.2	左料盘零件检测		3	Q0.2	回转电磁阀	
4	I0.3	右料盘零件检测		4	Q0.3	手爪夹紧电磁阀	
5	I0.4	装配台工件检测		5	Q0.4	手爪下降电磁阀	
6	I0.5	顶料到位检测		6	Q0.5	手臂伸出电磁阀	
7	I0.6	顶料复位检测		7	Q0.6	红色警示灯	
8	I0.7	挡料状态检测		8	Q0.7	黄色警示灯	
9	I1.0	落料状态检测		9	Q1.0	绿色警示灯	
10	I1.1	摆动气缸左限检测		10	Q1.1		
11	I1.2	摆动气缸右限检测		11	Q1.2		
12	I1.3	手爪夹紧检测		12	Q1.3		
13	I1.4	手爪下降到位检测		13	Q1.4		
14	I1.5	手爪上升到位检测		14	Q1.5	HL1 黄色指示灯	按钮/指示灯模块
15	I1.6	手臂缩回到位检测		15	Q1.6	HL2 绿色指示灯	
16	I1.7	手臂伸出到位检测		16	Q1.7	HL3 红色指示灯	
17	I2.0						
18	I2.1						
19	I2.2						
20	I2.3						
21	I2.4	停止按钮	按钮/指示灯模块				
22	I2.5	启动按钮					
23	I2.6	急停按钮					
24	I2.7	工作方式选择：单机/联机					

3. 装配站电气接线

装配站电气接线包括装置侧接线和 PLC 侧接线。

(1) 装置侧接线

一是把装配站各传感器信号线、电源线、0 V 线按规定接至装置侧左边较宽的接线端子排；二是把装配站电磁阀的信号线接至装置侧右边较窄的接线端子排。具体的接线示意图如图 2-17 所示。各传感器信号线及电磁阀信号线与装置侧对应的端子排号见表 4-2。

表 4-2　装配站装置侧信号线与端子号的对应分配

输入端口中间层			输出端口中间层		
端 子 号	设备符号	信 号 线	端 子 号	设备符号	信 号 线
2	SC1	零件不足检测	2	1YA	挡料电磁阀
3	SC2	零件有无检测	3	2YA	顶料电磁阀
4	SC3	左料盘零件检测	4	3YA	回转电磁阀
5	SC4	右料盘零件检测	5	4YA	手爪夹紧电磁阀
6	SC5	装配台工件检测	6	5YA	手爪下降电磁阀
7	1B1	顶料到位检测	7	6YA	手臂伸出电磁阀
8	1B2	顶料复位检测	8	AL1	红色警示灯
9	2B1	挡料状态检测	9	AL2	黄色警示灯
10	2B2	落料状态检测	10	AL3	绿色警示灯
11	5B1	摆动气缸左限检测	11		
12	5B2	摆动气缸右限检测	12		
13	6B2	手爪夹紧检测	13		
14	4B2	手爪下降到位检测	14		
15	4B1	手爪上升到位检测			
16	3B1	手臂缩回到位检测			
17	3B2	手臂伸出到位检测			

（2）PLC 侧接线

包括电源接线、PLC 输入/输出端子的接线、以及按钮/指示灯模块的接线 3 个部分。PLC 侧接线端子排为双层两列端子，左边较窄的一列主要接 PLC 的输出口端子，右边较宽的一列接 PLC 的输入口端子。两列中的下层分别接 24 V 电源（见图 2-18 中的 4、8）和 0 V（见图 2-18 中的 5、7）。左列上层接 PLC 的输出端口，右列上层接 PLC 的输入端口。PLC 的按钮接线端子连接至 PLC 的输入端口，信号指示灯信号端接至 PLC 的输出端口，如图 2-19所示。

（3）接线注意事项

装置侧接线端口中，输入信号端子的上层端子（24 V）只能作为传感器的正电源端，切勿用于连接电磁阀等执行元件的负载。电磁阀等执行元件的正电源端和 0 V 端应连接到输出信号端子下层端子的相应端子上。装置侧接线完成后，应用扎带绑扎，力求整齐美观。

电气接线的工艺应符合国家职业标准的规定，例如，导线连接到端子时，采用端子压接方法；连接线须有符合规定的标号；每一端子连接的导线不超过两根等。

4.2.4 装配站的硬件调试

硬件安装完成后，需要对其进行调试，只有硬件安装正确，才能保证软件的顺利调试。硬件调试主要有机械部分调试、气路部分调试和电气部分调试。

1. 机械部分调试

适当调整紧固件和螺钉，保证装配站供料组件能顺利供料、能将小圆柱形零件落入回转台左料盘。保证回转台能顺利完成0~180°回转，保证机械手能顺利伸出、缩回、下降、提升、夹紧和松开，并且位置准确，所有紧固件不能松动。

2. 气路部分调试

1）接通气源后，观察供料组件中顶料气缸是否处于缩回状态，挡料气缸是否处于伸出状态，回转台是否处于左旋位置，机械手是否处于缩回状态、提升状态，手爪是否处于松开状态，若没有则关掉气源后调整气管的连接方式。

2）接通气源后，分别手动按下顶料气缸、挡料气缸、回转台摆动气缸、手爪气缸、机械手伸缩气缸、机械手提升/下降电磁阀，观察相应的气缸动作是否平顺，若不平顺，则调整相应气缸两端（侧）的节流阀。

3）接通气源后，观察所有气管接口处是否有漏气现象，如果有，则关掉气源，调整气头和气管。

3. 电气部分调试

电气部分调试主要是检查PLC和开关稳压电源等工作是否正常，检查PLC的输入端口电路和输出端口电路连接是否正确，如电路工作不正常或电路连接不正确，则需要对电路进行排查、核查和调试，保证装配站的硬件电路能正常工作。

1）检查工作电源是否正常。上电后，观察PLC和开关稳压电源的电源指示灯是否正常点亮，否则关闭电源以检测其电源接线是否正确或器件是否损坏。

2）核查各传感器信号端口、指示灯/按钮模块的按钮（或开关）信号端口与PLC输入端口连接是否正确。上电后，对照表4-1逐个检测各传感器信号线是否正确工作，当某个传感器工作时，传感器上的指示灯会点亮，其对应的PLC输入端口LED指示灯亮。如果传感器本身不工作，则需要检查传感器的接线，以及调整传感器的位置。如果传感器工作，但PLC输入端口的指示灯不亮，则应检查传感器信号线端口与PLC输入端口之间的连线是否正常。对照表4-1逐个检测指示灯/按钮模块中的各按钮工作是否正常，手动按下某个按钮或切换转换开关，对应的PLC输入端口的LED指示灯应点亮，否则检查按钮的接线是否正确并做相应的调试。

3）核查PLC输出端口与电磁阀、指示灯连接是否正确。打开STEP 7-Micro/WIN编程软件，分别用软件强制方法调试Q0.0~Q0.5端口对应的6个电磁阀以及Q0.6~Q1.0端口对应的3个信号灯是否工作正常。例如：当Q0.0=1时，挡料电磁阀应动作，此时执行落料动作。若电磁阀不动作，应检查Q0.0端口与装置侧电磁阀的信号连接是否正常，如果正常则检查电磁阀内部接线是否正常或者是否已损坏。用同样的方法完成顶料、回转等电磁阀及各信号指示灯的调试。

本部分的调试方法和步骤请参照2.2.4节“供料站的电气部分调试”。

任务 4.3　装配站的程序设计

装配站的程序设计是整个项目的重点和难点。程序设计的首要任务是理解装配站的工艺要求和控制过程，在充分理解其工作过程的基础上，绘制程序流程图，然后根据流程图来编写程序，而不是单靠经验来编程，只有这样才能取得事半功倍的效果。

4.3.1　顺序功能图

由装配站的工艺流程（见项目描述部分）可以绘制装配站的主程序、装配落料控制子程序和装配抓料控制子程序的顺序功能图，具体如图 4-19~图 4-21 所示。

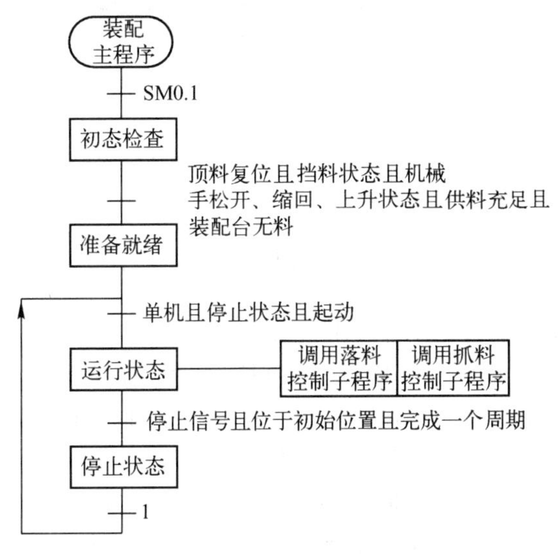

图 4-19　装配站主程序顺序功能图

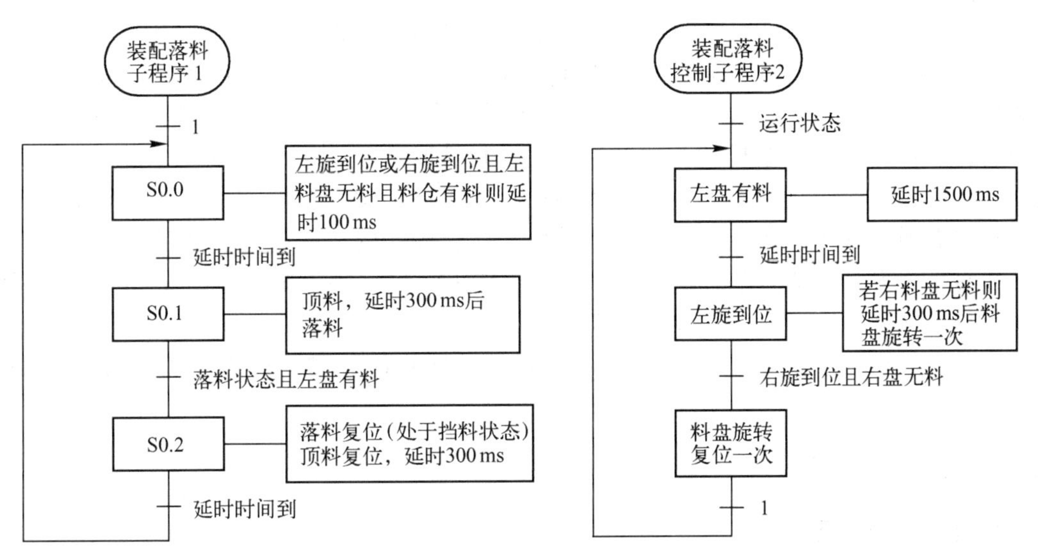

图 4-20　装配落料控制子程序顺序功能图

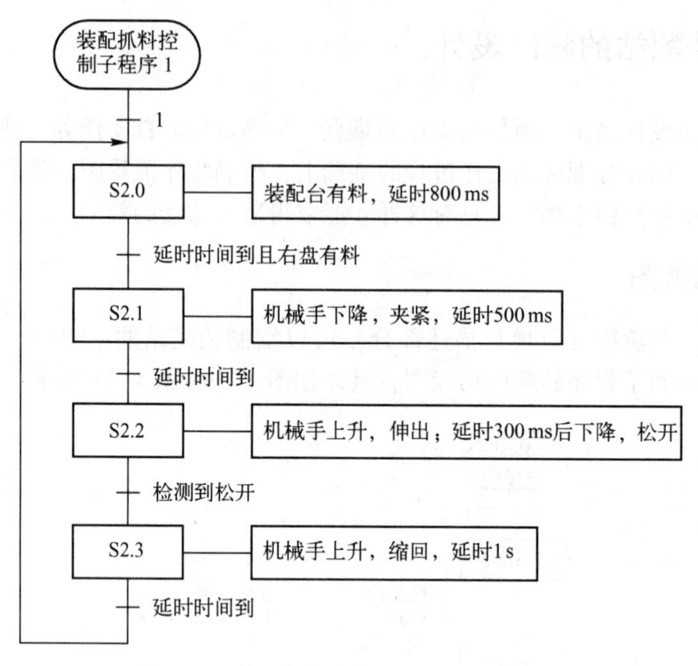

图 4-21　装配抓料控制子程序顺序功能图

整个程序的结构包括主程序、装配落料控制子程序、装配抓料控制子程序和信号显示子程序。主程序是一个周期循环扫描的程序。通电后先进行初态检查，即检查顶料气缸缩回、挡料气缸伸出、机械手提升、机械手缩回、手爪松开、供料充足、装配台无料这 7 个状态是否满足要求。这 7 个条件中的任一条件不满足初态，均不能通过，也就是说不能起动装配站使之运行。如果初态检查通过，则说明设备准备就绪，允许起动。起动后，系统就处于运行状态，此时主程序每个扫描周期调用装配落料控制子程序、装配抓料控制子程序和信号显示子程序。

装配落料控制子程序和装配抓料控制子程序均为步进程序，可以采用置位和复位方法来编程，也可以用西门子特有的顺序继电器指令（SCR 指令）来编程。装配落料控制子程序的编程思路如下：如果左料盘无料，则执行落料，如果左料盘有料、右料盘无料，则执行回转操作；如果左料盘有料、右料盘有料且回转盘处于回转状态下，当右料盘无料时，则执行回转台复位操作。装配抓料控制子程序的编程思路如下：如果装配台有料且右料盘有料，则依次执行抓料、放料操作。抓料操作的方法是：机械手下降→手爪夹紧→机械手提升。放料操作的方法是：机械手伸出→机械手下降→手爪松开→机械手提升→机械手缩回。

信号显示子程序相对比较简单，可以根据项目的任务描述，用经验设计法来编程实现。

4.3.2　梯形图程序

1. 主程序（见图 4-22）

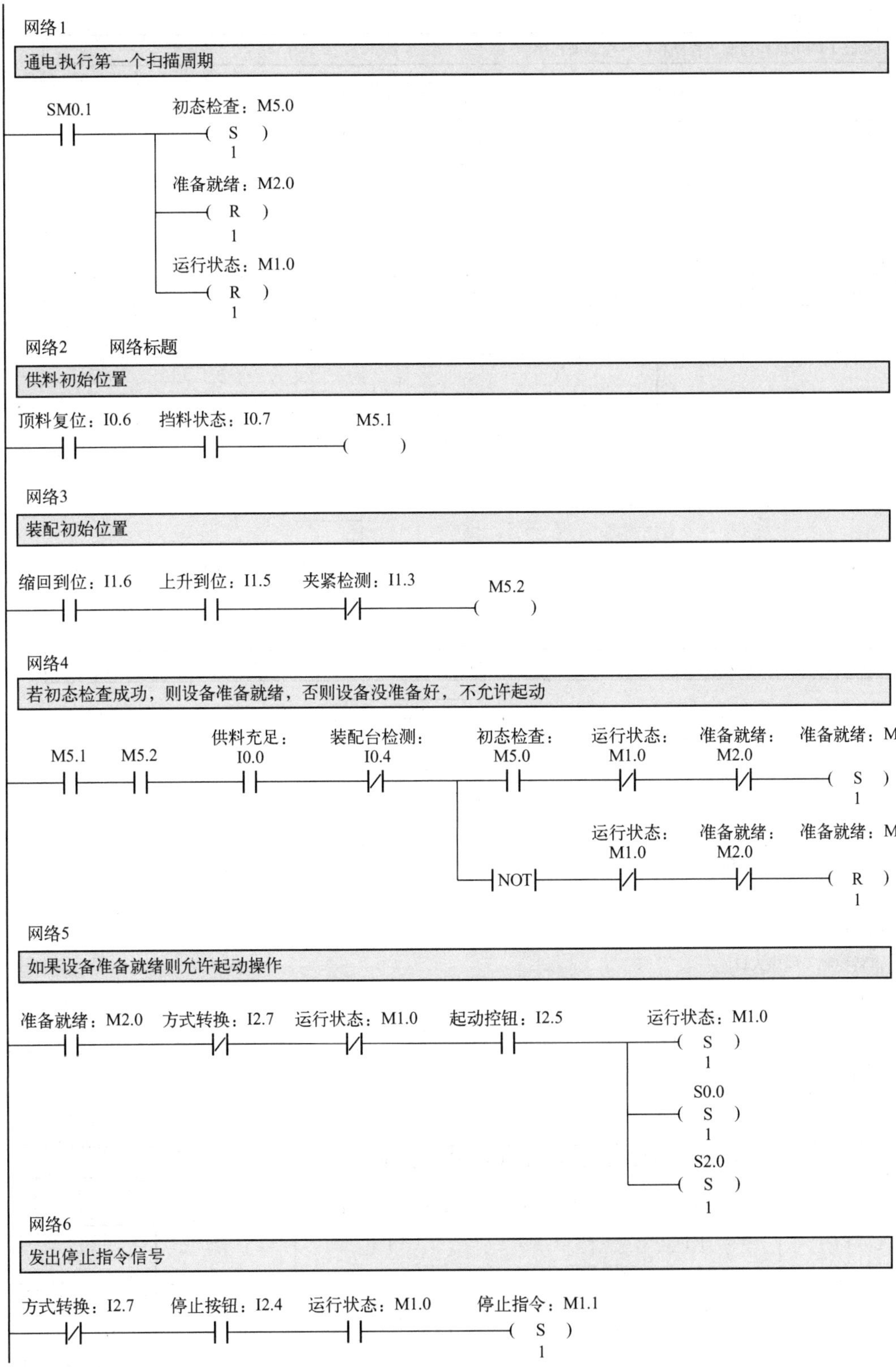

网络1

通电执行第一个扫描周期

SM0.1 —| |— 初态检查：M5.0 —(S) 1; 准备就绪：M2.0 —(R) 1; 运行状态：M1.0 —(R) 1

网络2　网络标题

供料初始位置

顶料复位：I0.6 —| |— 挡料状态：I0.7 —| |— M5.1 ( )

网络3

装配初始位置

缩回到位：I1.6 —| |— 上升到位：I1.5 —| |— 夹紧检测：I1.3 —|/|— M5.2 ( )

网络4

若初态检查成功，则设备准备就绪，否则设备没准备好，不允许起动

M5.1 —| |— M5.2 —| |— 供料充足：I0.0 —| |— 装配台检测：I0.4 —|/|— 初态检查：M5.0 —| |— 运行状态：M1.0 —|/|— 准备就绪：M2.0 —|/|— 准备就绪：M2.0 (S) 1

—|NOT|— 运行状态：M1.0 —|/|— 准备就绪：M2.0 —|/|— 准备就绪：M2.0 (R) 1

网络5

如果设备准备就绪则允许起动操作

准备就绪：M2.0 —| |— 方式转换：I2.7 —|/|— 运行状态：M1.0 —|/|— 起动按钮：I2.5 —| |— 运行状态：M1.0 (S) 1; S0.0 (S) 1; S2.0 (S) 1

网络6

发出停止指令信号

方式转换：I2.7 —|/|— 停止按钮：I2.4 —| |— 运行状态：M1.0 —| |— 停止指令：M1.1 (S) 1

图 4-22　主程序梯形图

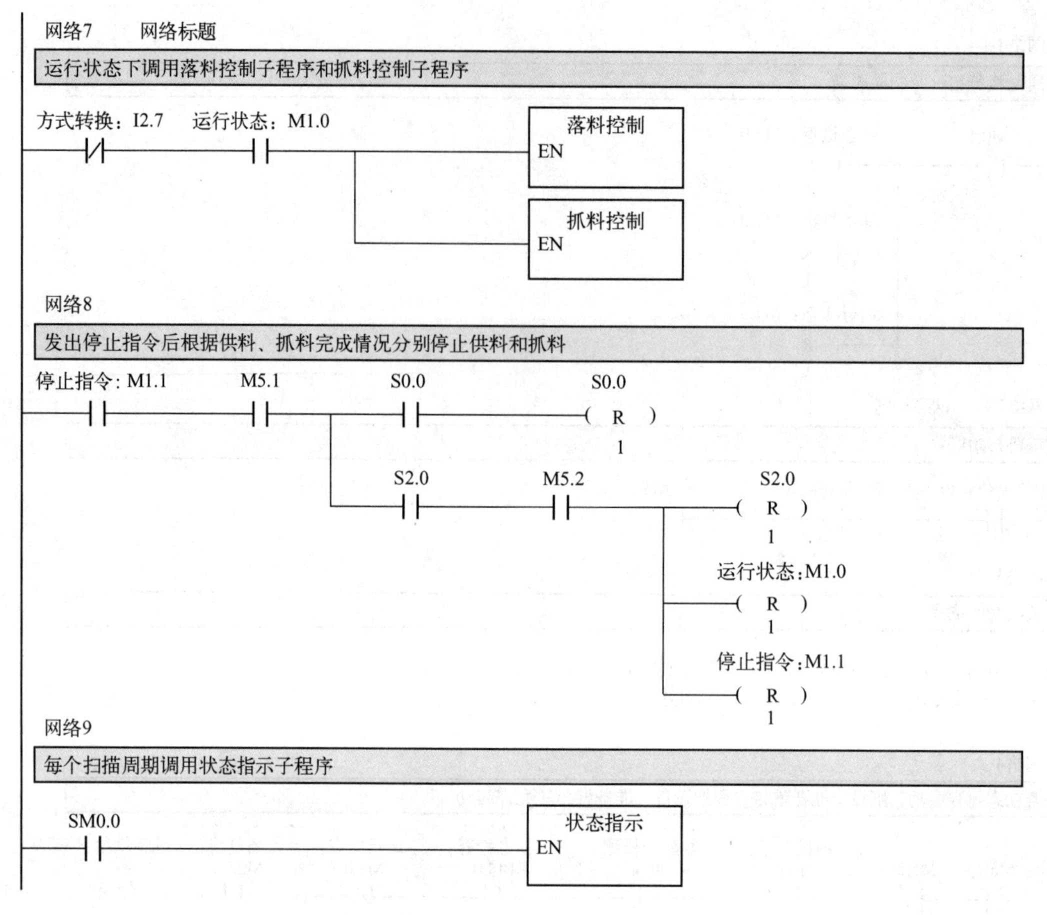

图 4-22　主程序梯形图（续）

2. 装配落料控制子程序（见图 4-23）

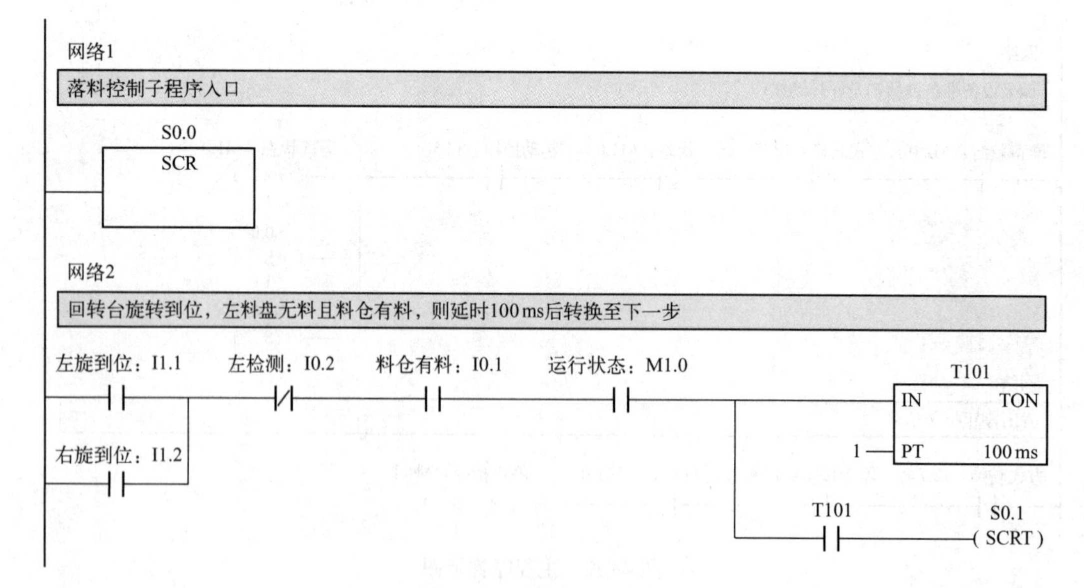

图 4-23　装配落料子程序

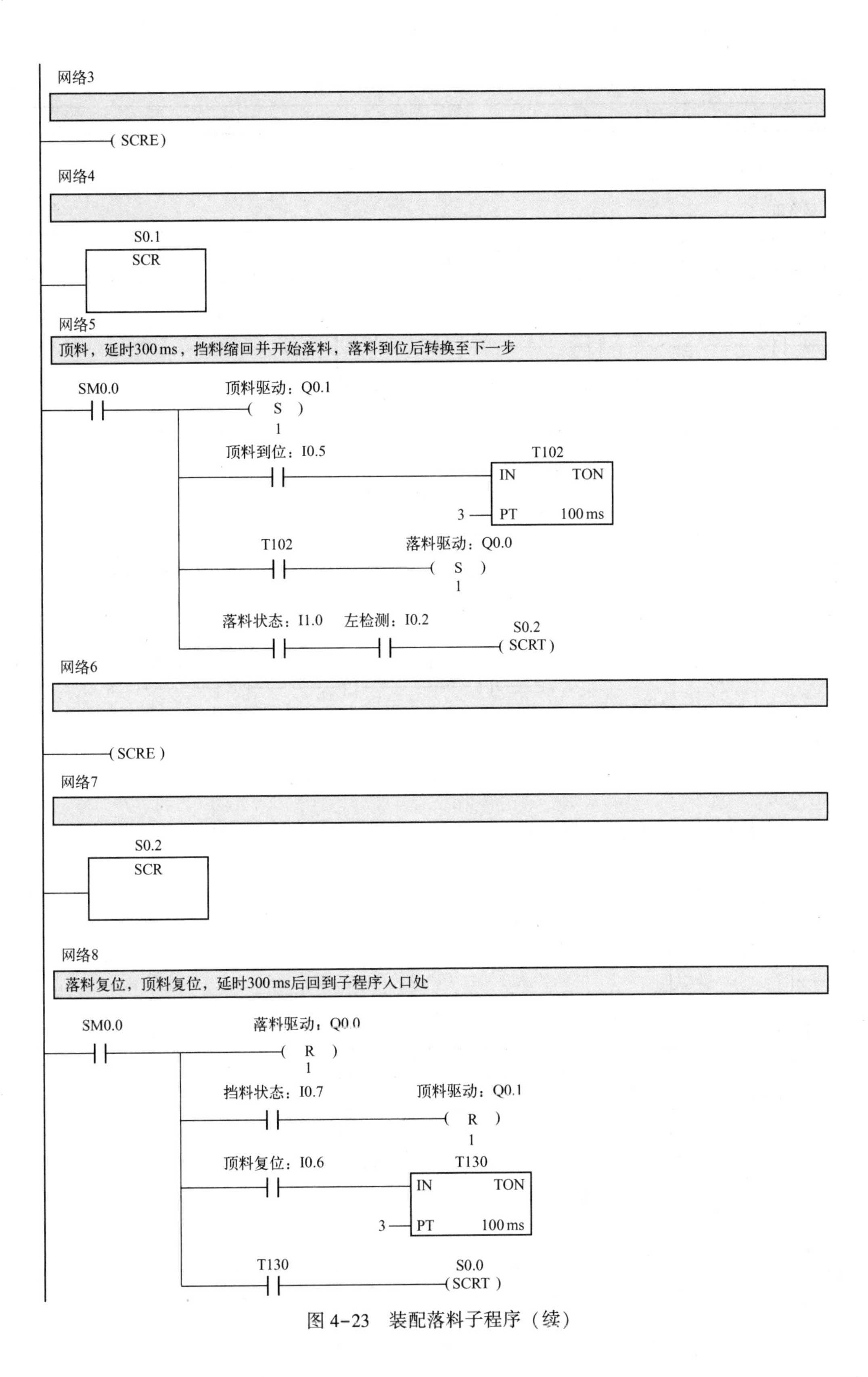

图 4-23　装配落料子程序（续）

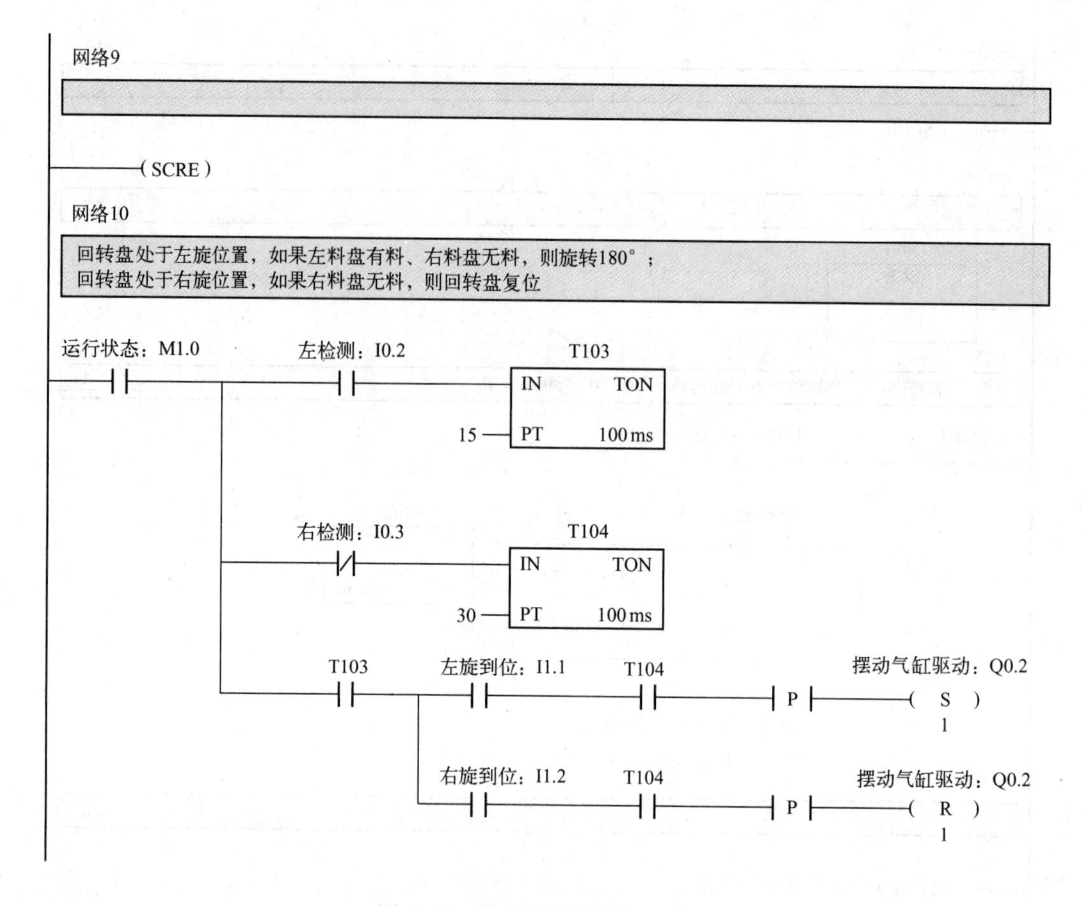

图 4-23　装配落料子程序（续）

3. 装配抓料控制子程序（见图 4-24）

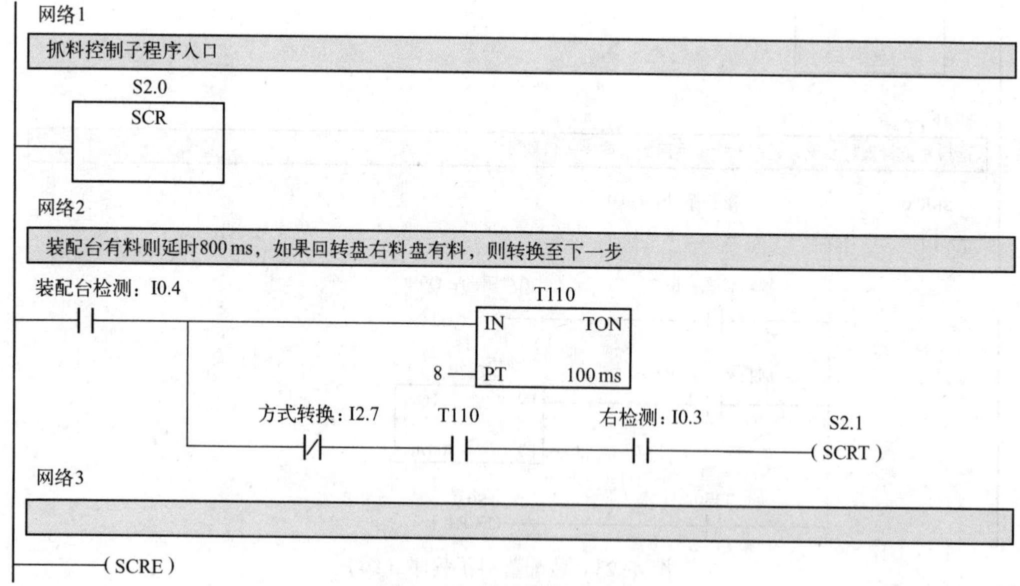

图 4-24　装配抓料子程序

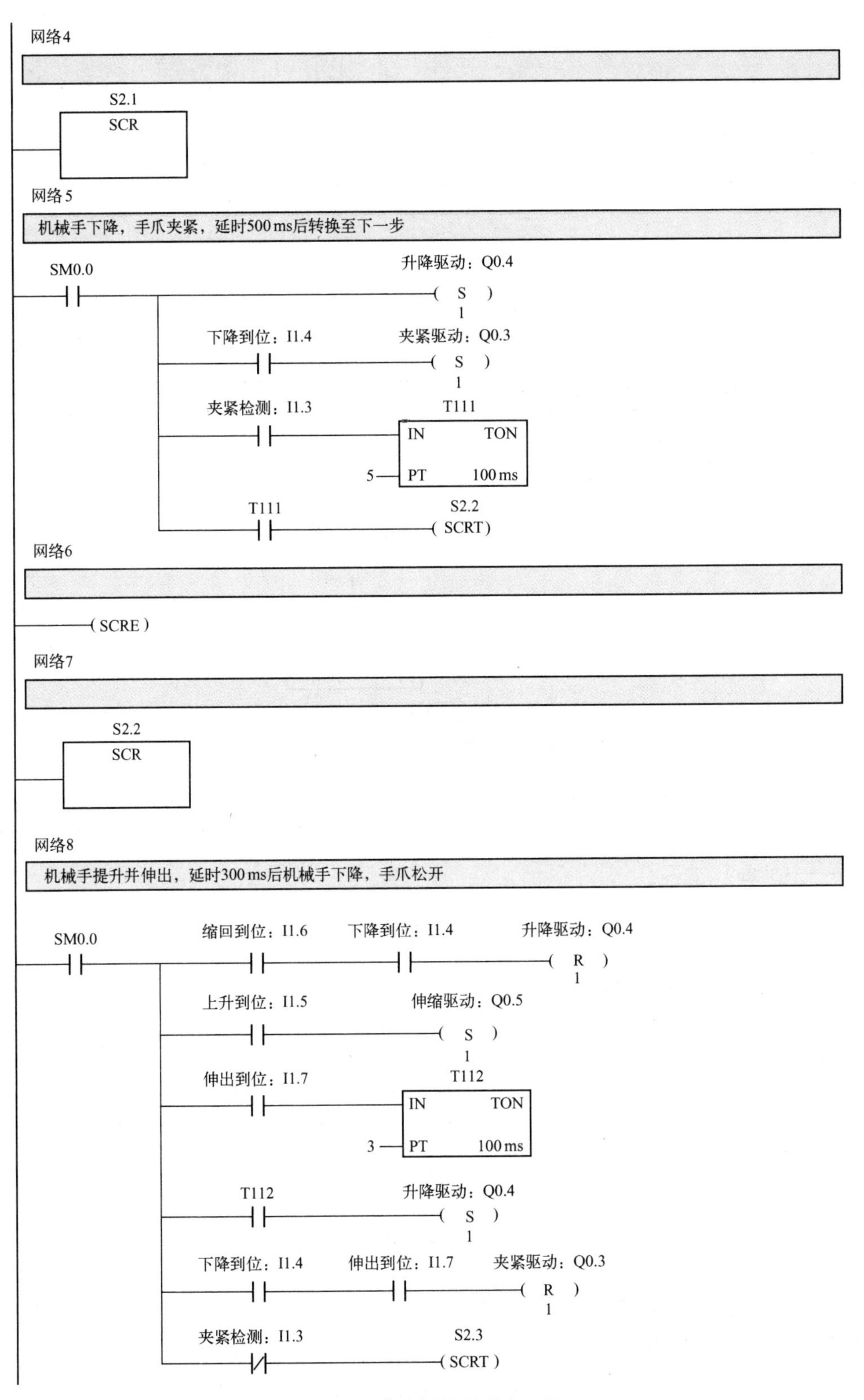

图 4-24　装配抓料子程序（续）

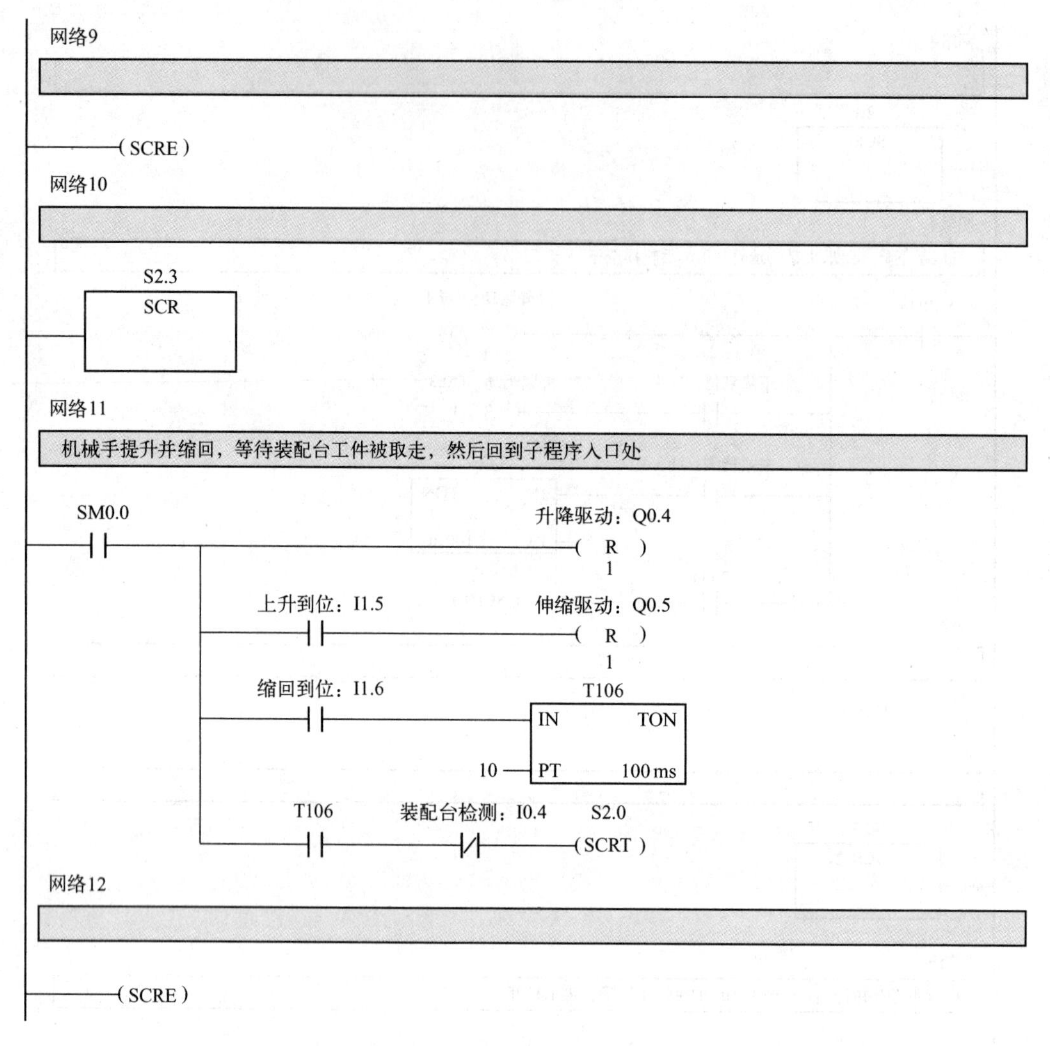

图 4-24　装配抓料子程序（续）

4. 信号显示子程序（见图 4-25）

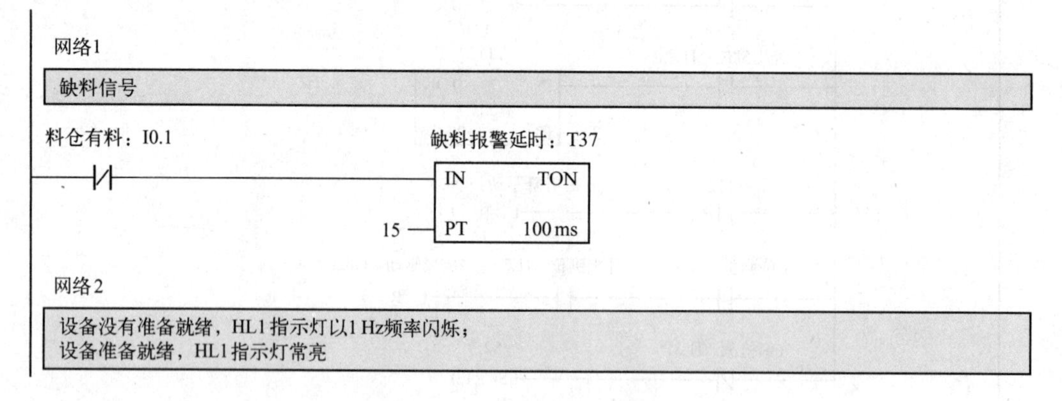

图 4-25　信号显示子程序

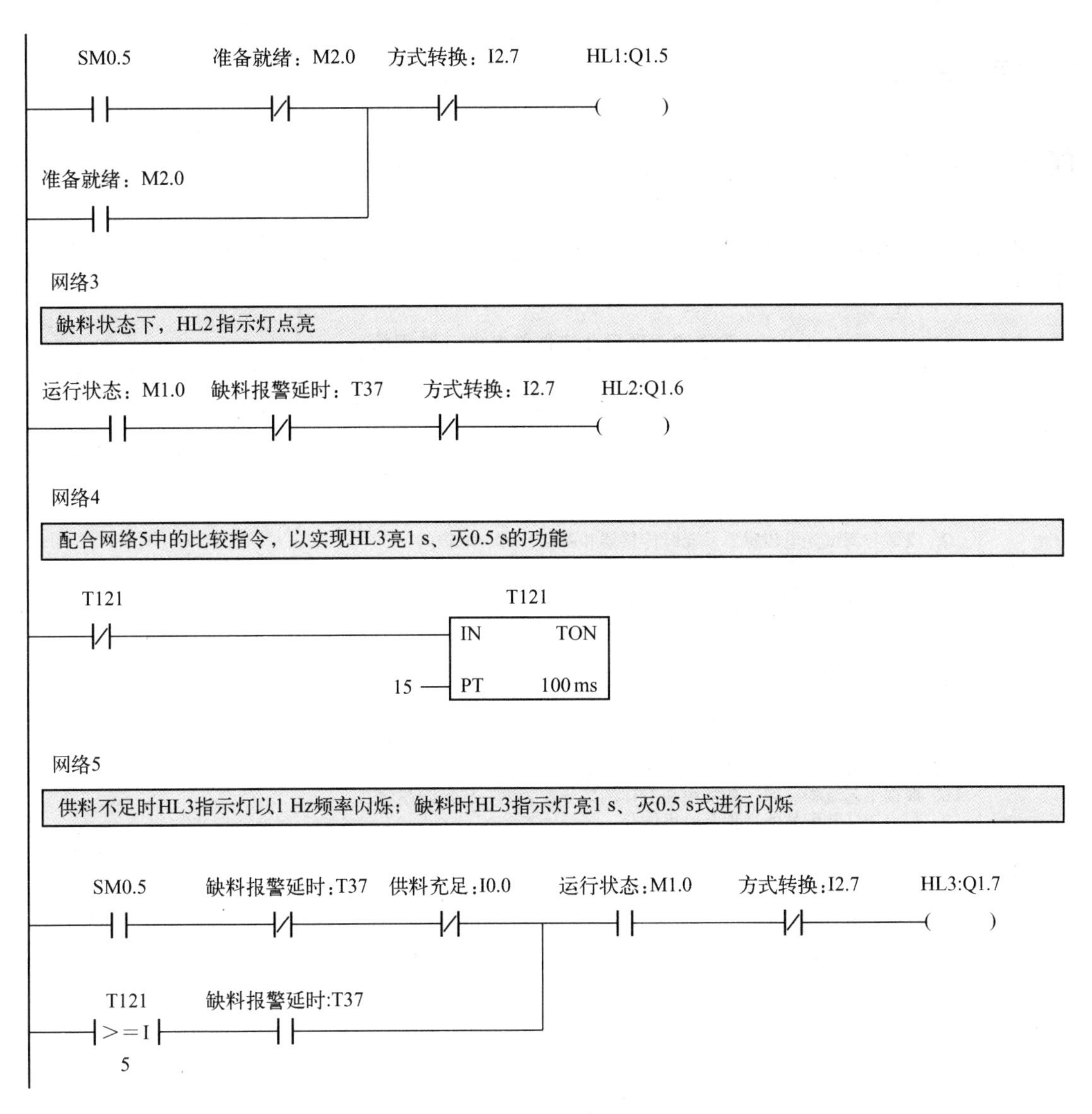

图 4-25　信号显示子程序（续）

4.3.3　装配站的 PLC 程序调试

装配站的硬件调试完毕，I/O 端口确保正常连接，程序设计完成后，就可以进行软件下载和调试了。调试步骤如下：

1）用 PC/PPI 电缆将 PLC 的通信端口与 PC 的 USB 接口（或 RS-232 端口）相连，打开 PLC 编程软件，设置通信端口和通信波特率，建立上位机与 PLC 的通信连接。

2）PLC 程序编译无误后将其下载至 PLC，并使 PLC 处于 RUN 状态。

3）将程序调至监视状态，观察 PLC 程序的能流状态，以此来判断程序的正确与否，并有针对性地进行程序修改，直至装配站能按工艺要求来运行。程序每次修改后，需重新对其编译并将其下载至 PLC。

动手实践

任务 4.4　实训内容

严格按照工作任务单来完成本项目的实训内容，学生完成实训项目后需提交工作任务单，具体见表 4-3。

表 4-3　项目 4 工作任务单（装配站）

<table>
<tr><td>班级</td><td colspan="2"></td><td>组别</td><td>组长</td><td></td></tr>
<tr><td>成员</td><td colspan="5"></td></tr>
<tr><td>项目 4</td><td colspan="5">装配站的原理、安装与调试</td></tr>
<tr><td>实训内容</td><td colspan="5">1. 安装机械部件
2. 安装与调试光电传感器、光纤传感器和磁性开关、电磁阀
3. 安装与调试气路
4. 根据电气原理图连接电气线路
5. 编写、下载、调试与运行程序</td></tr>
<tr><td>实训报告</td><td colspan="5">1. 写出安装机械部件的方法及要点
2. 写出安装与调试光电传感器、光纤传感器和磁性传感器的方法及要点
3. 写出安装与调试气路的方法及要点
4. 设计并画出装配站电气控制电路图
5. 以表格形式列出装配站的 I/O 端口分配表
6. 根据工艺流程、顺序功能图和 I/O 端口分配表编写梯形图程序
7. 写出调试装配站的过程及心得体会</td></tr>
<tr><td>完成时间</td><td colspan="5"></td></tr>
<tr><td rowspan="7">完成情况
（评分）</td><td>序号</td><td>实 训 内 容</td><td>评 价 要 点</td><td>配分</td><td>教师评分</td></tr>
<tr><td>1</td><td>机械部分安装与调试</td><td>安装正确，动作顺畅，紧固件无松动</td><td>10</td><td></td></tr>
<tr><td>2</td><td>气路安装与调试</td><td>气路连接正确、美观，无漏气现象，运行平稳</td><td>10</td><td></td></tr>
<tr><td>3</td><td>电路设计</td><td>电路设计符合要求</td><td>10</td><td></td></tr>
<tr><td>4</td><td>电路接线</td><td>接线正确，布线整齐美观</td><td>10</td><td></td></tr>
<tr><td>5</td><td>程序编制及调试</td><td>根据工艺要求完成程序编制和调试，运行正确</td><td>50</td><td></td></tr>
<tr><td>6</td><td>职业素养与安全意识</td><td>操作是否符合安全操作规程和岗位职业要求；工具摆放是否整齐；团队合作精神是否良好；是否保持工位清洁、爱惜实训设备等</td><td>10</td><td></td></tr>
<tr><td>其他</td><td colspan="5"></td></tr>
</table>

课后提高

1. 根据装配站的工艺流程图，采用置位复位指令方法编写装配站程序，并完成调试使之正确运行。

2. 用单按钮实现装配站的起动和停止工作。

3. 总结装配站机械安装、电气安装、气路安装及其调试的过程和经验。

项目 5　分拣站的原理、安装与调试

学习目标

知识目标：了解分拣站的基本结构，理解分拣站的工作过程，掌握传感器技术、气动技术和变频技术的工作原理及其在分拣站中的应用，掌握分拣站的 PLC 程序设计。

技能目标：能够熟练安装与调试分拣站的机械、气路和电路，保证硬件部分正常工作；根据任务要求设置变频器的参数；能够根据分拣站的工艺要求编写、调试 PLC 程序。

教学重点：分拣站气路和电路的安装与调试；分拣站 PLC 程序设计及调试。

教学难点：分拣站 PLC 程序设计及调试。

项目描述

分拣站是 YL-335B 自动线的末端工作站，担负着将不同颜色和材质的工件（白色、黑色塑料工件，金属工件，以及与白色芯、黑色芯、金属芯工件组合而成的工件）自动送至不同的分拣槽的作用。其具体功能为：将来自上一工作站的已加工、装配的工件进行分拣，使不同颜色和材质的工件从不同的料槽分流。分拣站既可以独立完成分拣操作，也可以与其他工作站联网协同操作。而要想联网操作，必须保证分拣站能单站运行，所以单站运行是前提条件。

单站运行任务描述如下。

分拣站的主令信号和工作状态显示信号来自 PLC 旁边的按钮/指示灯模块，并且按钮/指示灯模块上的工作方式选择开关 SA 应被置于“单站方式”位置。具体的控制要求如下。

1. 初态检查

设备通电和气源接通后，若分拣站的 3 个气缸均处于缩回位置，则“正常工作”指示灯 HL1（黄色灯）常亮，表示设备已准备好。否则，该指示灯以 1 Hz 的频率闪烁。

2. 起动运行

若设备准备好，则按下起动按钮，系统起动，“设备运行”指示灯 HL2（绿色灯）常亮。当在分拣站入料口通过人工放下已装配的工件时，变频器立即起动，三相异步电动机以 30 Hz 的频率驱动传送带使其把工件传入分拣区。

如果工件为金属工件，则该工件到达 1 号滑槽中间，传送带停止，工件被推到 1 号槽中；如果工件为白色塑料工件，则该工件到达 2 号滑槽中间，传送带停止，工件被推到 2 号槽中；如果工件为黑色塑料工件，则该工件到达 3 号滑槽中间，传送带停止，工件被推到 3 号槽中。工件被推出滑槽后，该工作站的一个工作周期结束。仅当工件被推出滑槽后，才能再次向传送带下料。

3. 正常停止

如果在运行期间按下停止按钮，则该工作站在本工作周期结束后才停止运行。

项目分析

根据项目的任务描述，本项目需要完成的工作如下：

1. 分拣站的机械安装；
2. 分拣站的气路连接；
3. 分拣站的电气控制原理图的设计与接线；
4. 分拣站的硬件调试；
5. 分拣站的 PLC 程序设计；
6. 分拣站的功能调试及运行。

理论学习

任务 5.1　认识分拣站的基本结构与原理

5.1.1　分拣站的基本结构

分拣站的硬件结构主要由机械部件、电气元件和气动部件构成。机械部件包括传送和分拣机构、传送带驱动机构、底板等。电气元件包括 1 个光电传感器、3 个磁性传感器（也称为磁性开关）、2 个光纤传感器（根据需要选择性安装）、1 个金属传感器（根据需要选择性安装）、1 个光电旋转编码器、1 个变频器和 1 台减速三相异步电动机。气动部件包括 3 个双作用直线气缸、6 个气缸节流阀和 3 个电磁阀组。分拣站的外形结构如图 5-1 所示。

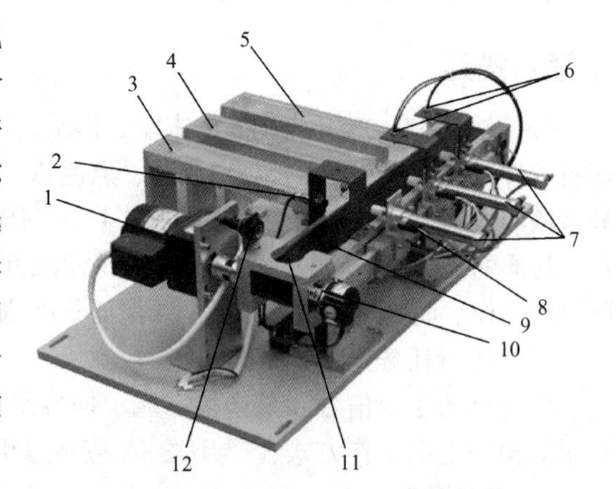

图 5-1　分拣站的外形结构

1—三相异步电动机　2—金属传感器
3—分拣槽 1　4—分拣槽 2　5—分拣槽 3
6—光纤传感器　7—推料气缸
8—磁性传感器　9—传送带
10—光电旋转编码器　11—分拣入料口
12—光电传感器

1. 传送和分拣机构

传送和分拣机构主要由传送带、出料滑槽、推料气缸、漫射式光电传感器、光纤传感器和磁性传感器等组成。传送带是把机械手输送过来加工好的工件进行传输，并将其输送至分拣区。

传送和分拣的工作原理：当输送站送来的工件放到分拣站入料口时，入料口漫射式光电传感器检测到有工件，同时安装在入料口的光纤传感器检测工件的材质，将检测到的信号传输给 PLC。在 PLC 程序的控制下，起动变频器，电动机运转并驱动传送带工作，把工件带进分拣区，如果进入分拣区工件为金属工件，则将金属工件推到 1 号槽里；如果进入分拣区的工件为白色工件，则将白色工件推到 2 号槽里；如果是黑色工件，则将黑色工件推到 3 号槽里。每当一个工件被推入料槽里，分拣站完成一个工作周期，等待下一个工件放入分拣入料口。

2. 传送带驱动机构

传送带驱动机构主要由电动机支架、三相减速异步电动机、联轴器和传送带等组成。传送带由三相减速异步电动机来驱动，其运行速度由变频器来控制，其机械结构如图 5-2所示。

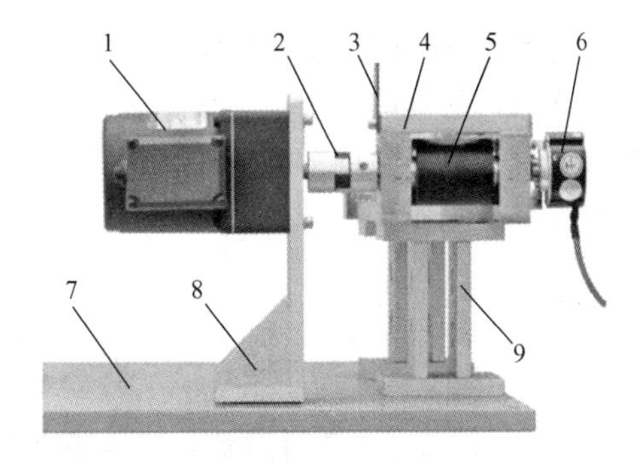

图 5-2　传送带驱动机构的机械结构

1—三相减速异步电动机　2—联轴器　3—传感器安装支架　4—定位器　5—传送带　6—光电旋转编码器 7—底板　8—电动机安装支架　9—传送带支架

5.1.2　分拣站的工作原理

若设备准备好，按下起动按钮，系统起动，“设备运行”指示灯 HL2（绿色灯）常亮。当在分拣站入料口通过人工放下已装配的工件时，变频器立即起动，三相异步电动机以 30 Hz 的频率驱动传送带使其把工件传入分拣区。

分拣原则如下：如果为金属工件，则该工件到达 1 号滑槽中间，传送带停止，工件被推到 1 号槽中；如果为白色工件，则该工件到达 2 号滑槽中间，传送带停止，工件被推到 2 号槽中；如果为黑色工件，则该工件到达 3 号滑槽中间，传送带停止，工件被推到 3 号槽中。工件被推出滑槽后，该工作站的一个工作周期结束。仅当工件被推出滑槽后，才能再次向传送带下料。

以上分拣原则是最基本的，读者在掌握其分拣原理基础上，可以尝试带芯件工件的分拣和套件的分拣。

5.1.3　传感器在分拣站中的应用

分拣站使用 1 个光电传感器、3 个磁性传感器（也称为磁性开关）、2 个光纤传感器（根据需要选择性安装）、1 个金属传感器（根据需要选择安装）和 1 个光电旋转编码器。光电传感器、磁性传感器和金属传感器的作用、原理参见 2.1.3 节的相关内容，光纤传感器的作用、原理参见 4.1.3 节的相关内容。

1. 光电传感器在分拣站中的具体应用

安装在分拣站入料口的光电传感器主要用于检测是否有工件进入分拣站入料口，其检测原理如图 5-3 所示。

2. 磁性传感器在分拣站中的具体应用

分拣站的 3 个磁性传感器分别用于检测 3 个推料气缸是否推料到位，如图 5-4 所示。

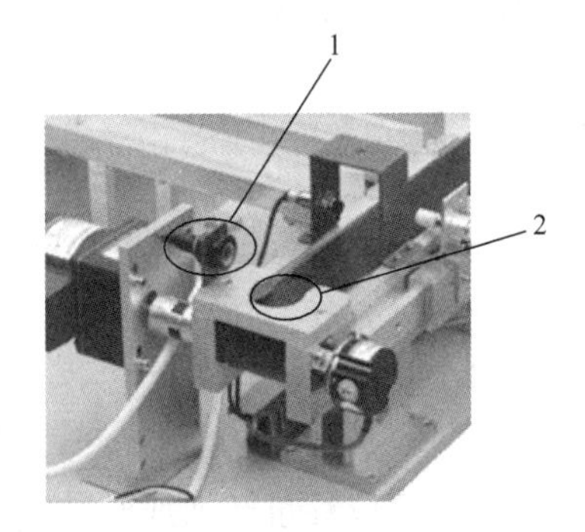

图 5-3　光电传感器在分拣站中的应用

1—光电传感器　2—分拣站入料口

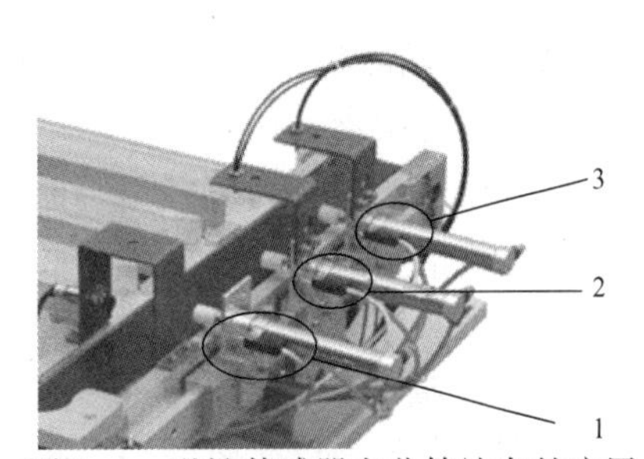

图 5-4　磁性传感器在分拣站中的应用

1—推料杆 1 的磁性开关　2—推料杆 2 的磁性开关　3—推料杆 3 的磁性开关

3. 金属传感器在分拣站中的具体应用

在分拣站的具体应用中，根据工作任务需要可以灵活安装金属传感器的位置。金属传感器既可以用于检测分拣站的工件是否为金属工件，也可以用于检测工件的芯件是否为金属芯件，如图5-5所示。

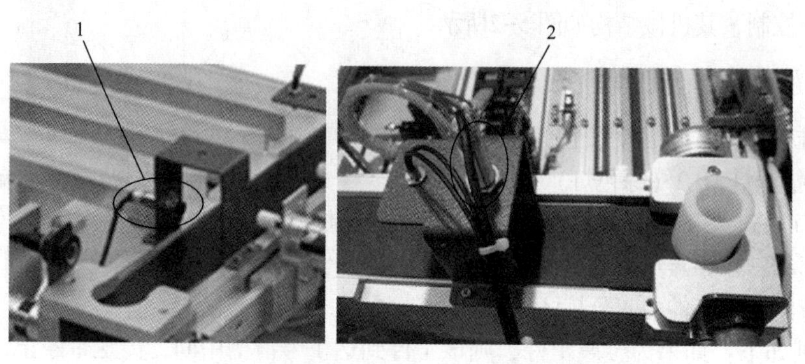

图5-5 金属传感器在分拣站中的应用

1—检测金属工件 2—检测金属芯件

4. 光纤传感器在分拣站中的具体应用

光纤传感器在分拣站中的具体应用为检测分拣站工件或芯件的颜色（黑色或白色）。

（1）检测工件颜色

把光纤传感器安装在入料口导向板内，可以检测进入分拣站的是白色工件还是黑色工件，如图5-6所示。若为白色工件，则光纤传感器动作指示灯亮，说明检测到白色工件；若为黑色工件，则光纤传感器动作指示灯不亮，说明检测到黑色工件。

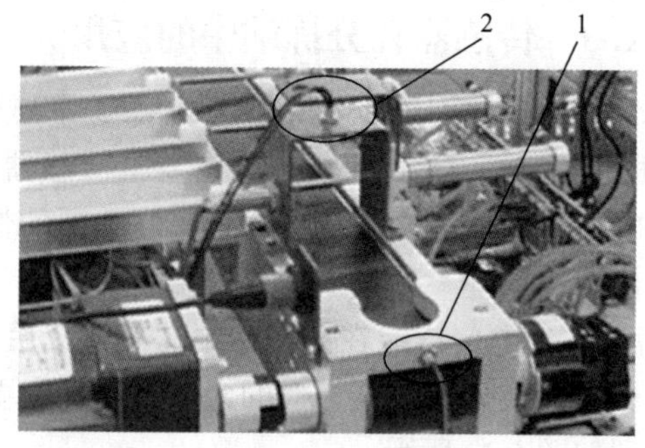

图5-6 光纤传感器在分拣站中的应用

1—检测黑色或白色工件 2—检测黑色或白色芯件

（2）检测芯件颜色

在分拣站入料口与第1个分料槽之间的支架上安装光纤传感器，可以用于检测芯件的颜色，如图5-6所示。当芯件位于光纤传感器的正下方检测范围内时，若为白色芯件，则光纤传感器动作表示检测到白色芯件，若为黑色芯件，则光纤传感器不动作表示检测到黑色芯件。

5. 光电旋转编码器在分拣站中的应用

（1）光电旋转编码器的作用

光电旋转编码器又简称为旋转编码器，其在分拣站中的作用如下：一是精确定位被分拣的工件在3个分拣槽中的位置；二是精确定位工件或芯件在金属、光纤等传感器检测范围内的具体位置。光电旋转编码器在分拣站中具有非常重要的作用，其外形结构如图5-7所示。

（2）光电旋转编码器的工作原理

光电旋转编码器是通过光电转换，将输出至轴上的机械、几何位移量转换成脉冲或数字信号的传感器，主要用于速度或位置（角度）的检测。其工作原理如图5-8所示。

自动化生产线上常采用的是增量式光电旋转编码器。增量式光电旋转编码器是直接利用

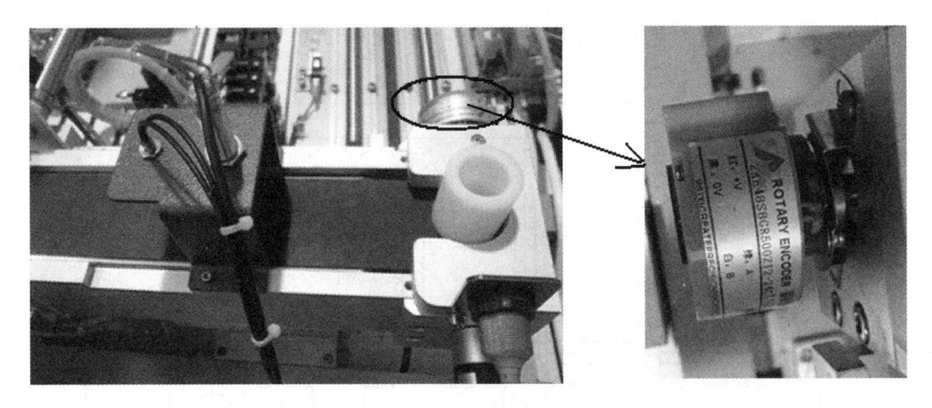

图 5-7　光电旋转编码器外形结构

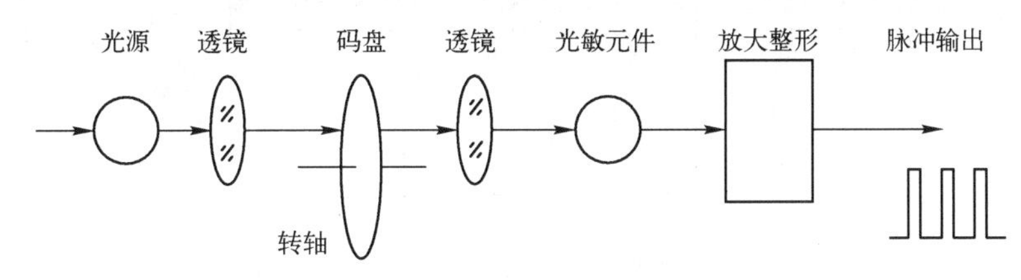

图 5-8　光电旋转编码器的工作原理

光电转换原理输出三组方波脉冲 A、B 和 Z 相；A、B 两组脉冲相位差 90°，用于辨向。当 A 相脉冲超前 B 相脉冲时为正转方向，而当 B 相脉冲超前 A 相脉冲时则为反转方向。Z 相为每转一个脉冲时用于基准点定位，如图 5-9 所示。

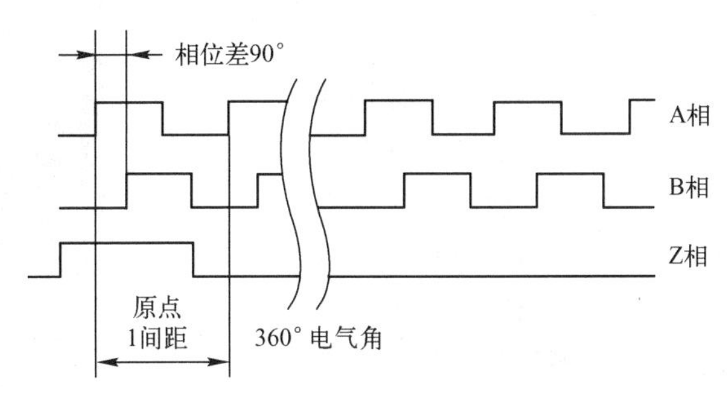

图 5-9　增量式光电旋转编码器输出的三组方波脉冲

(3) 位置检测原理

为了确定工件移动的位移量，首先要弄清楚脉冲当量的概念。脉冲当量即每个脉冲对应的位移量。本项目采用通用型光电旋转编码器，选用型号为 ZKT4808-001G-500BZ3-12-24C。工作电源 DC 12~24 V，NPN 型集电极开路输出，分辨率为 500 线。实际应用中为了提高分辨率，在软件设计上采用 4 倍频方法，这样编码器旋转一周输出 2 000 个脉冲。分拣装置主动轴的直径为 43 mm，所以该编码器的脉冲当量，即每个脉冲对应的位移量为

$$\mu=\frac{\pi d}{2\,000}=\frac{3.14\times43\ \mathrm{mm}}{2\,000}=0.0675\ \mathrm{mm}=67.5\ \mu\mathrm{m} \tag{5-1}$$

由式 (5-1) 可知，若已知 PLC 高速计数器的脉冲计数值时，可以确定工件移动的位移量；同理，当已知工件移动的位移量时，可以确定 PLC 高速计数器所需要的脉冲个数。

3 个推料气缸距离入料口的位置如图 5-10 所示。

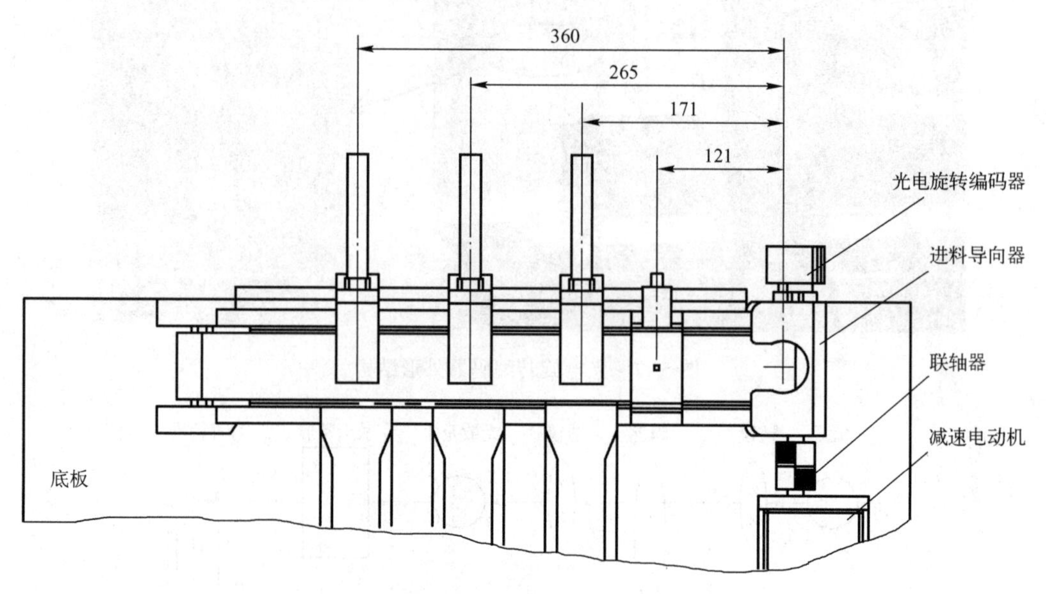

图 5-10　3 个推料气缸距离入料口位置示意图

由式（5-1）可知，3 个位置对应的脉冲数大约分别为：5 333、3 925、2 533。编程调试时还需根据实际运行情况对脉冲数进行微调。

5.1.4　变频器在分拣站中的应用

1. 变频器概述

MM420（Micro Master 420）系列变频器是西门子公司第二代通用变频器。该系列有多种型号，从单相电源电压、额定功率≤120 W 到三相电源电压、额定功率≤11 kW 可供用户选用。例如，YL-335B 自动线实训设备中所用的变频器为三相380 V 电源电压、额定功率 750 W 的 MM420 机型，其外形尺寸为 A 型，采用基本操作板（BOP）作为操作面板，外观如图 5-11 所示。

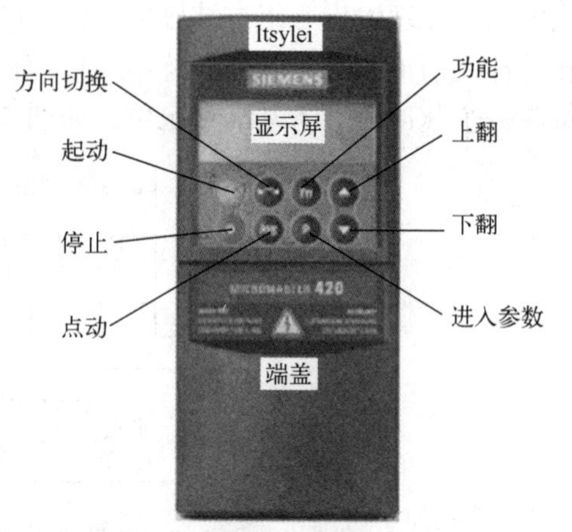

图 5-11　MM420 变频器外观图

MM420 变频器的拆卸示意图，如图 5-12 所示。

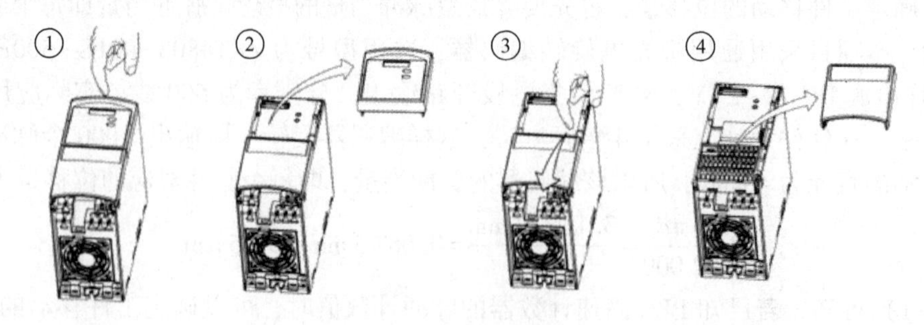

图 5-12　MM420 变频器拆卸示意图

2. 变频器的接线

（1）MM420 主电路接线

电源端子：三相：L1，L2，L3；单相：L/L1，N/L2。

（2）连接电动机接线

其具体接线方法如图 5-13 所示。

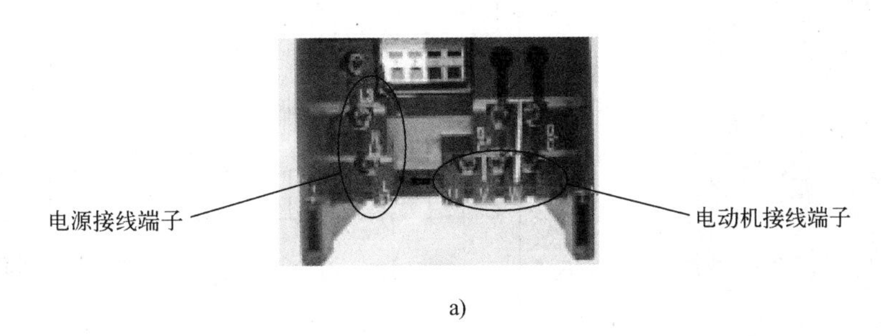

a)

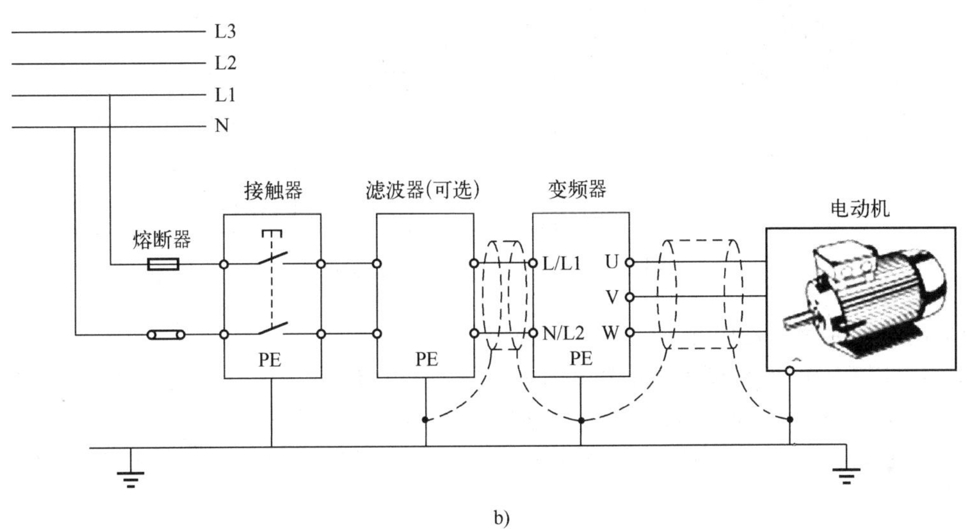

b)

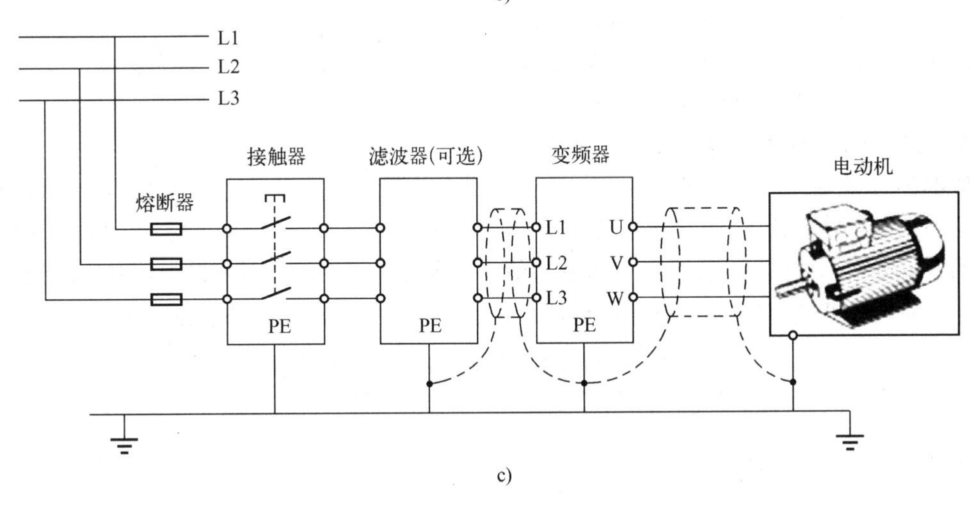

c)

图 5-13 MM420 变频器的接线图

a）电源接线端子和电动机接线端子 b）单相变频器接线图 c）三相变频器接线图

(3) 信号端子接线

MM420 变频器的信号端子主要包括数字量输入端子、模拟量输入/输出端子和 RS-485 通信协议端子，如图 5-14 所示。其上端子作用如下。

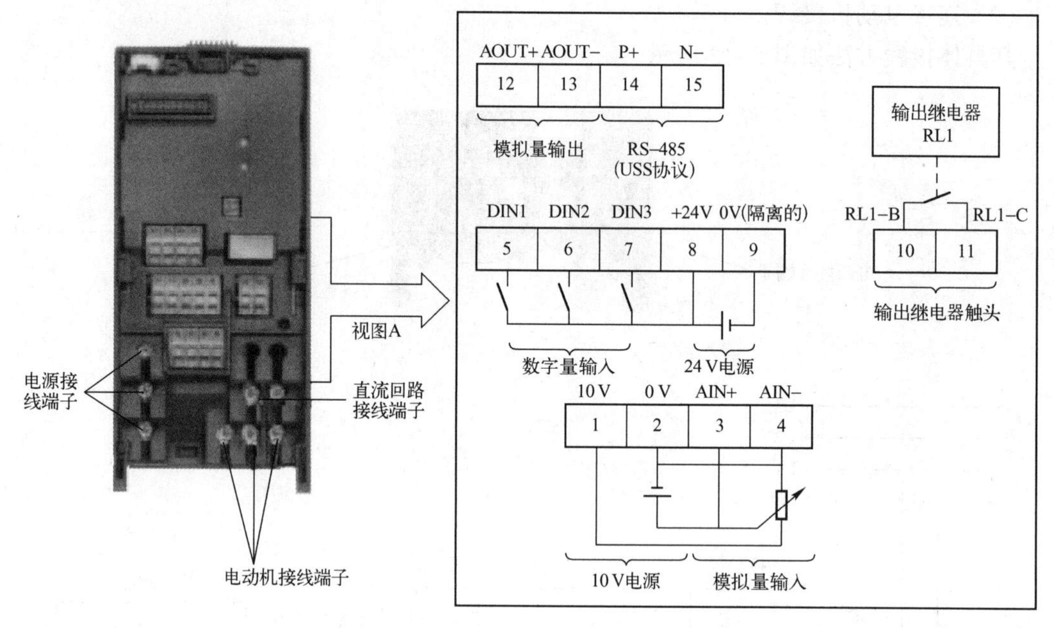

图 5-14 MM420 变频器的信号端子

1) 1、2 脚：变频器内部 10 V 直流电源输出端子。

2) 3、4 脚：0~10 V 模拟量信号输入端子，其中 3 脚为正极，4 脚为负极。

3) 5、6、7 脚：数字量输入端子，可通过参数设置其具体的功能。

4) 8、9 脚：变频器内部带隔离输出的 24 V 直流电源输出端子，其中 8 脚为正极，9 脚为负极。

5) 10、11 脚：变频器输出继电器端子。

6) 12、13 脚：0~20 mA 模拟量输出端子，其中 12 脚为正极，13 脚为负极。

7) 14、15 脚：RS-485 通信协议或 USS 协议端子。

3. MM420 变频器的操作面板

MM420 功能强大，其内部参数非常丰富，若想掌握参数的设置首先需要熟悉其面板的基本按钮的操作及熟悉其特有的功能。操作面板（BOP）的外形如图 5-11 所示，BOP 具有 7 段显示的 5 位数字，可以显示参数的序号和数值、报警和故障信息，以及设定值和实际值。参数的信息不能用 BOP 存储。基本操作面板备有 8 个按钮，各个按钮的功能见表 5-1。

表 5-1 MM420 基本操作面板的按钮及其功能

显示/按钮	功 能	功能的说明
r0000	状态显示	LCD 显示变频器当前的设定值
	起动变频器	按此键起动变频器。以默认值运行时此键是被封锁的。为了使此键的操作有效，应设定 P0700=1

（续）

显示/按钮	功　能	功能的说明
⓪	停止变频器	OFF1：按此键，变频器将按选定的斜坡下降速率减速停车，以默认值运行时此键被封锁；为了允许此键操作，应设定 P0700=1； OFF2：按此键两次（或一次，但时间较长）电动机将在惯性作用下自由停车，此功能总是“使能”的
（换向键）	改变电动机的转动方向	按此键可以改变电动机的转动方向，电动机的反向用负号表示或用闪烁的小数点表示。以默认值运行时此键是被封锁的，为了使此键的操作有效，应设定 P0700=1
jog	电动机点动	在变频器无输出的情况下按此键，将使电动机起动，并按预设的点动频率运行。释放此键时变频器停车。如果变频器/电动机正在运行，则此键不起作用
Fn	功能	此键用于浏览辅助信息。 变频器运行过程中，在显示任何一个参数时按下此键并保持不动2s，将显示以下参数值： 1. 直流回路电压（用 d 表示，单位：V）； 2. 输出电流 （单位：A）； 3. 输出频率 （单位：Hz）； 4. 输出电压（用 o 表示，单位：V）； 5. 由 P0005 选定的数值（如果 P0005 选择显示上述参数中的 3、4 或 5，这里将不再显示）。 连续多次按下此键将轮流显示以上参数。 跳转功能：在显示任何一个参数（r××××或 P××××）时短时间按下此键，将立即跳转到 r0000，如果需要的话，用户可以接着修改其他的参数。当跳转到 r0000 后，按此键将返回原来的显示点
P	访问参数	按此键即可访问参数
▲	增加数值	按此键即可增加面板上显示的参数数值
▼	减少数值	按此键即可减少面板上显示的参数数值

4. 变频器的参数

（1）参数号和参数名称

参数号是指该参数的编号。参数号用 0000~9999 的 4 位数字表示。在参数号的前面冠以一个小写字母“r”时，表示该参数是“只读”的参数。其他所有参数号的前面都冠以一个大写字母“P”。这些参数的设定值可以直接在标题栏的“最小值”和“最大值”范围内进行修改。

[下标] 表示该参数是一个带下标的参数，并且指定了下标的有效序号。通过下标，可以对同一参数的用途进行扩展，或对不同的控制对象，自动改变其所显示或所设定的参数。

（2）参数设置方法

用基本操作面板可以修改和设定系统参数，使变频器具有期望的特性。例如，斜坡时间、最小和最大频率等。选择的参数号和设定的参数值在 5 位数字的 LCD 上显示。

更改参数数值的步骤如下。

第 1 步：按“P”键进入参数设置界面。

第 2 步：按上翻或下翻页键找到需要设置的参数号。

第 3 步：按“P”键进入修改参数值界面。

第 4 步：按上翻或下翻页键设置新的参数值。

第 5 步：按“P”键确定设置值。

第 6 步：按“Fn”键回到默认的显示界面。

（3）常用参数的设置

1）变频器出厂复位。该操作将变频器参数全部设置为出厂默认值，其参数设置如下：P0010=30，P0970=1。

整个复位过程大约用时几秒至几十秒。

2）变频器参数过滤。参数 P0004（参数过滤器）的作用是根据所选定的一组功能，对参数进行过滤（或筛选），并集中对过滤出的一组参数进行访问，从而可以更方便地进行调试。P0004 可能的设定值见表 5-2，默认的设定值为 0。

表 5-2　P0004 参数设定值

设　定　值	所指定参数组意义	设　定　值	所指定参数组意义
0	全部参数	12	驱动装置的特征
2	变频器参数	13	电动机的控制
3	电动机参数	20	通信
7	命令，二进制 I/O	21	报警/警告/监控
8	模—数转换和数—模转换	22	工艺参量控制器（例如 PID）
10	设定值通道/RFG（斜坡函数发生器）		

3）变频器用户等级的设置。参数 P0003 用于定义用户访问参数组的等级，设置范围为 1~4，其中：

“1”标准级——可以访问最经常使用的参数；

“2”扩展级——允许扩展访问参数的范围，例如变频器的 I/O 功能；

“3”专家级——只供专家使用；

“4”维修级——只供授权的维修人员使用，具有密码保护。

该参数默认设置为等级 1（标准级），对于大多数简单的应用对象，采用标准级就可以满足要求了。用户可以修改设置值，但建议不要设置为等级 4（维修级），用 BOP 或 AOP 操作板看不到第 4 访问级的参数。

4）变频器快速调试。快速调试主要用于设置电动机参数和变频器的上升、下降时间等参数。其具体方法如下：

P0010=1——进入快速调试。

P0010=0 或 P3900=1——结束快速调试。

5）设置电动机参数。首先进入快速调试，然后再根据电动机的铭牌设置电动机的额定电压、额定电流、额定功率、额定频率和额定转速。具体步骤见表 5-3。

表 5-3　设置电动机参数方法及步骤

参　数　号	出　厂　值	设　置　值	说　　明
P0003	1	1	设用户访问级为标准级
P0010	0	1	快速调试

（续）

参 数 号	出 厂 值	设 置 值	说 明
P0100	0	0	设置使用地区，0＝欧洲，功率以 kW 表示，频率为 50 Hz
P0304	400	380	电动机额定电压（V）
P0305	1.90	0.18	电动机额定电流（A）
P0307	0.75	0.03	电动机额定功率（kW）
P0310	50	50	电动机额定频率（Hz）
P0311	1395	1300	电动机额定转速（r/min）

6）变频器命令源（P0700）的设置。变频器命令源是指变频器的起动、停止等命令是由参数 P0700 来确定，一般有 6 种方式，见表 5-4。

表 5-4　P0700 参数值的意义

设 定 值	默 认 值	参 数 意 义
0	2	工厂的默认设置
1		基本操作面板设置
2		由端子排输入
4		通过 BOP 链路的 USS 设置
5		通过 COM 链路的 USS 设置
6		通过 COM 链路的通信板（CB）设置

对变频器工厂复位后，变频器 P0700＝2，即命令来自端子排的控制。如果修改其参数使 P0700＝1，则变频器由基本操作面板上的按钮来控制。

7）变频器频率源（P1000）的设置。变频器的频率源是指变频器的运行频率是由参数 P1000 来确定，具体参数值及意义见表 5-5。

表 5-5　P1000 参数值的意义

设 定 值	默 认 值	参 数 意 义
0	2	无主设定值
1		MOP 设置
2		模拟设定值
3		固定频率
4		通过 BOP 链路的 USS 设置
5		通过 COM 链路的 USS 设置

对变频器工厂复位后，频率源默认来自模拟量输入端子（3、4 脚），如果采用固定频率输入方式，则参数需要修改为：P1000＝3。

8）变频器数字量输入端口的设置。MM420 变频器 3 个数字量输入端子 DIN1、DIN2 和 DIN3 分别对应 P0701、P0702 和 P0703 3 个参数。3 个输入端子可通过设置相应的参数获得不同的功能。其设置值及功能见表 5-6。

表 5-6　P0701～P0703 设置值及其功能

设定值	所指定参数值意义	设定值	所指定参数值意义
0	禁止数字输入	13	MOP（电动电位计）升速（增加频率）
1	接通正转/停车命令 1	14	MOP 降速（减少频率）
2	接通反转/停车命令 1	15	固定频率设定值（直接选择）
3	按惯性自由停车	16	固定频率设定值（直接选择+ON 命令）
4	按斜坡函数曲线快速降速停车	17	固定频率设定值（二进制编码的十进制数（BCD 码）选择+ON 命令）
9	故障确认	21	机旁/远程控制
10	正向点动	25	直流注入制动
11	反向点动	29	由外部信号触发跳闸
12	反转	33	禁止附加频率设定值
		99	使能 BICO 参数化

P0701～P0703 功能完全相同，但工厂复位后，P0701＝1，P0702＝12，P0703＝9。如不满足实际控制要求时，必须重新设置这 3 个参数的值。

9）斜坡上升、斜坡下降时间设置。

P1120：电动机斜坡上升时间，即电动机从静止状态加速至最高设置频率所用的时间。设置范围：0～650 s，默认值为 10 s。

P1121：电动机斜坡下降时间，即电动机从最高设置频率减速到静止停车所用的时间。设置范围：0～650 s，默认值为 10 s。

注意：斜坡上升、斜坡下降时间设置太小，均可能造成变频器过电流，所以一般不能设置太小。

5. MM420 变频器在分拣站中的应用

变频器是分拣站中的一个重要设备，它可以根据不同的分拣需要，灵活控制减速电动机的起动、停止、正转、反转，以及运行速度（0～50 Hz）。

5.1.5　MM420 变频器的应用举例

1. 变频器的面板操作与运行控制

本例主要学习并掌握西门子 MM420 变频器基本操作面板（BOP）的使用，利用该面板上的按钮完成如下功能：

1）起动变频器。

2）采用两种方式停止变频器，一是按照设定的停车斜坡；二是自由停车。

3）电动机反转。

4）电动机点动。

5）参数设定。

操作步骤如下。

（1）变频器基本操作面板（BOP）运行状态参数设置

1）复位出厂默认设置：P0010＝30；P0970＝1。

2）进入快速调试：P0010=1。

3）根据电动机的铭牌设置其参数：

P0304——电动机的额定电压（V）；

P0305——电动机的额定电流（A）；

P0307——电动机的额定功率（kW）；

P0310——电动机的额定频率（Hz）；

P0311——电动机的额定转速（r/min）。

4）P0700=1：选择命令源，由 BOP 设定值。

5）P1000=1：选择频率源，由 MOP 设定值。

6）P1080=0：电动机运行的最低频率（Hz）。

7）P1082=50：电动机运行的最高频率（Hz）。

8）P3900=1：结束快速调试。

（2）其他参数的设置

1）改变起动工作频率。

P1040=希望的起动工作频率。注意：为了能够设置 P1040，需将起用户访问级设为扩展级以上（即 P0003=2）才可看见 P1040 这个参数。

具体方法：快速调速参数设置完后，使 P0003=2，P1040=希望的起动工作频率，如 P1040=20，则起动后电动机的工作频率为 20 Hz。

2）改变点动工作频率

P1058=正向点动工作频率。

P1059=反向点动工作频率。

（3）操作控制

1）起动：按起动键，电动机起动，按向上键，电动机升速，最高转速为 P1082 所设置频率 50 Hz 对应的转速；按向下键，电动机降速，最低转速为 P1080 所设置频率对应的转速。

2）改变电动机旋转方向：电动机起动后，不论转速对应在哪个频率上，只要按改变电动机方向键，电动机将停转后自动反向起动，运转在原频率对应的转速上。

3）停转：按停止键，电动机停止旋转。

4）点动：按下变频器前基本操作面板上的点动键，变频器驱动电动机升速，并运行在由 P1058 所设置的正向点动 10 Hz 频率上。当松开变频器前操作面板上的点动键，则变频器将驱动电动机降速至零。这时，如果按下变频器前基本操作面板上的换向键，再重复上述的点动运行操作，电动机可在变频器的驱动下反向点动运行。

2. 变频器的外部运行控制

（1）控制要求

利用变频器外部接线端子实现电动机的正反转及点动控制，设置 DIN1 为正转，DIN2 为反转，DIN3 为正向点动控制。要求点动运行频率为 20 Hz，加/减速时间为 1 s；正转频率为 35 Hz，反转频率为 45 Hz，加/减速时间为 2 s。其电气原理图如图 5-15 所示。

（2）变频器的参数设置

1）恢复变频器出厂默认值，设定 P0010=30 和 P0970=1，按下 P 键，开始复位。

2）进入快速调试（P0010=1），设置电动机参数。

3）结束快速调试（P3900=1），设置变频器的其他相关参数，如表 5-7 所列。

表 5-7　变频器参数设置表

参 数 号	出 厂 值	设 置 值	说 明
P0003	1	2	设用户访问级为扩展级
P0004	0	7	命令和数字 I/O
P0700	2	2	命令源选择“由端子排输入”
P0701	1	16	“直接选择+ON 方式”选择固定频率值
P0702	1	16	“直接选择+ON 方式”选择固定频率值
P0703	9	10	正向点动
P0004	0	10	设定值通道和斜坡函数发生器
P1000	2	3	频率源为固定频率
P1001	0	35	设置正转频率为 35 Hz
P1002	5	45	设置反转频率为 45 Hz
P1080	0	0	电动机运行的最低频率（Hz）
P1082	50	50	电动机运行的最高频率（Hz）
P1120	10	2	斜坡上升时间（s）
P1121	10	2	斜坡下降时间（s）
P1058	5	20	正向点动频率（Hz）
P1060	10	1	点动斜坡上升时间（s）
P1061	10	1	点动斜坡下降时间（s）

（3）变频器的操作运行

根据电气控制原理图（图 5-15）连接好电路，按表 5-7 设置好变频器的参数，根据控制要求观察电动机的运行效果。仅接通 K1 时电动机以 35 Hz 频率正转起动运行，断开 K1 时电动机停止运行；仅接通 K2 时电动机以 45 Hz 频率反转起动运行，断开 K2 时电动机停止运行；仅接通 K3 时电动机以 20 Hz 频率正转点动运行，断开 K3 时电动机停止运行。

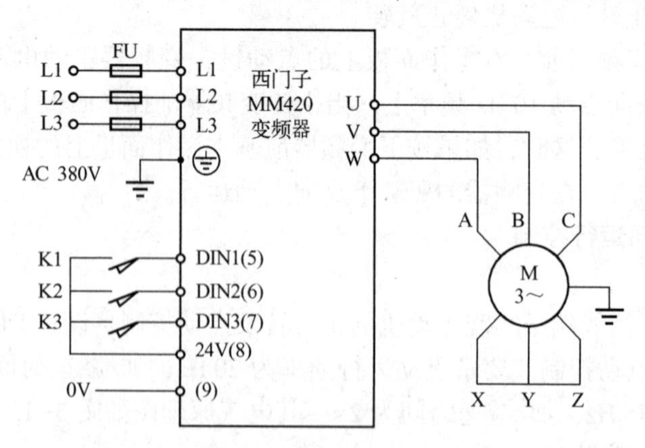

图 5-15　MM420 变频器的外部运行控制电气原理图

3. 变频器的模拟信号输入端口电气控制

（1）控制要求

电路原理图如图 5-16 所示，要求通过调节电位器 RP，使得电动机按 0~50 Hz 频率运行，并且具有正转控制和反转控制功能。

（2）工作原理分析

MM420 变频器的“1”和“2”输出端为用户提供了一个高精度的 10 V 直流稳压电源，同时为用户提供了模拟量输入端口，即端口“3”和“4”。可在“1”和“2”输出端之间串接一个可调电位器，电位器的抽头连接至变频器模拟量输入信号端（AIN+），这样调节电位器即可以改变输入端口 AIN+给定的模拟输入电压的大小，从而改变变频器的运行频率，实现平滑无级地调节电动机的转速。

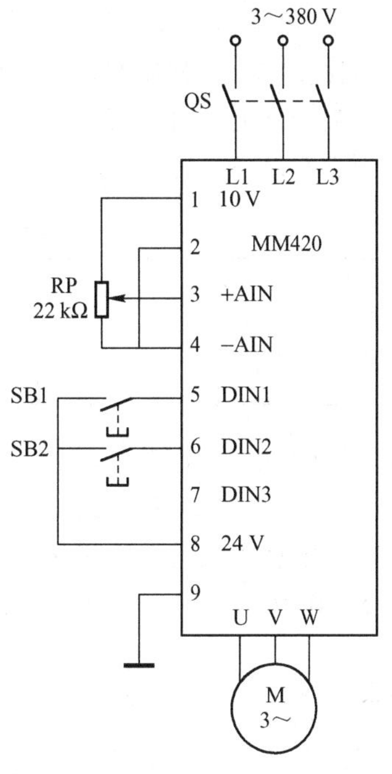

图 5-16　MM420 变频器模拟量输入端口电气控制原理图

通过设置 P0701 的参数值，使数字输入端口“5”具有正转控制功能；通过设置 P0702 的参数值，使数字输入端口“6”具有反转控制功能；模拟输入端口“3”和“4”外接电位器，通过端口“3”输入大小可调的模拟电压信号，控制电动机转速的大小。即由数字量输入端控制电动机转速的方向，由模拟量输入端控制转速的大小。

（3）参数设置

1）恢复变频器出厂默认值，设定 P0010 = 30 和 P0970 = 1，按下“P”键，开始复位。

2）设置电动机参数，方法与前例相同。

3）设置模拟信号输入端电气控制参数，见表 5-8。

表 5-8　模拟信号输入端电气控制参数设置

参　数　号	出　厂　值	设　置　值	说　　明
P0003	1	2	设用户访问级为扩展级
P0004	0	7	命令和数字 I/O
P0700	2	2	命令源的选择由端子排输入信号决定
P0701	1	1	ON 接通正转，OFF 停止
P0702	1	2	ON 接通反转，OFF 停止
P0004	0	10	设定值通道和斜坡函数发生器
P1000	2	2	频率设定值选择为模拟量输入
P1080	0	0	电动机运行的最低频率（Hz）
P1082	50	50	电动机运行的最高频率（Hz）

（4）变频器的运行控制

1）电动机正转与调速。按下电动机正转自锁按钮 SB1，数字量输入端口 DIN1 为“ON”，电动机正转运行，转速由外接电位器 RP 来控制，模拟量（电压）信号在 0~10 V 之间变化，对应变频器的频率在 0~50 Hz 之间变化，对应电动机的转速在 0 到额定转速之间变化。当松开电动机正转自锁按钮 SB1 时，电动机停止运转。观察实验现象并记录相应的数据于表 5-9 中。

表 5-9　模拟量（电压）与电动机工作频率之间的关系（正转）

模拟量（电压）/V	0	1	2	3	4	5	6	7	8	9	10
电动机工作频率/Hz											

2）电动机反转与调速。按下电动机反转自锁按钮 SB2，数字量输入端口 DIN2 为“ON”，电动机反转运行，与电动机正转相同，反转转速的大小仍由外接电位器 RP 来调节。当松开电动机反转自锁按钮 SB2 时，电动机停止运转。观察实验现象并记录相应的数据于表 5-10 中。

表 5-10　模拟量（电压）与电动机工作频率之间的关系（反转）

模拟量（电压）/V	0	1	2	3	4	5	6	7	8	9	10
电动机工作频率/Hz											

4. 变频器的多段速运行控制

（1）控制要求

按下 SB1 时变频器运行频率为 20 Hz，按下 SB2 时变频器运行频率为 30 Hz，按下 SB3 时变频器运行频率为 40 Hz。其电路原理图如图 5-17 所示。

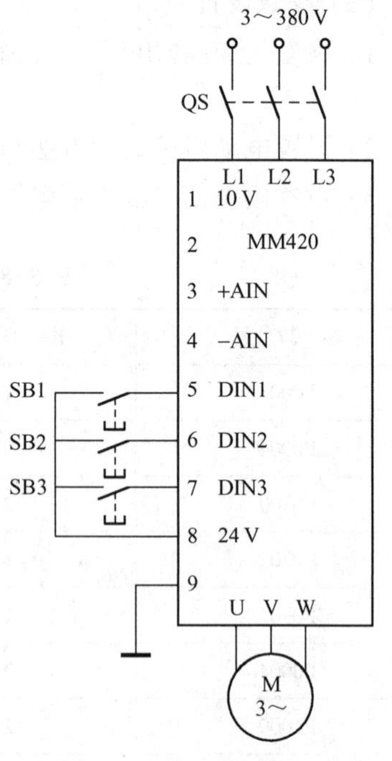

图 5-17　MM420 变频器的多段速运行控制原理图

（2）多段速控制原理

多段速功能也称为多个固定频率下的运行功能，即在参数 P1000=3 的条件下，用 3 个数字量输入端子选择固定频率的组合，实现电动机多段速运行。可通过如下 3 种方法实现。

1）直接选择（P0701~P0703=15）。在这种操作方式下，一个数字量输入选择一个固定频率，端子与参数设置的对应见表 5-11。

表 5-11　端子与参数设置对应表

端子编号	对应参数	对应频率设置值	说　明
5	P0701	P1001	1. 频率给定源 P1000 必须设置为 3； 2. 当多个选择同时激活时，选定的频率是它们的总和
6	P0702	P1002	
7	P0703	P1003	

2）直接选择 + ON 命令（P0701～P0703 = 16）。在这种操作方式下，数字量输入既选择固定频率（见表 5-11），又具备启动功能。

3）二进制编码选择 + ON 命令（P0701～P0703 = 17）。MM420 变频器的 3 个数字量输入端口（DIN1～ DIN3），通过 P0701～P0703 设置实现多段速控制。每一频段的频率分别由 P1001～P1007 参数设置，最多可实现 7 段速控制，各个固定频率的数值选择见表 5-12。在多段速控制中，电动机的转速方向是由 P1001～P1007 参数所设置的频率正负决定的。3 个数字量输入端口，哪一个作为电动机运行、停止控制，哪些作为多段速控制，是可以由用户任意确定的，一旦确定了某一数字量输入端口的控制功能，其内部的参数设置值必须与端口的控制功能相对应。

表 5-12　固定频率下数字量输入端口数值选择对应表

频率设定	DIN3	DIN2	DIN1
P1001	0	0	1
P1002	0	1	0
P1003	0	1	1
P1004	1	0	0
P1005	1	0	1
P1006	1	1	0
P1007	1	1	1

（3）参数设置

根据控制要求，变频器的参数设置见表 5-13。

表 5-13　变频器 3 段固定频率控制的参数设置

参 数 号	出 厂 值	设 置 值	说　　明
P0003	1	2	设用户访问级为扩展级
P0004	0	7	命令和数字 I/O
P0700	2	2	命令源的选择由端子排输入信号决定
P0701	1	17	二进制编码方式选择固定频率
P0702	1	17	二进制编码方式选择固定频率
P0703	1	17	二进制编码方式选择固定频率
P0004	2	10	设定值通道和斜坡函数发生器
P1000	2	3	选择固定频率设定值
P1001	0	20	选择固定频率 1（Hz）

（续）

参 数 号	出 厂 值	设 置 值	说 明
P1002	5	30	选择固定频率 2（Hz）
P1004	15	40	选择固定频率 3（Hz）

（4）变频器的控制运行

根据电气控制原理图（图 5-17）连接好电路，按表 5-13 设置好变频器的参数，根据控制要求观察电动机的运行效果。仅接通 SB1 时电动机以 20 Hz 频率正转起动运行，松开 SB1 时电动机停止运行；仅接通 SB2 时电动机以 30 Hz 频率正转起动运行，松开 SB2 时电动机停止运行；仅接通 SB3 时电动机以 40 Hz 频率正转起动运行，断开 SB3 时电动机停止运行。

5.1.6 气动元件在分拣站中的应用

分拣站中用到的气动元件主要有双作用直线气缸、节流阀和电磁阀组等。其中双作用直线气缸、节流阀和电磁阀的原理及作用参见 2.1.4 节相关内容。

分拣站采用 3 个双作用直线气缸分别安装在 3 个分料槽的入口前方，这 3 个气缸分别由 3 个二位五通单控电磁阀组来控制，如图 5-18 所示。

图 5-18 分拣站的 3 个双作用直线气缸

任务 5.2 分拣站的硬件安装与调试

分拣站的硬件安装包括机械安装、气路的连接及电气接线和调试。

5.2.1 分拣站的机械安装

分拣站的机械安装可按照先进行模块安装、再进行总装的思路来完成。

1. 传送机构组装

按照分拣站的外形结构，首先装配传送带装置及其支座，然后将其安装到底板上，如图 5-19 所示。

2. 驱动电动机组装

接下来完成驱动电动机组件装配，进一步装配联轴器，把驱动电动机组件与传送机构相连接并固定在底板上，如图 5-20 所示。

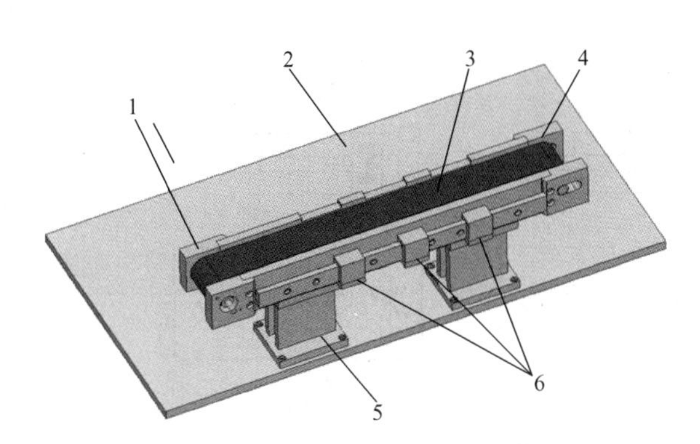

图 5-19　分拣站传送机构组装

1—主动轴组件　2—底板　3—传送带

4—从动轴组件　5—传送带支座　6—可滑动气缸支座

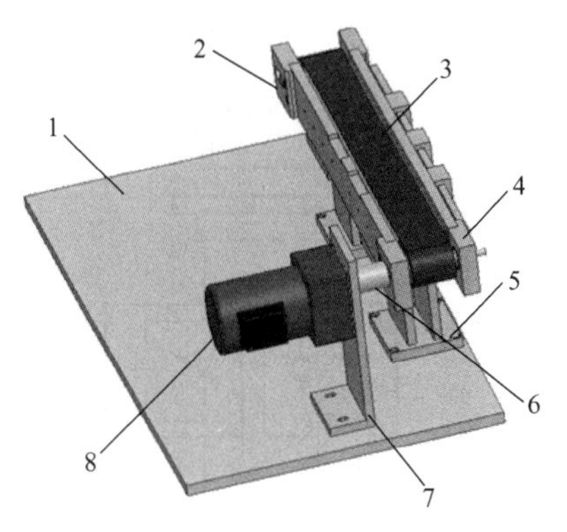

图 5-20　将框架组件固定在底板上

1—底板　2—从动轴组件　3—传送带

4—主动轴组件　5—传送带支座

6—联轴器　7—电动机支撑板　8—电动机

3. 其他零部件组装

继续完成推料气缸支架、推料气缸、传感器支架、出料槽及支撑板等装配，如图 5-21 所示。

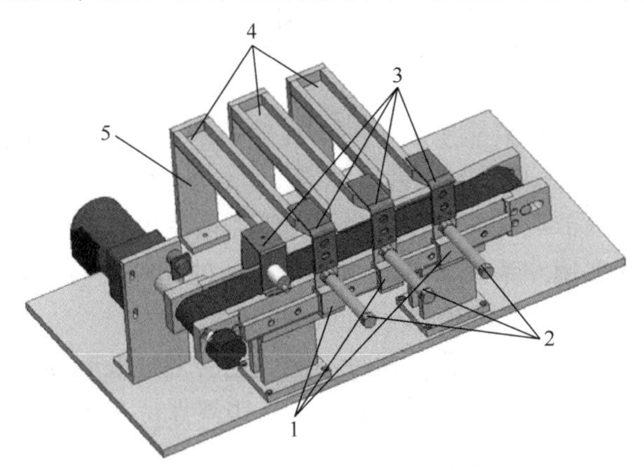

图 5-21　其他机械部件安装效果图

1—推料气缸支架　2—推抖气缸　3—传感器支架　4—出料槽　5—出料槽支撑板

4. 安装注意事项

1）传送带托板与传送带两侧板的固定位置应调整好，以免传送带安装后发生凹陷，造成推料被卡住的现象。

2）主动轴和从动轴的安装位置不能错，主动轴和从动轴的安装板的位置不能相互调换。

3）传送带的张紧度应调整适中。

4）要保证主动轴和从动轴的平行。

5）为了使传动部分平稳可靠，噪声减小，特使用滚动轴承为动力回转件。注意滚动轴承及其相关配合零件均为精密结构件，对其拆装需一定的技能和专用的工具，不要自行拆卸。

5.2.2 分拣站的气路安装

1. 安装方法

分拣站的气路控制原理图如图 5-22 所示，气源从电磁阀组的汇流板进气，3 个电磁阀分别控制 3 个推料气缸动作。

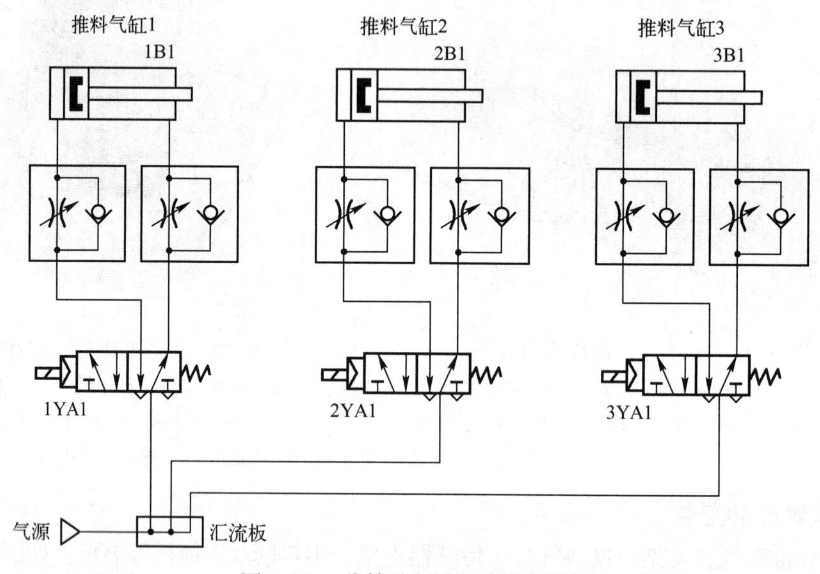

图 5-22 分拣站气路控制原理图

2. 安装注意事项

1）一个电磁阀的两根气管只能连接至一个气缸的两个端口，不能使一个电磁阀连接至两个气缸、或使两个电磁阀连接至一个气缸。

2）接入气管时，插入节流阀的气孔后确保其不能被拉出，而且保证不能漏气。

3）拔出气管时，先要用左手按下节流阀气孔上的伸缩件，右手轻轻拔出即可，切不可直接用力强行拔出，否则会损坏节流阀内部的锁扣环。

4）连接气路时，最好进、出气管用两种不同颜色的气管来连接，以方便识别。

5）气管的连接做到走线整齐、美观，扎带绑扎距离保持在 4~5 cm 为宜。

5.2.3 分拣站的电气线路设计与连接

1. 电气控制原理图

分拣站的电气控制电路主要由 PLC、变频器、传感器、编码器、电磁阀和控制按钮等组成。采用西门子 S7-200 系列 CPU224XP 继电器输出型 PLC，硬件配置 I/O 点数为 24 点，其中数字量输入 14 点，数字量输出 10 点，带有 2 路模拟量信号输入和 1 路模拟量信号输出模块。PLC 的输入端主要用于连接现场设备的传感器、编码器和相关的控制按钮。输出端用于连接气缸电磁阀、变频器数字量输入端口和指示灯。其电气控制原理如图 5-23 所示。

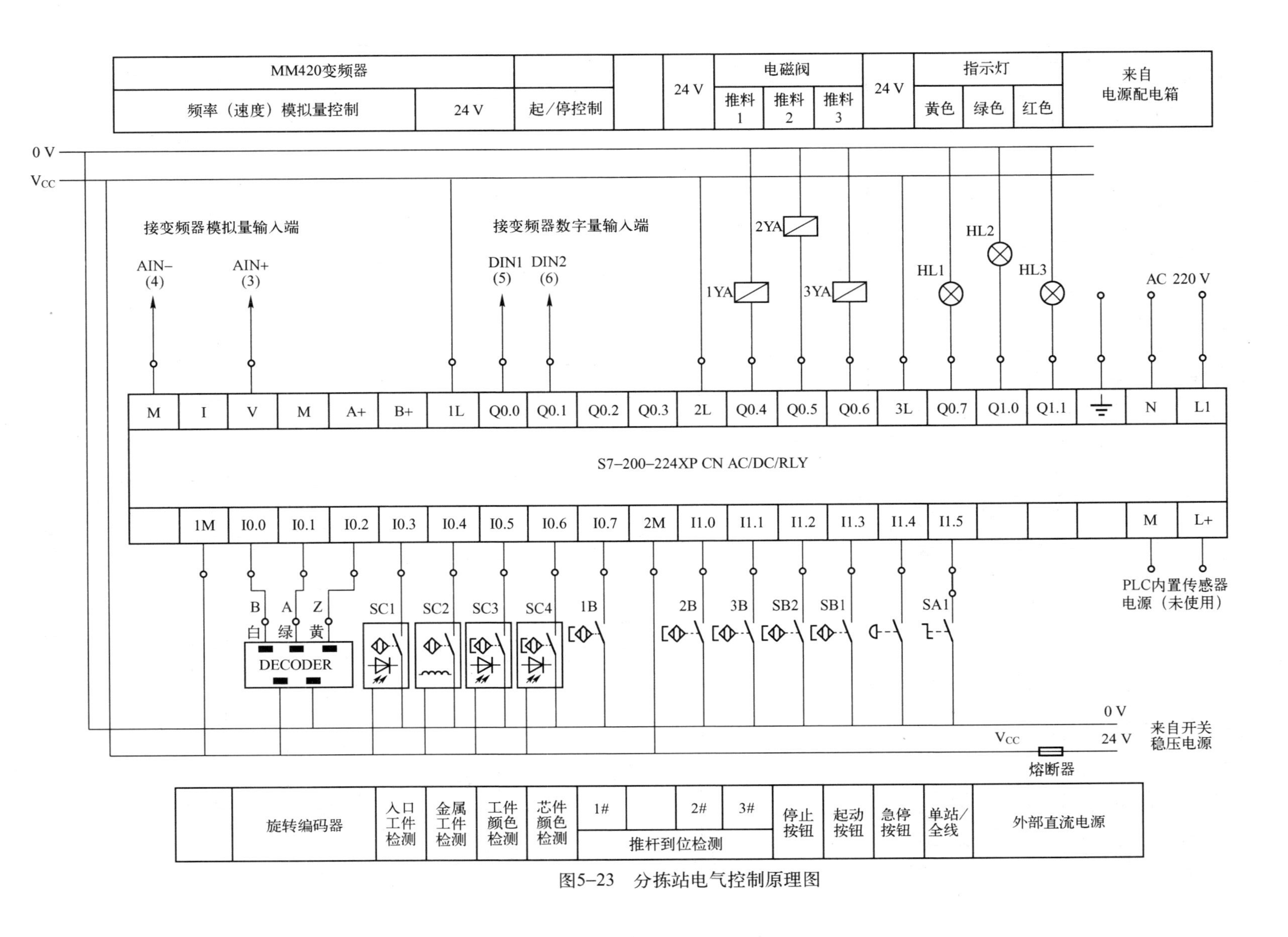

图5−23 分拣站电气控制原理图

图 5-23 中，PLC 工作电源为 AC 220 V。数字量输入/输出模块电源为 DC 24 V，其中 1M、2M 接入的电源均为 24 V。1L、2L、3L 接入的电源为 24 V，这样当输出端继电器线圈得电时，输出高电平，否则输出低电平。值得注意的是，这里的 24 V 电源由独立的开关稳压电源来提供，而不采用 PLC 内置的 24 V 电源。编码器的 B（白）、A（绿）、Z（黄）三相信号分别接至 PLC 的 I0.0、I0.1、I0.2（注意：Z 相也可以不接）。PLC 的 Q0.0 接至变频器的第 5 脚（DIN1），变频器的第 9 脚与 PLC 的 0 V 端相连。Q0.1 接至变频器的第 6 脚（DIN1），用于电动机的反转控制，PLC 的模拟量电压输出端 V、M 分别接至变频器的第 3 脚（+AIN）和第 4 脚（-AIN），可以实现模拟量的变频调速控制。

2. 分拣站 I/O 分配表

根据图 5-23，可以列出 PLC 的输入/输出端口分配表，见表 5-14。

表 5-14　分拣站输入/输出端口分配表

输入信号				输出信号			
序号	PLC 输入点	信号名称	信号来源	序号	PLC 输入点	信号名称	信号输出目标
1	I0.0	旋转编码器 B 相	装置侧	1	Q0.0	电动机起动	变频器 DIN1
2	I0.1	旋转编码器 A 相		2	Q0.1	电动机反转	变频器 DIN2
3	I0.2	旋转编码器 Z 相		3	Q0.2		
4	I0.3	进料口工件检测		4	Q0.3		
5	I0.4	金属检测		5	Q0.4	推杆 1 电磁阀	
6	I0.5	工件颜色检测		6	Q0.5	推杆 2 电磁阀	
7	I0.6	芯件颜色检测		7	Q0.6	推杆 3 电磁阀	
8	I0.7	推杆 1 推出到位		8	Q0.7	HL1 黄色指示灯	
9	I1.0	推杆 2 推出到位		9	Q1.0	HL2 绿色指示灯	按钮/指示灯模块
10	I1.1	推杆 3 推出到位		10	Q1.1	HL3 红色指示灯	
11	I1.2	停止按钮	按钮/指示灯模块				
12	I1.3	起动按钮					
13	I1.4	急停按钮					
14	I1.5	单站/全线					

3. 分拣站电气接线

分拣站电气接线包括装置侧接线和 PLC 侧接线。

（1）装置侧接线

一是把分拣站各传感器信号线、电源线、0 V 线按规定接至装置侧左边较宽的接线端子排；二是把分拣站电磁阀的信号线接至装置侧右边较窄的接线端子排。具体的接线示意图如图 2-17 所示。各传感器信号线及电磁阀信号线与装置侧对应的端子排号见表 5-15。

表 5-15　分拣站装置侧信号线与端子号的对应分配

输入端口中间层			输出端口中间层		
端子号	设备符号	信号线	端子号	设备符号	信号线
2	DECODE	光电旋转编码器 B 相	2	1YA	推杆 1 电磁阀
3		光电旋转编码器 A 相	3	2YA	推杆 2 电磁阀
4		光电旋转编码器 Z 相	4	3YA	推杆 3 电磁阀

（续）

输入端口中间层			输出端口中间层		
端　子　号	设备符号	信　号　线	端　子　号	设备符号	信　号　线
5	SC1	进料口工件检测			
6	SC2	金属工件检测			
7	SC3	工件颜色检测			
8	SC4	芯件颜色检测			
9	1B	将推杆 1 推出到位			
10	2B	将推杆 2 推出到位			
11	3B	将推杆 3 推出到位			
12#~17#端子没有连接			5#~14#端子没有连接		

（2）PLC 侧接线

包括电源接线、PLC 输入/输出端子的接线、以及按钮模块的接线 3 个部分。PLC 侧接线端子排为双层两列端子，左边较窄的一列主要接 PLC 的输出端口端子，右边较宽的一列接 PLC 的输入端口端子。两列中的下层分别接 24 V 电源（见图 2-18中的 4、8）和 0 V（见图 2-18中的 5、7）。左列上层接 PLC 的输出端口，右列上层接 PLC 的输入端口。PLC 的按钮接线端子连接至 PLC 的输入端口，信号指示灯信号端子接至 PLC 的输出端口，如图 2-19 所示。

（3）接线注意事项

装置侧接线端口中，输入信号端子的上层端子（24 V）只能作为传感器的正电源端，切勿用于连接电磁阀等执行元件的负载。电磁阀等执行元件的正电源端和 0 V 端应连接到输出信号端子下层端子的相应端子上。装置侧接线完成后，应用扎带绑扎，力求整齐美观。

电气接线的工艺应符合国家职业标准的规定，例如，导线连接到端子时采用端子压接方法；连接线须有符合规定的标号；每一端子连接的导线不超过两根等。

5.2.4　分拣站的硬件调试

硬件安装完成后需要对硬件进行调试，只有硬件安装正确，才能保证软件的顺利调试。硬件调试主要有机械部分调试、气路部分调试和电气部分调试。

1. 机械部分调试

适当调整紧固件和螺钉，保证分拣站的传送机构能平稳传送，不打滑。保证 3 个推料气缸的推料杆在 3 个分拣槽的中心位置，并且位置准确，所有紧固件不能松动。

2. 气路部分调试

1）接通气源后，观察 3 个推料气缸是否处于缩回状态，若没有则关掉气源，调整气管的连接方式。

2）接通气源后，分别手动按下 3 个推料气缸的电磁阀的手动换向按钮，观察相应的气缸动作是否平顺，若不平顺则调整相应气缸两端（侧）的节流阀。

3）接通气源后，观察所有气管接口处是否有漏气现象，如果有则关掉气源，调整气头和气管。

3. 电气部分调试

电气部分调试主要是检查 PLC 和开关稳压电源等工作是否正常，检查 PLC 的输入端口电路和输出端口电路连接是否正确，如电路工作不正常或电路连接不正确，则需要对电路进行排查、核查和调试，保证分拣站的硬件电路能正常工作。

1）检查工作电源是否正常。上电后，观察PLC和开关稳压电源的电源指示灯是否正常点亮，否则关闭电源以检测其电源接线是否正确或器件是否损坏。

2）核查各传感器信号端口、指示灯/按钮模块的按钮（或开关）信号端口与PLC输入端口连接是否正确。上电后，对照表5-14逐个检测各传感器信号线是否正确工作，当某个传感器工作时，传感器上的指示灯会点亮，其对应的PLC输入端口LED指示灯亮。如果传感器本身不工作，则需要检查传感器的接线以及调整传感器的位置。如果传感器工作，但PLC输入端口的指示灯不亮，则应检查传感器信号端口与PLC输入端口之间的连线是否正常。对照表5-14逐个检测指示灯/按钮模块中的各按钮工作是否正常，手动按下某个按钮或切换转换开关，对应的PLC输入端端口的LED指示灯应点亮，否则检查按钮或转换开关的接线是否连接正确并作相应的调试。

3）核查PLC输出端口与电磁阀、指示灯连接是否正确。打开STEP 7-Micro/WIN编程软件，分别用软件强制方法调试Q0.0端口、Q0.4~Q0.6端口对应的变频器、3个电磁阀，以及Q0.7~Q1.1端口对应的3个信号灯是否工作正常。例如：当强制Q0.0=1时，变频器应立即起动运行。如果变频器不起动，检查变频器参数是否设置正确、变频器接线是否正确。当强制Q0.4=1时，推杆1电磁阀应动作，此时推杆1执行推料动作；若电磁阀不动作应检查Q0.4端口至装置侧电磁阀信号端口的连接是否正常，如果正常则检查电磁阀内部接线是否正常或者是否已损坏。用同样的方法完成其他电磁阀和各信号指示灯的调试。

本部分的具体调试方法和步骤请参照2.2.4节的“供料站的电气部分调试”。

任务5.3 分拣站的程序设计

分拣站的程序设计是整个项目的重点，也是难点。程序设计的首要任务是理解分拣站的工艺要求和控制过程，在充分理解其工作过程的基础上，绘制程序流程图，然后根据流程图来编写程序，而不是单靠经验来编程，只有这样才能取得事半功倍的效果。

5.3.1 顺序功能图

由分拣站的工艺流程（见项目描述部分）可以绘制分拣站的主程序和分拣控制子程序顺序功能图，如图5-24和图5-25所示。

整个程序的结构包括主程序、分拣控制子程序和高速计数器（HSC）初始化子程序。主程序是一个周期循环扫描的程序。通电后，先初始化高速计数器，并进行初态检查，即3个推料气缸是否缩回到位。这3个条件中的任一条件不满足，则初态均不能通过，也就是说不能启动分拣站使之运行。如果初态检查通过，则说明设备准备就绪，允许启动。启动后，系统就处于运行状态，此时主程序每个扫描周期

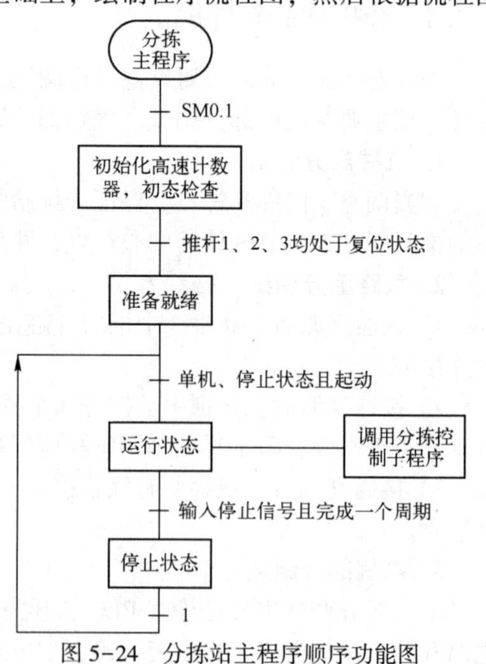

图5-24 分拣站主程序顺序功能图

调用分拣控制子程序。

分拣控制子程序是一个步进程序，可以采用置位和复位方法来编程，也可以用西门子特有的顺序继电器指令（SCR 指令）来编程。分拣控制子程序编程思路为：如果入料口检测有料，则延时 800 ms，期间同时检测工件的颜色，如果为白色工件或金属工件，则 M4.1=1，否则 M4.1=0。延时时间结束后起动电动机，以 30 Hz 的频率将工件带入分拣区。在金属传感器的位置（大约 1900 个脉冲）判断工件的材质：如果工件为金属工件（M4.1=1 且 I0.4=1），则进入 $1^{\#}$槽；如果为白色工件（M4.1=1 且 I0.4=0），则进入 $2^{\#}$槽；如果为黑色工件（M4.1=0）则进入 $3^{\#}$槽。当任意工件被推入料槽后，需要使 M4.1 复位，延时 1 s 后再返回子程序入口处。

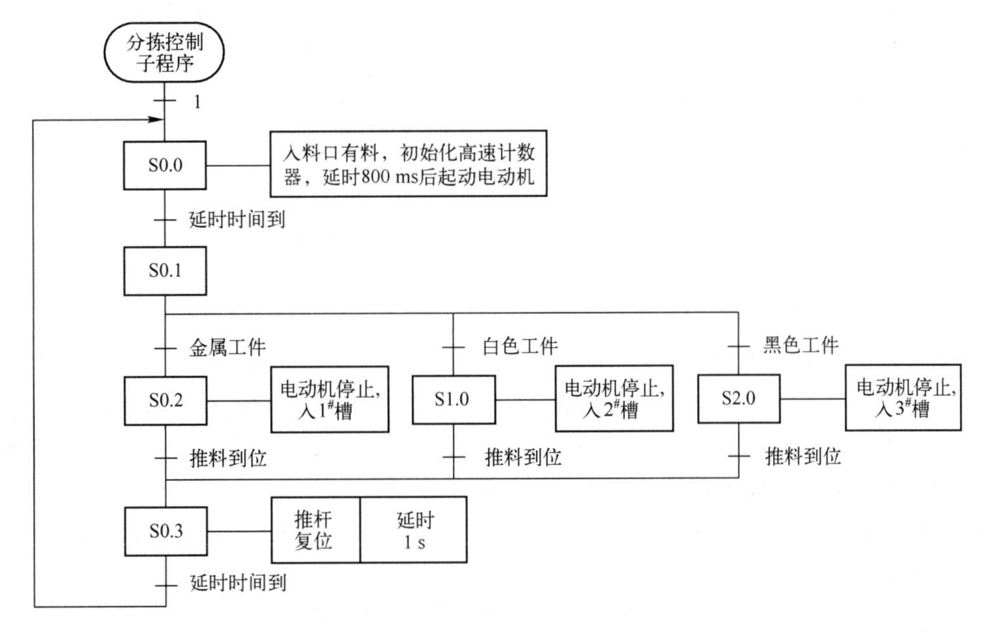

图 5-25　分拣站分拣控制子程序顺序功能图

高速计数器的编程方法有两种：一是采用梯形图或语句表进行常规编程，二是通过 STEP 7-Micro/WIN 编程软件的“指令向导”进行编程。不论哪一种方法，都先要根据计数器中输入信号的形式与要求确定计数模式，然后选择计数器编号，确定输入地址。分拣站所配置的 PLC 是 S7-224XP AC/DC/RLY 主单元，集成有 6 点的高速计数器，编号为 HSC0~HSC5，每一编号的计数器均分配有固定地址的输入端。同时，高速计数器可以被配置为 12 种模式中的任意一种，见表 5-16。

表 5-16　S7-200 系列 PLC 的 HSC0~HSC5 输入地址和计数模式

模　式	中断描述	输入点			
	HSC0	I0.0	I0.1	I0.2	
	HSC1	I0.6	I0.7	I1.0	I1.1
	HSC2	I1.2	I1.3	I1.4	I1.5
	HSC3	I0.1			
	HSC4	I0.3	I0.4	I0.5	
	HSC5	I0.4			

（续）

模式	中断描述	输入点			
0	带有内部方向控制的单相计数器	时钟			
1		时钟		复位	
2		时钟		复位	启动
3	带有外部方向控制的单相计数器	时钟	方向		
4		时钟	方向	复位	
5		时钟	方向	复位	启动
6	带有增减计数时钟的双相计数器	增时钟	减时钟		
7		增时钟	减时钟	复位	
8		增时钟	减时钟	复位	启动
9	A、B 相正交计数器	时钟 A	时钟 B		
10		时钟 A	时钟 B	复位	
11		时钟 A	时钟 B	复位	启动

根据分拣站光电旋转编码器输出的脉冲信号形式（A、B 相正交脉冲，Z 相脉冲不使用，无外部复位和起动信号），由表 5-16 确定所采用的计数模式为模式 9，选用的计数器为 HSC0，B 相脉冲从 I0.0 端口输入，A 相脉冲从 I0.1 端口输入，计数倍频设定为 4 倍频。分拣站高速计数器的编程要求较简单，不考虑中断子程序和预置值等。

使用向导式编程，容易自动生成符号地址为“HSC_INIT”的高速计数器初始化子程序，其具体方法如下。

第 1 步：在 STEP 7-Micro/WIN 编程环境下，选择“工具”→“指令向导”。

第 2 步：在“指令向导”对话框中选择“HSC”→“下一步”，如图 5-26 所示。

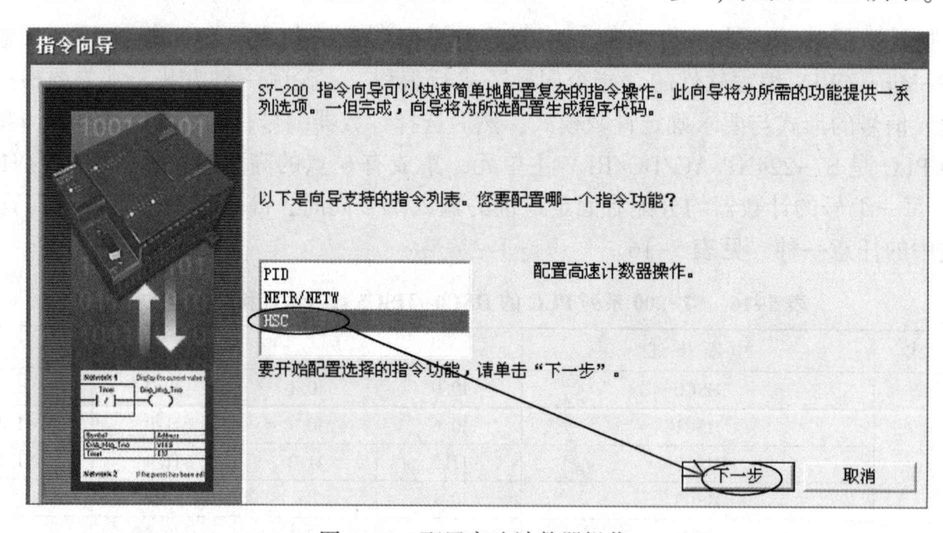

图 5-26　配置高速计数器操作

第 3 步：在“HSC 指令向导”对话框中，配置“HC0”计数器，然后选择“模式 9”，再单击“下一步”按钮，如图 5-27 所示。

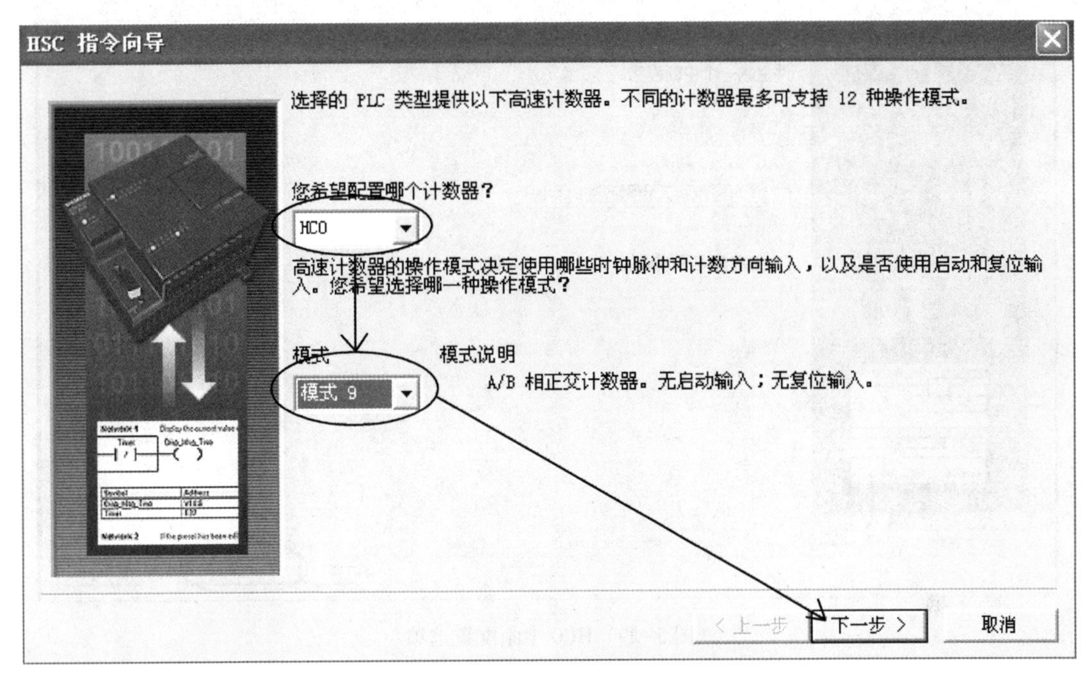

图 5-27　选择高速计数器和工作模式操作

第 4 步：在图 5-28 所示的“HSC 指令向导”对话框中，保留默认模式，即“增”计数模式，并采用“4X”（4 倍频）计数，再单击“下一步”按钮。

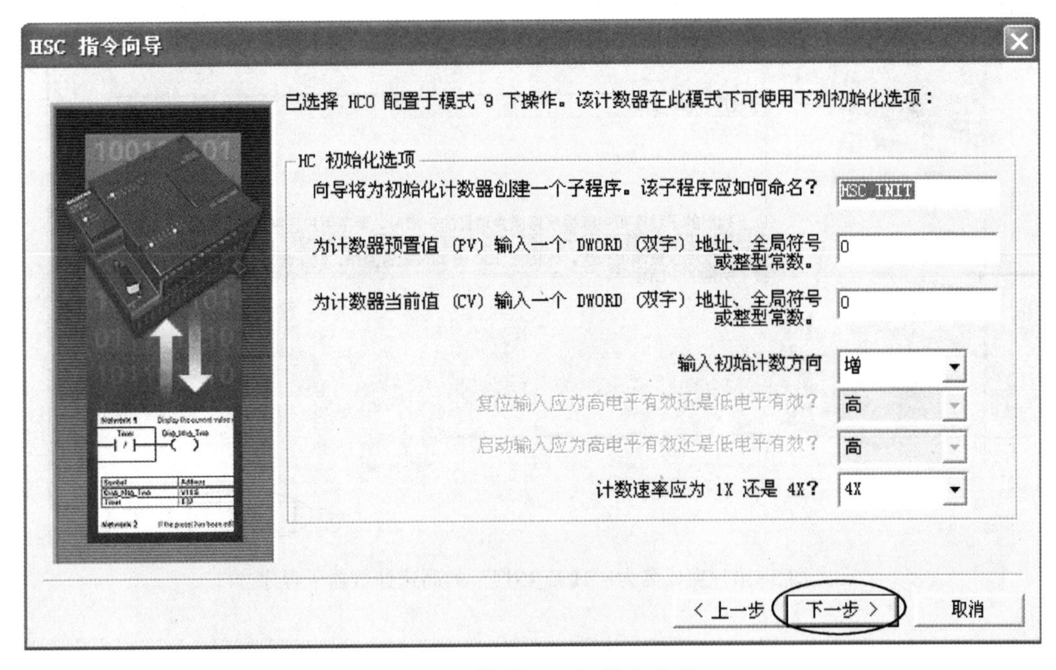

图 5-28　设置 HC0 初始化选项

第5步：在图5-29中，不采用中断模式，直接单击“下一步”按钮。

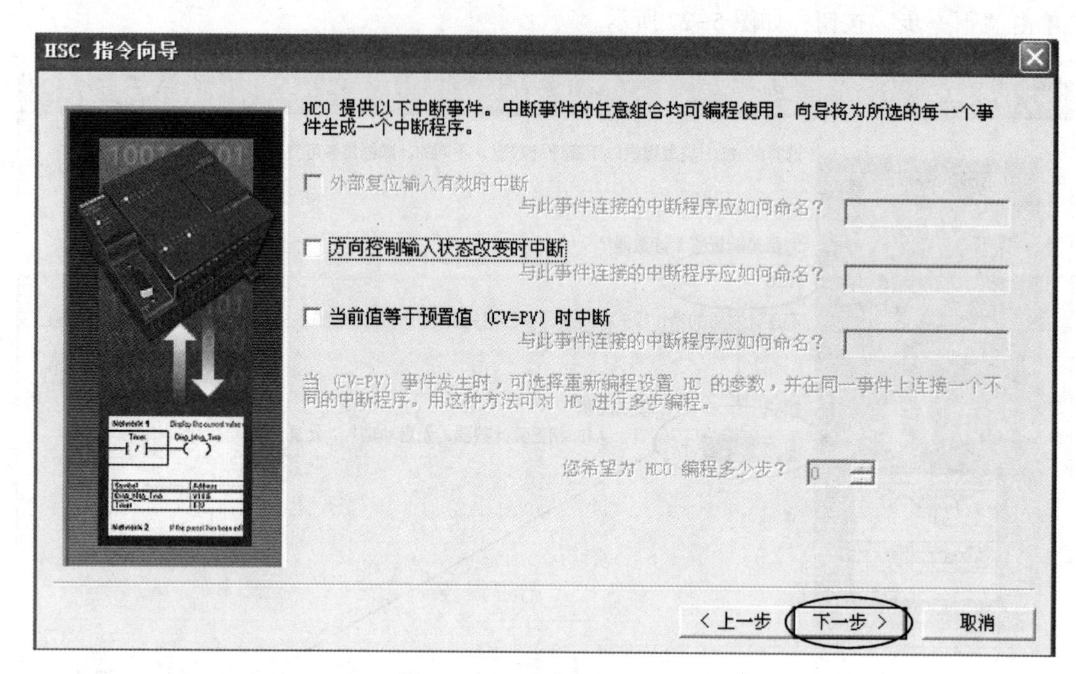

图5-29　HC0中断配置选项

第6步：直接单击“完成”按钮即可生成名为“HSC_INIT”的高速计数器子程序，如图5-30所示。

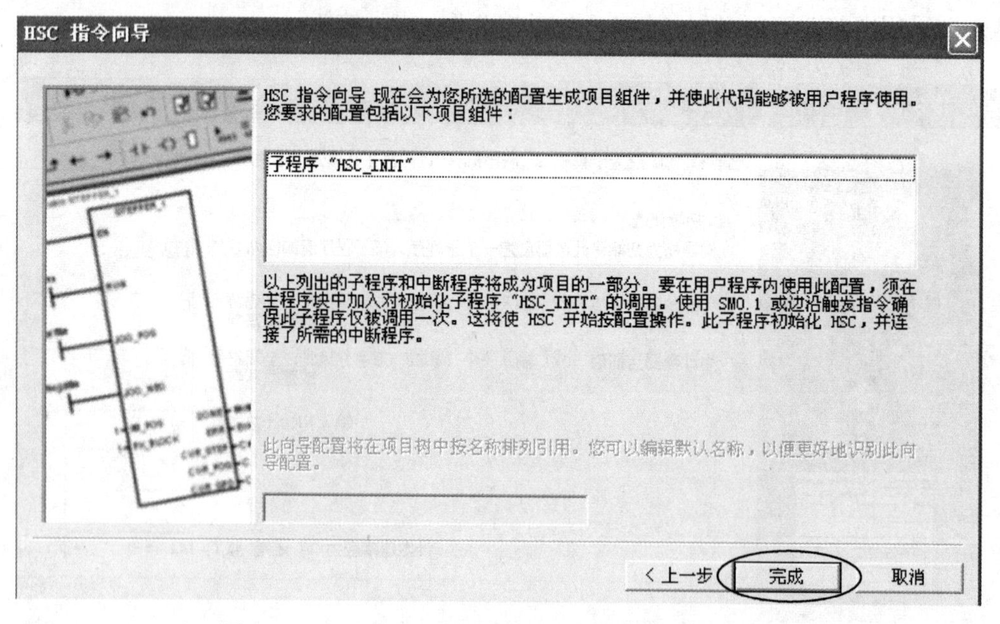

图5-30　生成名为“HSC_INIT”的高速计数器子程序

5.3.2 梯形图程序

1. 主程序（见图 5-31）

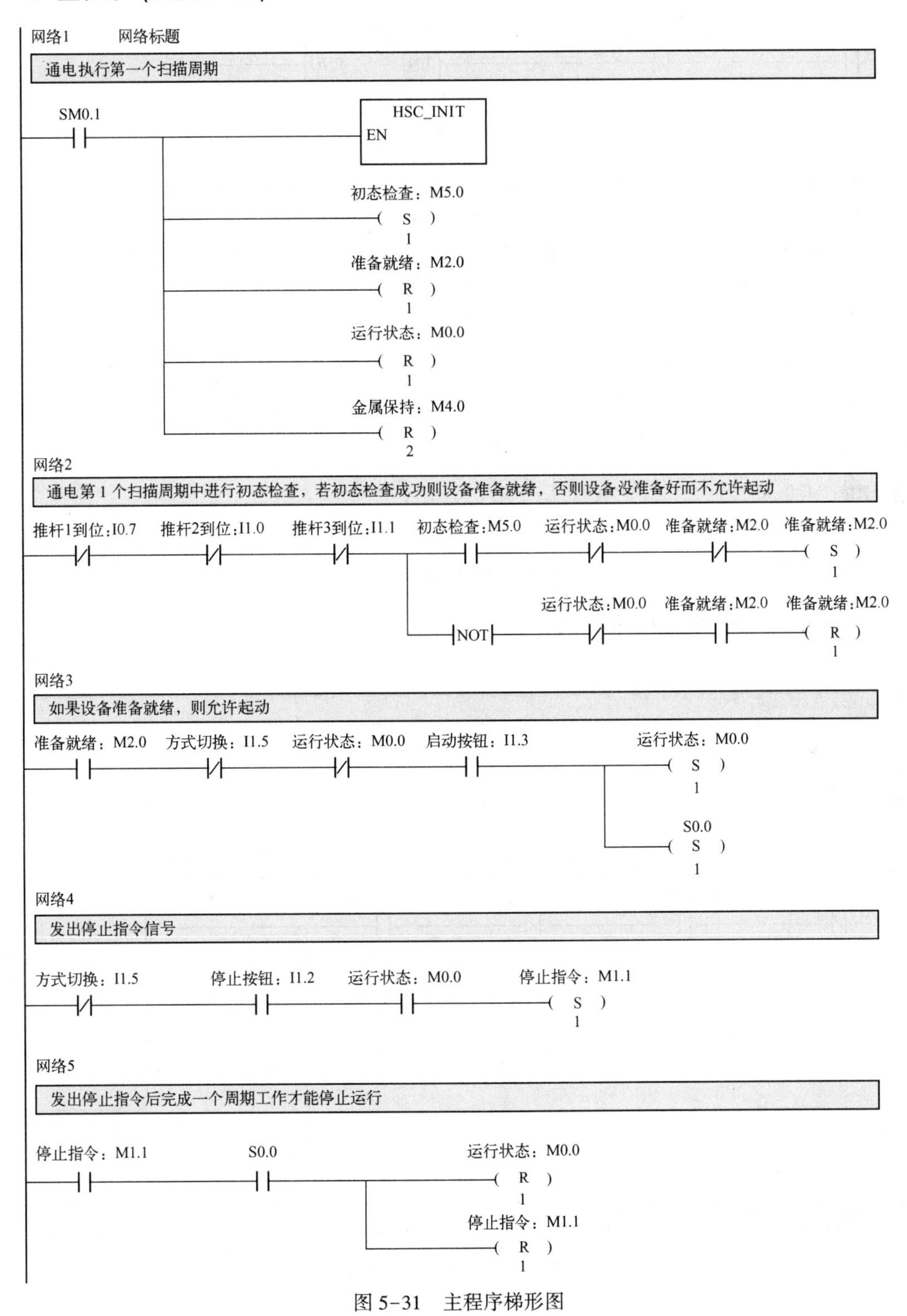

图 5-31 主程序梯形图

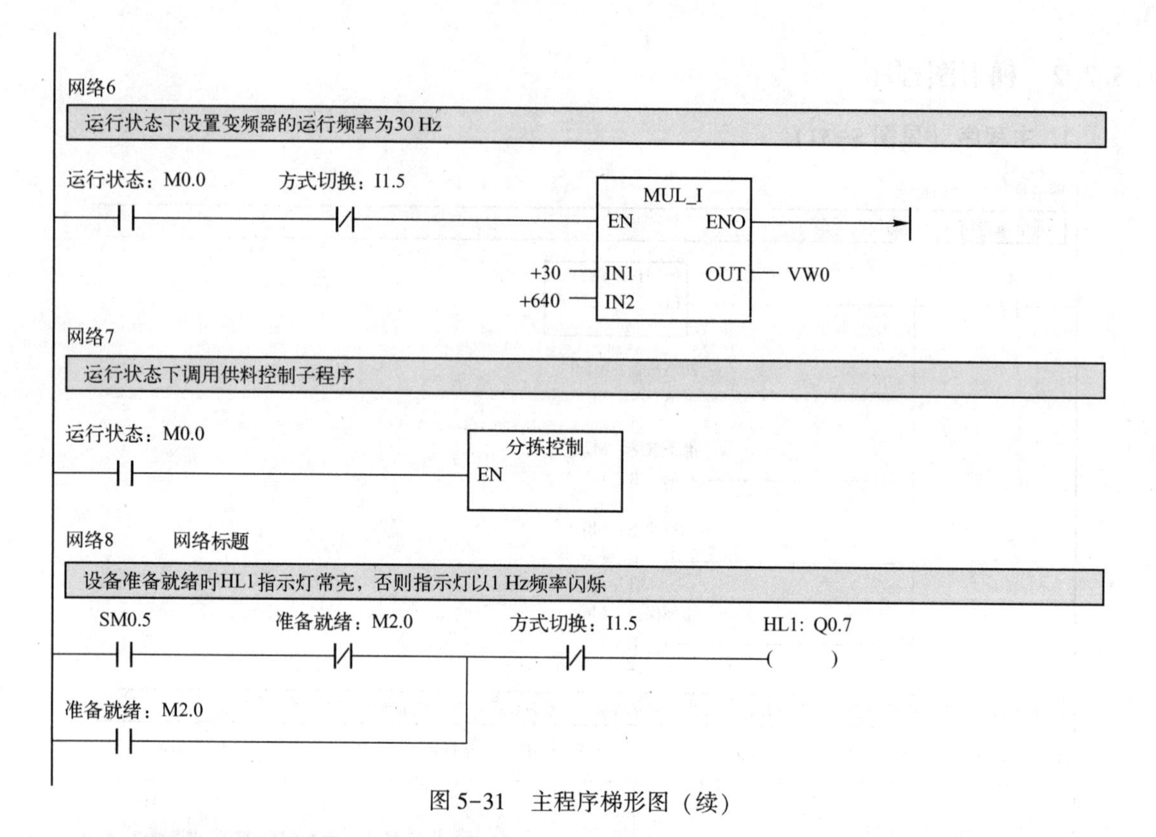

图 5-31　主程序梯形图（续）

2. 分拣控制子程序（见图 5-32）

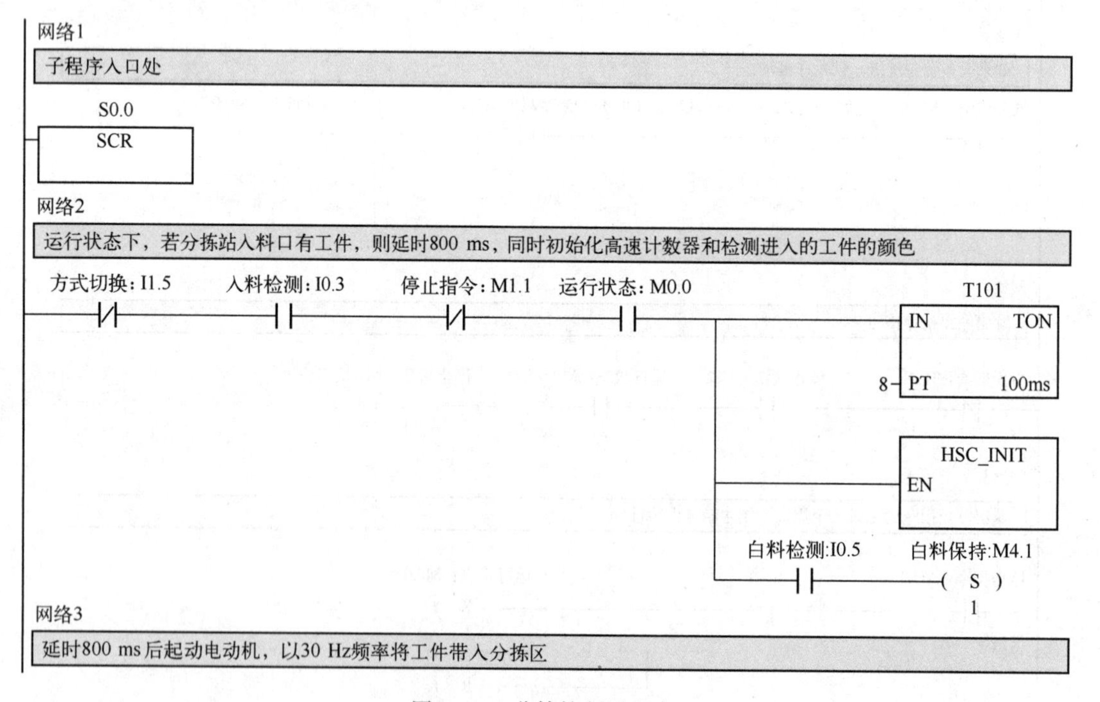

图 5-32　分拣控制子程序

T101　电动机起/停：Q0.0
(S)
1

方式切换：I1.5

MOV_W
EN　ENO
VW0 - IN　OUT - AQW0

S0.1
(SCRT)

网络4

(SCRE)

网络5

S0.1
SCR

网络6

在金属传感器位置判断工件的材质，若为金属工件则进入1#槽，若为白色工件则进入2#槽，若为黑色工件则进入3#槽

HC0 >=D 1780
HC0 <D 1840
白料保持：M4.1　金属检测：I0.4　S0.2 (SCRT)
金属检测：I0.4　S1.0 (SCRT)
白料保持：M4.1　S2.0 (SCRT)

网络7

(SCRE)

网络8

S0.2
SCR

网络9

金属工件进入1#槽

HC0 >=D 2500
白料保持：M4.1 (R) 1
电动机起停：Q0.0 (R) 1
1#槽驱动：Q0.4 (S) 1
推杆1到位：I0.7　P　1#槽驱动：Q0.4 (R) 1
S0.3 (SCRT)

图 5-32　分拣控制子程序（续）

网络10

—(SCRE)

网络11

S1.0
SCR

网络12

白色工件进入2#槽

HC0
>=D
4000

白料保持: M4.1
(R)
1

电动机起/停: Q0.0
(R)
1

2#槽驱动: Q0.5
(S)
1

推杆2到位: I1.0
P

2#槽驱动: Q0.5
(R)
1

S0.3
(SCRT)

网络13

—(SCRE)

网络14

S2.0
SCR

网络15

黑色工件进入3#槽

HC0
>=D
5400

白料保持: M4.1
(R)
1

电动机起/停: Q0.0
(R)
1

3#槽驱动: Q0.6
(S)
1

推杆3到位: I1.1
P

3#槽驱动: Q0.6
(R)
1

S0.3
(SCRT)

网络16

图 5-32 分拣控制子程序（续）

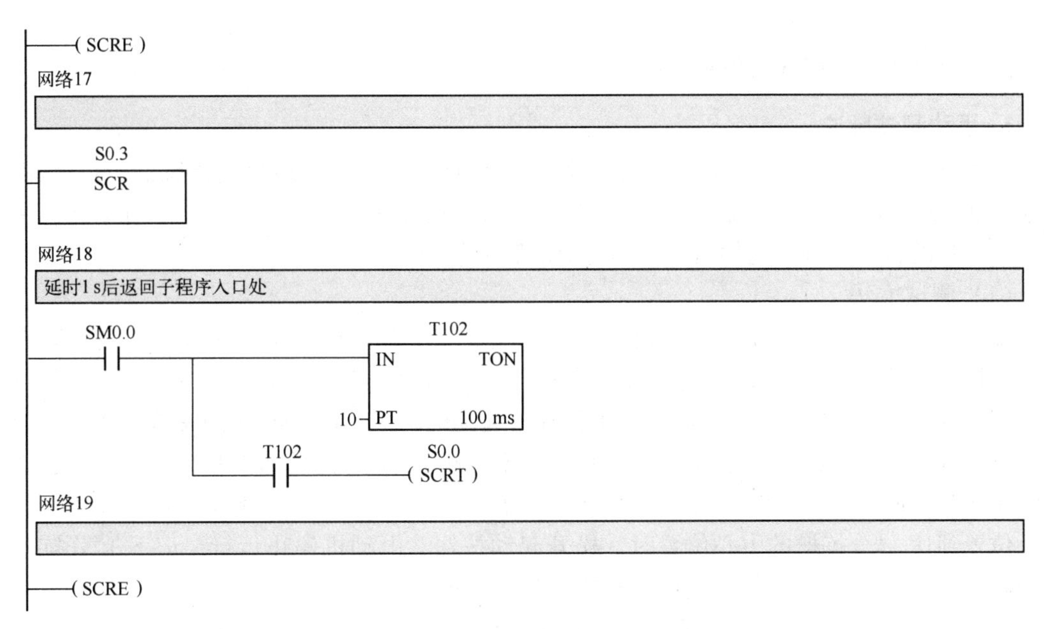

图 5-32　分拣控制子程序（续）

3. 高速计数器子程序（见图 5-33）

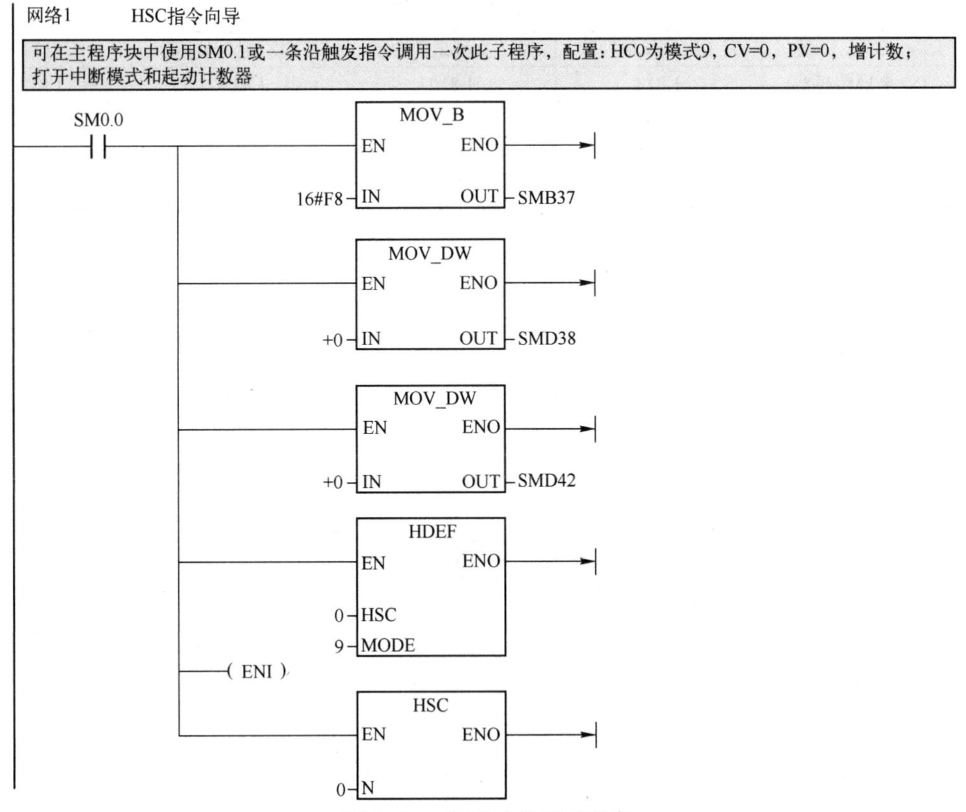

图 5-33　高速计数器子程序

5.3.3 分拣站的 PLC 程序调试

1. 手动测试脉冲

为了正确识别金属材质并将工件准确地推入分拣槽，需要知道金属传感器、1#分拣槽、2#分拣槽、3#分拣槽至分拣站入料口中心位置时对应的脉冲数（见表 5-17）。可以通过手动测试脉冲数的方法来确定它们所在位置对应的脉冲数。

（1）测试方法

编写手动测试脉冲数程序（见图 5-34），设置变频器参数（见表 5-18），运行频率为 5 Hz，上升/下降时间为 0.1 s，将工件（白色、黑色或金属工件均可）放入分拣站入料口，按下起动按钮（接 PLC 的 I1.3 端口）不松开可起动电动机，传送带以 5 Hz 频率将工件慢速带入分拣区，当工件的中心位置到达金属传感器检测端的正中心位置时松开起动按钮，电动机停止运行，此时记下该位置的脉冲数。按下起动按钮不松开，再次起动电动机，当工件的中心位置到达 1#分拣槽的中心位置时，松开起动按钮，电动机停止运行，记下 1#分拣槽位置的脉冲数。用同样的方法可继续测试 2#和 3#分拣槽位置的脉冲数。

如果要重新测试某个位置的脉冲数，则按下停止按钮（接 PLC 的 I1.2 端口）使高速计数器复位即可重新测试。一般情况下，每个位置需要测试 3 次，取平均值作为最终的测试值。表 5-17 为进行测试的记录表。

表 5-17　手动测试脉冲数记录表

序　　号	测 试 位 置	第 1 次测试脉冲数	第 2 次测试脉冲数	第 3 次测试脉冲数	平均脉冲数
1	金属传感器	1 813	1 810	1 813	1 812
2	1#分拣槽 1	2 545	2 589	2 512	2 549
3	2#分拣槽 2	4 002	4 063	4 028	4 031
4	3#分拣槽 3	5 494	5 462	5 471	5 476

（2）手动测试脉冲数程序（见图 5-34）

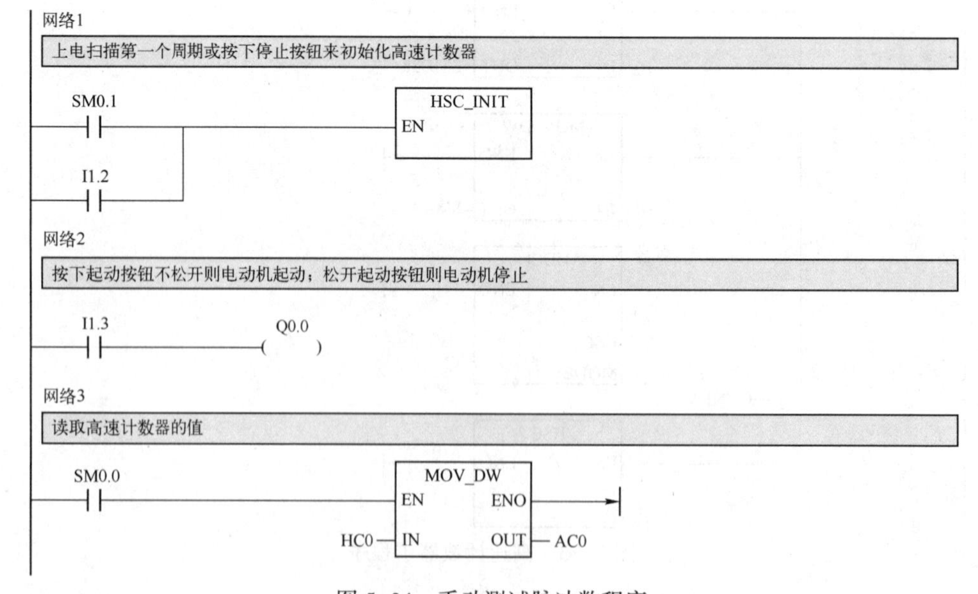

图 5-34　手动测试脉冲数程序

（3）变频器参数设置（见表5-18）

表 5-18　手动测试脉冲数时变频器参数设置

参　数　号	出　厂　值	设　置　值	说　　明
P0003	1	2	设用户访问级为扩展级
P0004	0	7	命令和数字 I/O 端口
P0700	2	2	命令源的选择由端子排输入信号决定
P0701	1	1	ON 表示接通正转，OFF 停止
P0004	0	10	设定值通道和斜坡函数发生器
P1000	2	1	频率设定值选择为模拟量输入
P1040	5	5	起动频率
P1120	10	0.1	斜坡上升时间（s）
P1121	10	0.1	斜坡下降时间（s）

2. PLC 程序的整体调试

分拣站的硬件调试完毕，I/O 端口确保正常连接，程序设计完成后，就可以进行软件下载和调试了，其调试步骤如下：

1）用 PC/PPI 电缆将 PLC 的通信端口与 PC 的 USB 接口（或 RS-232 端口）相连，打开 PLC 编程软件，设置通信端口和通信波特率，建立上位机与 PLC 的通信连接。

2）PLC 程序编译无误后将其下载至 PLC，并使 PLC 位于 RUN 状态。

3）将程序调至监视状态，观察 PLC 程序的能流状态，以此来判断程序的正确与否，并有针对性进行程序修改，直至分拣站能按工艺要求来运行。程序每次修改后需对其重新编译并将其下载至 PLC。

动手实践

任务 5.4　实训内容

严格按照工作任务单来完成本项目的实训内容，学生完成实训项目后需提交工作任务单，具体见表5-19。

表 5-19　项目 5 工作任务单（分拣站）

<table>
<tr><td>班级</td><td></td><td>组别</td><td></td><td>组长</td><td></td></tr>
<tr><td>成员</td><td colspan="5"></td></tr>
<tr><td>项目 5</td><td colspan="5">分拣站的原理、安装与调试</td></tr>
<tr><td>实训内容</td><td colspan="5">1. 安装与调试机械部件
2. 安装与调试光电传感器、光纤传感器、金属传感器、光电旋转编码器、磁性开关和电磁阀
3. 安装与调试气路
4. 根据电气原理图连接电气线路
5. 正确设置 MM420 变频器参数
6. 编写、下载、调试与运行程序</td></tr>
<tr><td>实训报告</td><td colspan="5">1. 写出安装机械部件的方法及要点
2. 写出安装与调试光电传感器、光纤传感器、金属传感器、光电旋转编码器和磁性开关的方法及要点
3. 写出安装与调试气路的方法及要点
4. 设计并画出分拣站的电气控制电路图
5. 以表格形式列出分拣站的 I/O 端口分配表
6. 写出变频器的参数设置表
7. 根据工艺流程、顺序功能图和 I/O 端口分配表编写梯形图程序
8. 写出调试分拣站的过程及心得体会</td></tr>
<tr><td>完成时间</td><td colspan="5"></td></tr>
</table>

（续）

	序号	实 训 内 容	评 价 要 点	配分	教师评分
完成情况（评分）	1	机械部分安装与调试	安装正确，动作顺畅，紧固件无松动	10	
	2	气路安装与调试	气路连接正确、美观，无漏气现象，运行平稳	10	
	3	电路设计	电路设计符合要求	10	
	4	电路接线	接线正确，布线整齐美观	10	
	5	变频器参数设置	参数设置正确	10	
	6	程序编制及调试	根据工艺要求完成程序编制和调试，运行正确	40	
	7	职业素养与安全意识	操作是否符合安全操作规程和岗位职业要求；工具摆放是否整齐；团队合作精神是否良好；是否保持工位清洁、爱惜实训设备等	10	
其他					

课后提高

1. 根据分拣站的工艺流程图，采用置位和复位指令方法编写分拣站程序，并完成调试使之正确运行。

2. 用单按钮实现分拣站的起动和停止工作。

3. 总结分拣站机械安装、电气安装、气路安装及其调试的过程和经验。

4. 在本项目完成的基础上，尝试完成以下工作任务。

1）白色工件和白色芯件入 1#槽，黑色工件和黑色芯件入 2#槽，金属工件和金属芯件入 3#槽。

2）白色工件和黑色芯件入 1#槽，黑色工件和白色芯件入 2#槽，其他工件和芯件的组合入 3#槽。

项目 6　输送站的原理、安装与调试

学习目标

知识目标：了解输送站的基本结构，理解输送站的工作过程，掌握传感器技术、气动技术和伺服驱动技术的工作原理及其在输送站中的应用，掌握输送站的 PLC 程序设计。

技能目标：能够熟练安装与调试输送站的机械、气路和电路，保证硬件部分正常工作；根据任务要求会设置伺服驱动器参数；能够根据输送站的工艺要求编写与调试 PLC 程序。

教学重点：输送站气路和电路的安装与调试；输送站 PLC 程序设计及调试。

教学难点：输送站 PLC 程序设计及调试。

项目描述

输送站是 YL-335B 自动线最为重要的工作站之一，其主要功能为：使抓取机械手装置精确定位到指定工作站的物料台，在物料台上抓取工件，把抓取到的工件输送到指定位置后放下。输送站既可以独立完成输送操作，也可以与其他工作站联网协同操作。在网络系统中担当主站的角色，它接收来自触摸屏的系统主令信号，读取网络上各从站的状态信息，综合分析后向各从站发送控制要求，协调整个系统的工作。要想联网操作，必须保证输送站能单站运行，所以单站操作是前提条件。

单站运行任务描述如下。

输送站的主令信号和工作状态显示信号来自 PLC 旁边的按钮/指示灯模块。并且按钮/指示灯模块上的工作方式选择开关 SA 应被置于“单站方式”位置。具体的控制要求如下。

1. 正常功能测试

（1）通电复位和初态检查

输送站在通电后，按下复位按钮 SB1，执行复位操作，使抓取机械手装置回到原点位置。在复位过程中“正常工作”指示灯 HL1 以 1 Hz 的频率闪烁。当抓取机械手装置回到原点位置，且输送站各个气缸满足初始位置的要求时，复位完成，“正常工作”指示灯 HL1（黄色灯）常亮，否则该指示灯 HL1 以 1 Hz 的频率闪烁。

（2）起动运行

若设备准备好，则按下起动按钮 SB2，系统起动，“设备运行”指示灯 HL2（绿色灯）常亮，开始功能测试过程。

1）抓取机械手装置从供料站出料台上抓取工件，抓取的顺序是：手臂伸出→手爪夹紧抓取工件→提升台上升→手臂缩回。

2）抓取动作完成后，伺服电动机驱动抓取机械手装置向加工站移动，移动速度不小于 300 mm/s。

3）抓取机械手装置移动到加工站物料台的正前方后，即把工件放到加工站物料台上。抓取机械手装置在加工站放下工件的顺序是：手臂伸出→提升台下降→手爪松开放下工件→手臂缩回。

4）放下工件动作完成 2 s 后，抓取机械手装置执行抓取加工站工件的操作。抓取的顺序与供料站抓取工件的顺序相同。

5）抓取动作完成后，伺服电动机驱动抓取机械手装置移动到装配站物料台的正前方。然后把工件放到装配站物料台上。抓取的动作顺序与加工站放下工件的顺序相同。

6）放下工件动作完成 2 s 后，抓取机械手装置执行抓取装配站工件的操作。抓取的顺序与供料站抓取工件的顺序相同。

7）机械手手臂缩回后，气动摆台逆时针旋转 90°，伺服电动机驱动抓取机械手装置从装配站向分拣站运送工件，到达分拣站入料口后把工件放下，抓取的动作顺序与加工站放下工件的顺序相同。

8）放下工件动作完成后，机械手手臂缩回，然后执行返回原点操作。伺服电动机驱动机械手装置以 400 mm/s 的速度返回，返回 900 mm 后，气动摆台顺时针旋转 90°，然后以 100 mm/s 的速度低速返回原点停止，完成一个周期的工作。

（3）正常停止

当抓取机械手装置返回原点后，一个测试周期结束。当供料站的出料台上放置了工件时，再按一次启动按钮 SB2，开始新一轮的测试。

2. 非正常运行的功能测试

若在工作过程中按下急停按钮 QS，则系统立即停止运行。在急停复位后，应从急停前的断点开始继续运行。

在急停状态下，绿色指示灯 HL2 以 1 Hz 的频率闪烁，直到急停复位后恢复正常运行时，指示灯 HL2 恢复常亮。

本项目的学习目标是：按照图 6-1 的要求完成输送站的机械安装、气路连接、电路设计与连接、伺服参数设置及 PLC 编程与调试，最终实现上述项目描述的工作任务。

项目分析

根据项目的任务描述，本项目需要完成的工作如下：

1. 输送站的机械安装；
2. 输送站的气路连接；
3. 输送站的电气控制原理图的设计及接线；
4. 输送站的硬件调试；
5. 输送站的 PLC 程序设计；
6. 输送站的功能调试及运行。

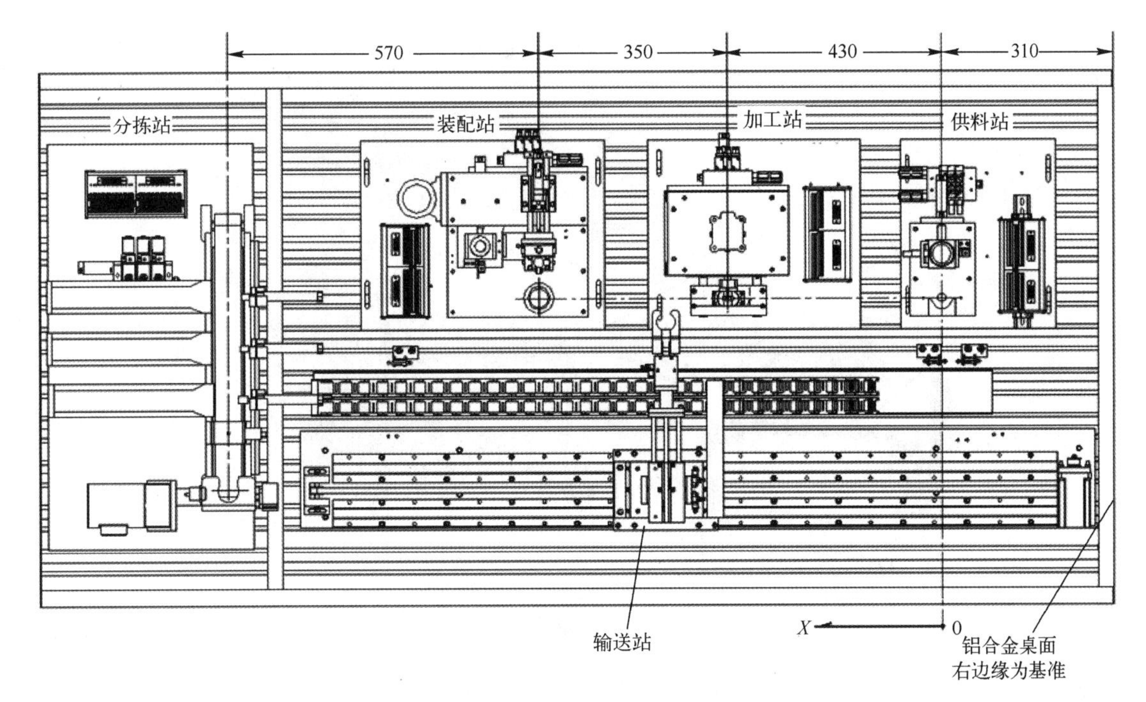

图 6-1　自动化生产线平面安装示意图

理论学习

任务 6.1　认识输送站的基本结构与原理

6.1.1　输送站的基本结构

输送站的硬件结构主要由机械部件、电气元件和气动部件构成。机械部件包括抓取机械手装置、直线运动传动组件和拖链装置等。电气元件包括 7 个磁性传感器（也称为磁性开关）、1 个金属传感器（即原点开关）、1 个伺服驱动器和 1 台伺服电动机。气动部件包括 1 个伸缩气缸、1 个旋转气缸、1 个提升气缸、1 个手爪气缸、4 个气缸节流阀和 6 个电磁阀组。其外形结构如图 6-2 所示。

1. 抓取机械手装置

抓取机械手装置是一个能实现三自由度运动（即升降、伸缩、气动手指夹紧/松开和沿垂直轴旋转的四维运动）的工作单元，该装置整体安装在直线运动传动组件的滑动溜板上，在传动组件带动下整体作直线往复运动，被定位到其他各工作站的物料台，然后完成抓取和放下工件的功能，如图 6-3 所示。

抓取机械手具体构成如下。

1）气动手指：用于在各个工作站物料台上抓取/放下工件，由一个二位五通双向电控阀控制。

2）伸缩气缸：用于驱动手臂伸出/缩回，由一个二位五通单向电控阀控制。

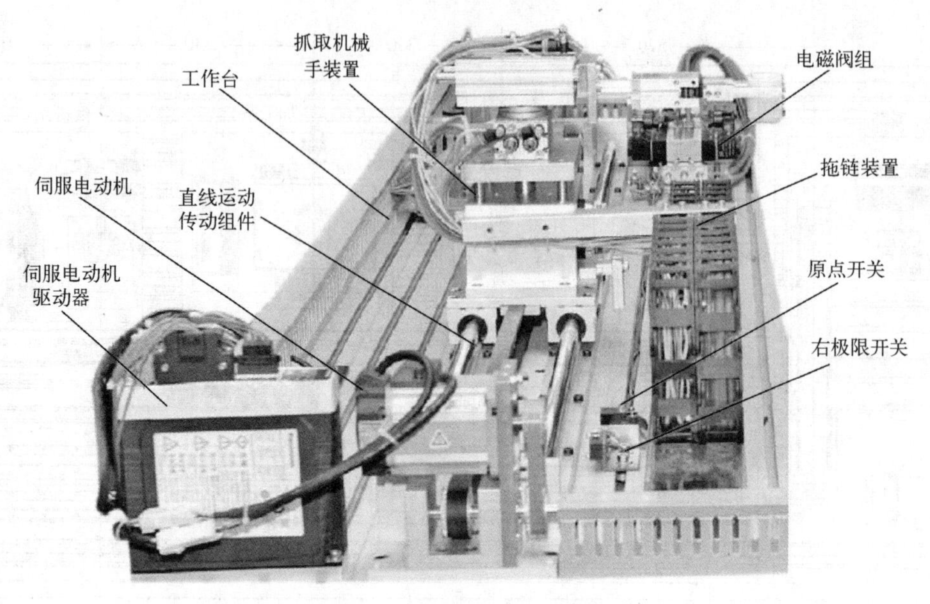

图 6-2　输送站的外形结构

3）回转气缸：用于驱动手臂正/反向旋转 90°，由一个二位五通双向电控阀控制。

4）提升气缸：用于驱动整个机械手提升与下降，由一个二位五通单向电控阀控制。

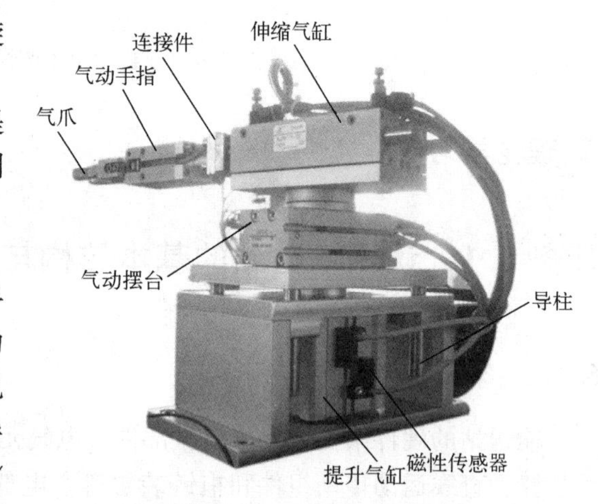

图 6-3　输送站抓取机械手外形结构

2. 直线运动传动组件

直线运动传动组件用于拖动抓取机械手装置作往复直线运动，完成其精确定位的功能。传动组件由直线导轨底板、伺服电动机及伺服放大器、同步轮、同步带、直线导轨、滑动溜板、拖链和原点接近开关、左/右极限开关组成。图 6-4 是该组件的俯视图。

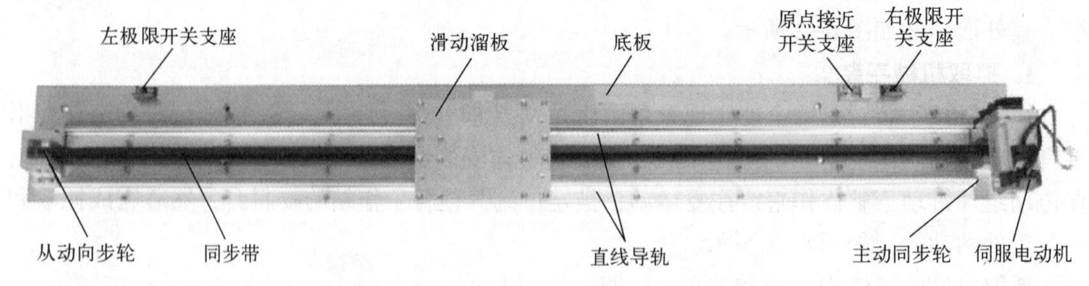

图 6-4　直线运动传动组件俯视图

左/右极限开关均是有触点的微动开关，用来提供越程故障时的保护信号：当滑动溜板在运动中越过左或右极限位置时，极限开关会动作，从而向系统发出越程故障信号。

6.1.2　输送站的工作原理

输送站在通电后，按下复位按钮 SB1，执行复位操作，使抓取机械手装置回到原点位置。在复位过程中，“正常工作”指示灯 HL1 以 1 Hz 的频率闪烁。当抓取机械手装置回到原点位置，且输送单元各个气缸满足初始位置的要求，则复位完成，“正常工作”指示灯 HL1（黄色灯）常亮，否则 HL1 以 1 Hz 的频率闪烁。若设备准备好，则按下起动按钮 SB2，系统起动，“设备运行”指示灯 HL2（绿色灯）常亮，开始功能测试过程。

其工艺控制过程为：取机械手伸出抓料，取机械手提升并以 300 mm/s 速度移动到加工站，取机械手下降，放料，延时 2 s 后抓料，取机械手提升并以 300 mm/s 速度移动到装配站，取机械手下降，放料，延时 2 s 后抓料，取机械手提升并机械手左旋 90°→以 300 mm/s 速度移动到分拣站，取机械手下降，放料，缩回并以 400 mm/s 速度移动到离供料站 900 mm 处，取机械手右旋 90°并以 100 mm/s 速度返回原点，完成一个周期的工作。

实际运用过程中，根据需要可以改变其工艺控制过程，例如：供料→装配→加工→分拣→回原点。

6.1.3　传感器在输送站中的应用

输送站使用 7 个磁性传感器（也称为磁性开关）和 1 个金属传感器。磁性传感器和金属传感器的作用和原理参见 2. 1. 3 节的相关内容。

1. 金属传感器在输送站中的具体应用

安装在输送站起始点位置的金属传感器也被称为原点接近开关，主要用于检测机械手是否在原点位置，其具体结构如图 6-5 所示。

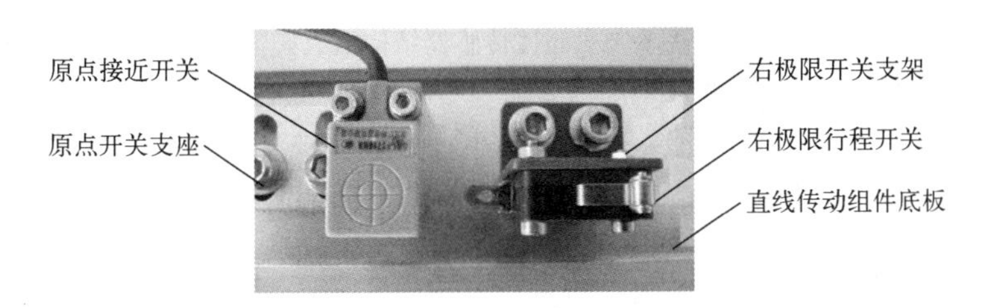

图 6-5　金属传感器的结构

2. 磁性传感器在输送站中的具体应用

输送站的 7 个磁性传感器分别用于检测 4 个气缸的动作位置，如图 6-6 所示。

1）检测手爪夹紧或松开状态。

2）检测手爪伸出或缩回到位状态。

3）检测机械手左旋或右旋到位状态。

4）检测机械手提升或下降到位状态。

6.1.4　伺服驱动器及伺服电动机在输送站中的应用

交流伺服控制系统包括交流伺服电动机和伺服驱动器，大多数采用永磁同步交流伺服电动机和全数字交流永磁同步伺服驱动器，其主要功能是实现输送站直线导轨上的机械手的精

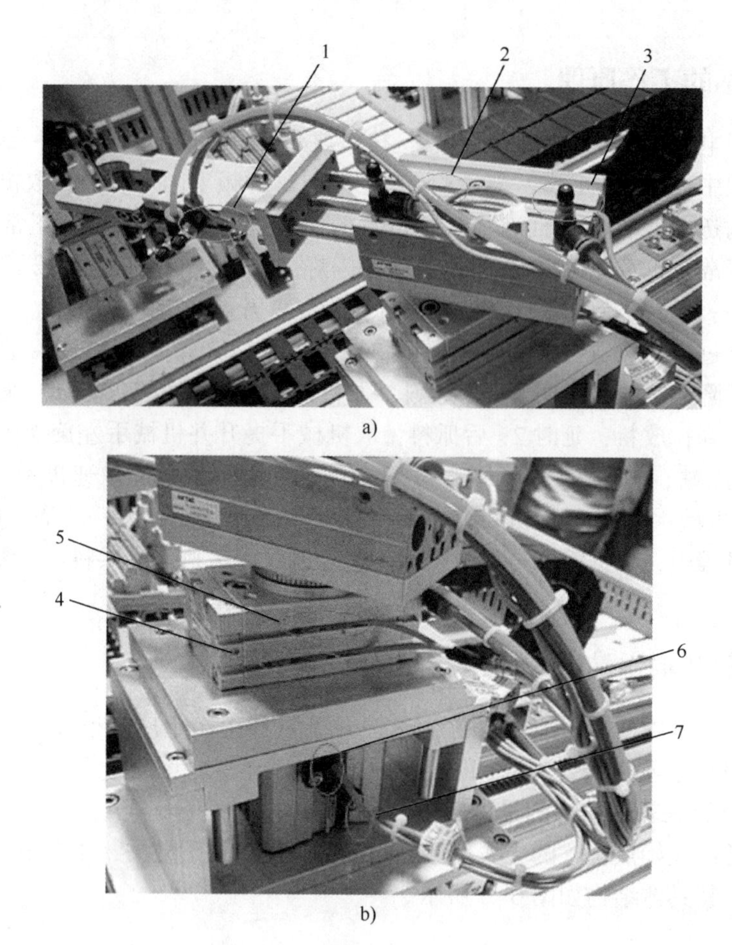

图 6-6　磁性传感器结构组成

1—手爪夹紧磁性传感器　2—手爪伸出到位磁性传感器　3—手爪缩回到位磁性传感器　4—左旋到位磁性传感器
5—右旋到位磁性传感器　6—提升到位磁性传感器　7—下降到位磁性传感器

确位置控制。

1. 交流伺服控制系统

交流伺服电动机的工作原理如下：伺服电动机内部的转子是永磁铁，驱动器控制的 U、V、W 三相电源形成电磁场，转子在该磁场的作用下转动，同时电动机自带的编码器将反馈信号给驱动器，驱动器将反馈值与目标值进行比较，调整转子转动的角度。伺服电动机的精度取决于编码器的精度（线数）。

交流伺服控制系统主要由伺服控制单元、功率驱动单元、通信接口单元、伺服电动机及相应的反馈检测器件组成，其中伺服控制单元包括位置控制器、速度控制器、转矩和电流控制器等。结构组成如图 6-7 所示。

伺服驱动器均采用数字信号处理器（DSP）作为控制核心，其优点是可以实现比较复杂的控制算法，实现数字化、网络化和智能化。功率器件普遍采用以智能功率模块（IPM）为核心设计的驱动电路，IPM 内部集成了驱动电路，同时具有过电压、过电流、过热及欠电压等故障检测保护电路，在主电路中还加入软启动电路，以减小启动过程对驱动器的冲击。功率驱动单元首先通过整流电路对输入的三相电源或者市电进行整流，得到相应的直流电。再

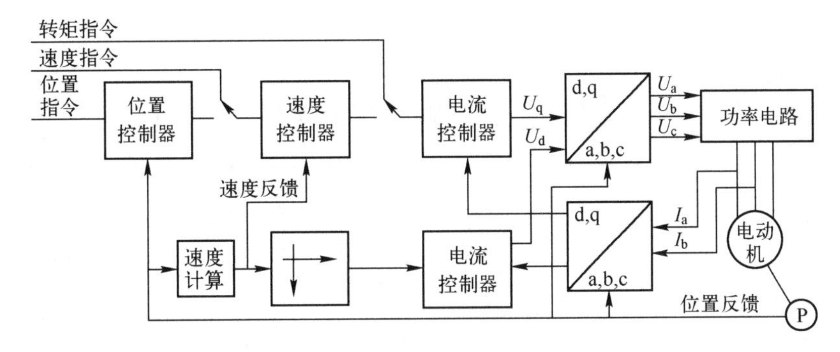

图 6-7　交流伺服控制系统结构组成

通过三相正弦 PWM 电压型逆变器对其变频来驱动三相永磁式同步交流伺服电动机。逆变部分（DC-AC）采用功率器件集成驱动电路、保护电路和功率开关于一体的智能功率模块（IPM），主要拓扑结构是采用了三相桥式电路，原理图如图 6-8 所示。利用了脉宽调制技术（Pulse Width Modulation，PWM），通过改变功率晶体管交替导通的时间来改变逆变器输出波形的频率，改变每半周期内晶体管的通断时间比，也就是说，通过改变脉冲宽度来改变逆变器输出电压幅值的大小以达到调节功率的目的。

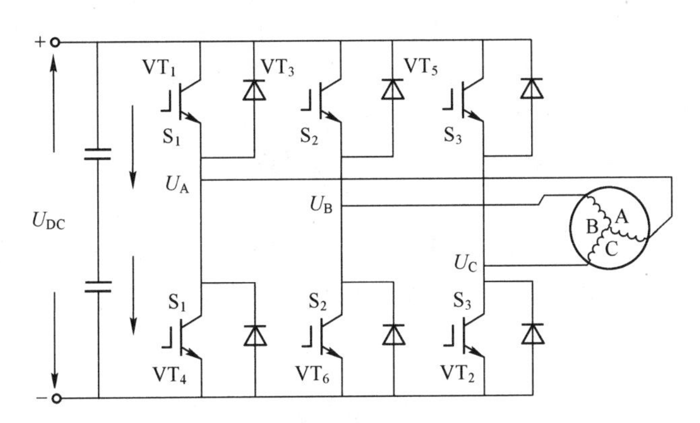

图 6-8　三相桥式逆变电路原理图

2. 位置控制原理

1）在位置控制模式下，即使输入的是脉冲信号，伺服驱动器输出到伺服电动机的三相电压波形基本是正弦波（高次谐波被绕组电感滤除），而不是像步进电动机那样是三相脉冲序列。

2）伺服系统用作定位控制时，位置指令被输入到位置控制器，将速度控制器输入端前面的电子开关切换到位置控制器输出端，同样，将电流控制器输入端前面的电子开关切换到速度控制器输出端。因此，位置控制模式下的伺服系统是一个三闭环控制系统，两个内环分别是电流环和速度环。由自动控制理论可知，这样的系统结构提高了系统的快速性、稳定性和抗干扰能力。在足够高的开环增益下，系统的稳态误差接近为零。也就是说，在稳态时，伺服电动机以指令脉冲和反馈脉冲近似相等的速度运行。反之，在达到稳态前，系统将在偏差信号作用下驱动电动机加速或减速。若指令脉冲突然消失（例如紧急停车时，PLC 立即停止向伺服驱动器发出驱动脉冲），伺服电动机仍会运行到反馈脉冲数等于指令脉冲消失前的脉冲数才停止。

3）电子齿轮的概念。

位置控制模式下，等效的单闭环位置控制系统框图如图 6-9 所示。

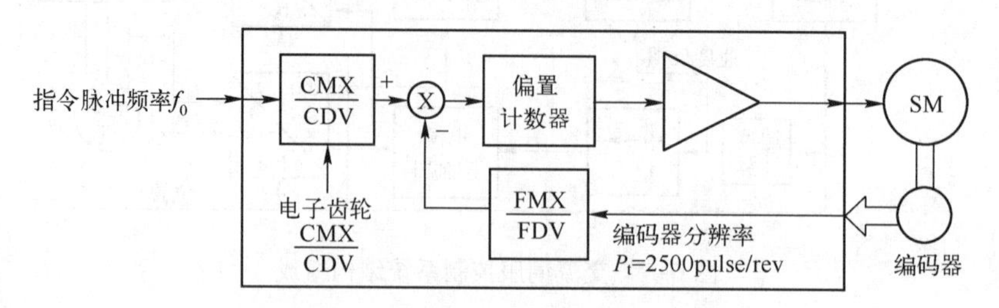

图 6-9　等效的单闭环位置控制系统框图

图 6-9 中，指令脉冲信号和电动机编码器反馈脉冲信号进入驱动器后，均通过电子齿轮变换再进行偏差计算。电子齿轮实际上是一个分—倍频器，合理搭配它们的分—倍频值，可以灵活地设置指令脉冲的行程。

例如松下 MINAS A5 系列 AC 伺服电动机驱动器，其电动机编码器反馈脉冲为2 500 pulse/rev。默认情况下，驱动器反馈脉冲电子齿轮分—倍频值为 4 倍频。如果希望指令脉冲为 6 000 pulse/rev，那么就应把指令脉冲电子齿轮的分—倍频值设置为 10 000/6 000，从而实现 PLC 每输出 6 000 个脉冲，伺服电动机旋转一周，驱动机械手恰好移动 60 mm 的整数倍关系。具体设置方法将在下一节说明。

3. 松下 MINAS A5 系列 AC 伺服电动机和驱动器

（1）型号和外形结构

在 YL-335B 自动线的输送站中，采用了松下 MHMD022G1U 永磁同步交流伺服电动机及 MADHT1507E 全数字交流永磁同步伺服驱动装置作为运输机械手的运动控制装置。其实物外形如图 6-10 所示。

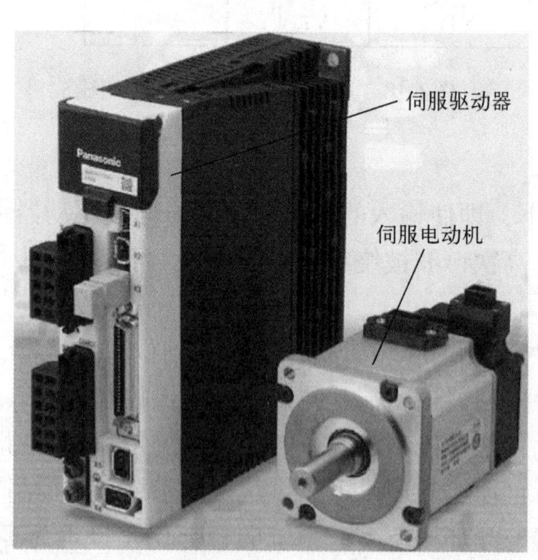

图 6-10　松下 A5 系列伺服驱动器和伺服电动机实物外形

MHMD022G1U 的含义如下：MHMD 表示电动机类型为大惯量，02 表示电动机的额定功率为 200 W，2 表示电压规格为 200 V，G 表示编码器为增量式编码器，输出信号线数为 5。

MADHT1507E 的含义如下：MADH 表示松下 A5 系列 A 型驱动器，T1 表示最大瞬时输出电流为 10 A，5 表示电源电压规格为单相 200 V，07 表示电流监测器额定电流为 7.5 A，E 表示特殊规格。驱动器的外观和面板如图 6-11 所示。

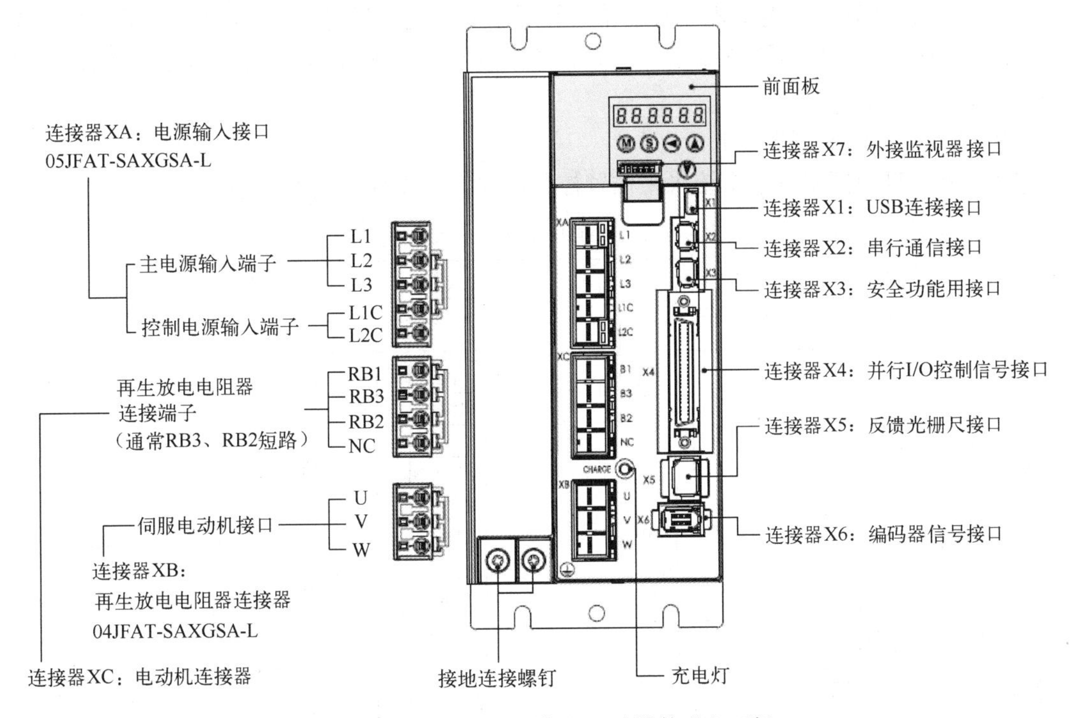

图 6-11　松下 A5 系列伺服驱动器外观和面板

（2）伺服电动机和驱动器的硬件接线

MADHT1507E 伺服驱动器面板上有 10 个接线端口，具体功能如下。

1）XA：电源输入接口。AC 220 V 电源连接到 L1、L2、L3 主电源输入端子，同时连接到控制电源输入端子 L1C、L2C 上。

2）XB：伺服电动机接口。U、V、W 端子用于连接伺服电动机的三相电源。必须注意的是，电源电压务必按照驱动器铭牌上的指示，电动机接线端子（U、V、W）不可以接地或短路，交流伺服电动机的旋转方向不像异步电动机可以通过交换三相相序来改变，必须保证驱动器上的 U、V、W 接线端子与电动机主电路接线端子按规定的一一对应，否则可能造成驱动器的损坏。电动机的接线端子和驱动器的接地端子以及滤波器的接地端子必须保证可靠地连接到同一个接地点上。机身也必须接地。

3）XC：再生放电电阻器连接端子。RB1、RB2、RB3 端子是外接再生放电电阻器，YL-335B 自动线没有使用外接放电电阻。

4）X1：USB 连接接口。

5）X2：串行通信接口。

6）X3：安全功能用接口。

7）X4：并行I/O控制信号接口，包括脉冲输送控制信号（OPC1），伺服电动机旋转方向控制信号（OPC2），伺服使能输入信号（SRV_ON），左/右限位保护信号（CWL/CCWL），伺服报警输出信号（ALM+、ALM-），以及本模块的工作电源输入信号（COM+、COM-）等。

8）X5：反馈光栅尺接口。

9）X6：连接到伺服电动机编码器信号接口。连接电缆应选用带有屏蔽层的双绞电缆，屏蔽层应接到电动机侧的接地端子上，并且应确保将编码器电缆屏蔽层连接到插头的外壳（FG）上。

10）X7：外接监视器接口。

YL-335B 自动伺服驱动系统采用位置控制模式，其硬件接线如图 6-12 所示。

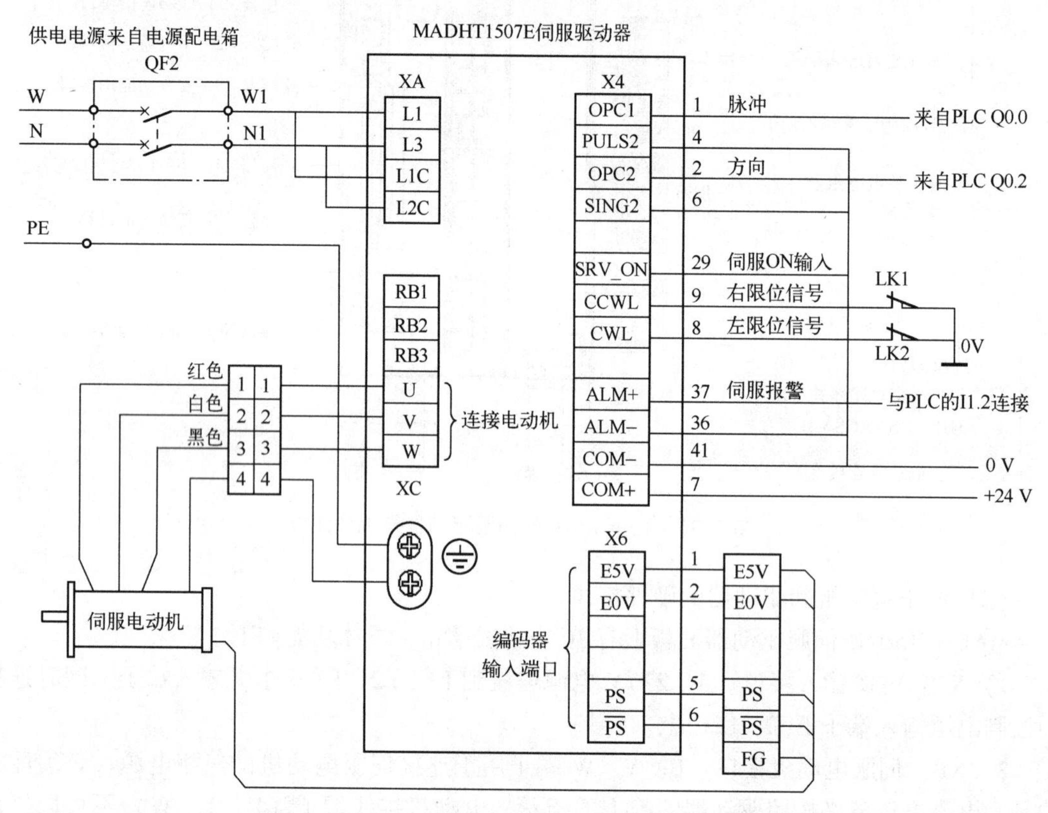

图 6-12　YL-335B 自动线伺服驱动系统硬件接线图

4. 控制模式

松下的伺服驱动器有 7 种控制运行方式，即位置控制、速度控制、转矩控制、位置/速度控制、位置/转矩控制、速度/转矩控制和全闭环控制。位置控制就是输入脉冲串来使电动机定位运行，电动机转速与脉冲串频率相关，电动机转动的角度与脉冲个数相关；速度控制有两种：一是通过输入 DC -10~10 V 指令电压调速，二是选用驱动器内设置的内部速度来调速；转矩控制是通过输入 DC -10~10 V 指令电压调节电动机的输出转矩，这种方式下运行必须要进行速度限制，有如下两种方法：① 设置驱动器内的参数来限制；② 输入模拟量电压限速。

5. 伺服参数设置

MADHT1507E 伺服驱动器的参数共有 221 个，即 Pr 0.00～Pr 6.39，与 PC 连接后可以用专门的调试软件进行设置，也可以在驱动器面板上进行设置。在 PC 上安装驱动器参数设置软件 Panaterm，通过软件与伺服驱动器建立通信，就可将伺服驱动器的参数状态读出或写入，非常方便，软件界面如图 6-13 所示。当现场条件不允许，或修改少量参数时，也可通过驱动器上的操作面板来完成。操作面板如图 6-14 所示。

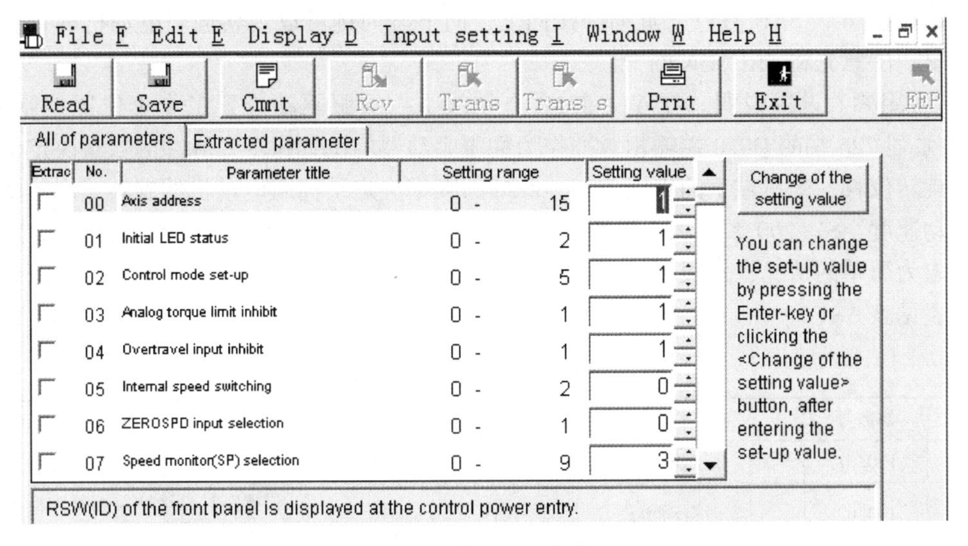

图 6-13 驱动器参数设置软件 Panaterm

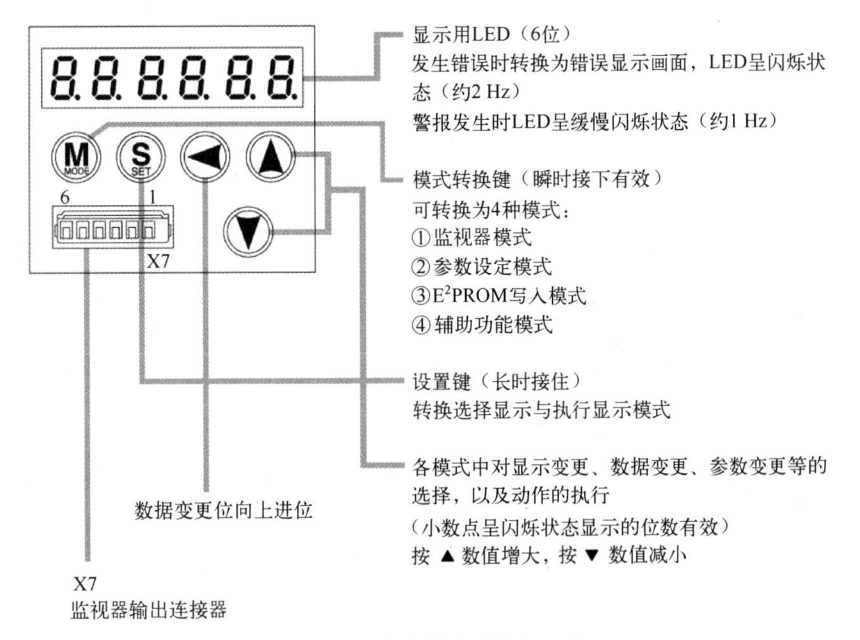

图 6-14 驱动器参数操作面板

面板操作说明如下。

1）参数设置：先按“S”键，再按“M”键选择“Pr0.00”后，按向上、向下或向左方向键选择通用参数的项目，并按“S”键进入。然后按向上、向下或向左方向键调整参数，调整完后，按“S”键返回。选择其他项再调整。

2）参数保存：按“M”键选择“EE_SET”后，按“S”键确认，出现“EEP-”，然后按向上键3 s，出现“FINISH”或“RESET”，然后重新通电后即保存。

3）手动JOG运行：按“M”键选择“AF_ACL”，然后按向上、向下方向键选择“AF_JOG”，按“S”键一次，显示“JOG-”，然后按向上方向键3 s显示“READY”，再按向左方向键3 s，显示“SRU_ON”。此时，按向上、向下方向键可以观察伺服电动机的正、反转运行情况。注意先将SRU_ON断开。

4）常用参数设置说明。在YL-335B自动线上，伺服驱动装置工作于位置控制模式，S7-200系列226端的Q0.0端输出脉冲作为伺服驱动器的位置指令，脉冲的数量决定伺服电动机的旋转位移，即机械手的直线位移，脉冲的频率决定了伺服电动机的旋转速度，即机械手的运动速度，S7-200系列226端的Q0.2端输出信号作为伺服驱动器的方向指令。对于控制要求较为简单的情况，伺服驱动器可采用自动增益调整模式。根据上述要求，伺服驱动器参数设置见表6-1。

表6-1　YL-335B自动线伺服驱动器参数设置

序　号	参数号	参　数　名	设置值	默认值	功　　能
1	Pr0.01	控制模式	0	0	位置控制
2	Pr0.02	实时自动增益	1	1	设置实时自动增益调整为标准模式，属于基本的模式
3	Pr0.03	实时自动增益的机械刚性	13	13	实时自动增益调整有效时的机械刚性设定，设定值越高，则速度应答性越高，伺服刚性也提高，容易产生振荡
4	Pr0.04	惯量比	1352		实时自动增益调整有效时，实时推断惯量比，每30 min保存在E^2PROM中
5	Pr0.06	指令脉冲转向	0	0	设置对指令脉冲输入的旋转方向，指令脉冲输入形式
6	Pr0.07	指令脉冲输入方式	3	1	指令脉冲输入方式设置为脉冲序列+符号
7	Pr0.08	旋转一圈的脉冲数	6000	10000	设置电动机旋转一周所需的脉冲数
8	Pr5.04	驱动禁止输入	2	1	两限位单方输入时发生第38号错误
9	Pr5.28	LED初始状态	1	1	显示电动机的速度

5）A5伺服驱动系统的试运行。

① 前提条件：主电源、控制电源接通，固定电动机，切断负载，解除制动，SRV_ON无效。

② 操作方法：AF_JOG→按“S”键→JOG→按向上方向键5 s→READY→按向左方向键5 s→SRU_ON。

③ 按向上方向键正转，按向下方向键反转。

6. 使用MAP库指令的伺服定位控制

S7-200系列PLC有两个内置PTO/PWM发生器，用以建立高速脉冲串（PTO）或脉宽调节（PWM）信号波形。一个发生器指定给数字输出端口Q0.0，另一个发生器指定给数字输出端口 Q0.1。当组态一个输出为 PTO 操作时，生成一个 50%占空比的脉冲串用于步进电动机或伺服电动机的速度和位置的开环控制。内置 PTO 功能提供了脉冲串输出，其脉冲周期和数量可由用户控制。但应用程序必须通过 PLC 内置 I/O 端口提供方向和限位控制。

为了实现自动化生产线中的定位控制，STEP 7-Micro/WIN 提供的位控向导可以帮助用户在很短的时间内全部完成 PWM、PTO 或位控模块的组态。位控向导可以生成位置指令，用户可以用这些指令在其应用程序中为速度和位置提供动态控制。但这种方法的定位控制为相对定位控制、不适合复杂的定位控制。而西门子公司开发的 MAP 指令库基于 S7-200 系列 PLC 内置的 PTO，可实现绝对定位控制，非常适合用在复杂的定位控制中，而且编程相对简单。本书主要介绍采用 MAP 指令库的位置控制方法。

（1）MAP 指令库的安装

MAP 指令库是西门子公司的第三方软件，包括“MAP SERV Q0.0”和“MAP SERV Q0.1”两个指令库，这两个指令库功能完全相同，MAP SERV Q0.0 指令库产生的脉冲分配给 S7-200 系列 PLC 的 Q0.0 端口，而 MAP SERV Q0.1 指令库产生的脉冲分配给 S7-200 系列 PLC 的 Q0.1 端口。这两个指令库可以同时产生两路 PTO 信号，从而可以同时控制两个伺服控制系统。对于本项目来说，由于仅需要控制一台伺服系统，所以只需要使用其中一个指令库即可。

使用 MAP 指令库之前，首先要下载并安装指令库 MAP SERV Q0.0 和 MAP SERV Q0.1。下载地址为：

http://support.automation.siemens.com/CN/llisapi.dll/csfetch/26513850/MAP_SERV.zip?func=cslib.csFetch&nodeid=26517490。

安装 MAP 指令库比较简单，打开 STEP 7-Micro/WIN，在“指令”目录树下，右击“库”，在弹出的快捷菜单中选择“添加/删除库”命令，在“添加/删除库”对话框中单击“添加”按钮，分别添加“MAP SERV Q0.0”和“MAP SERV Q0.1”即可。具体操作如图 6-15 所示。

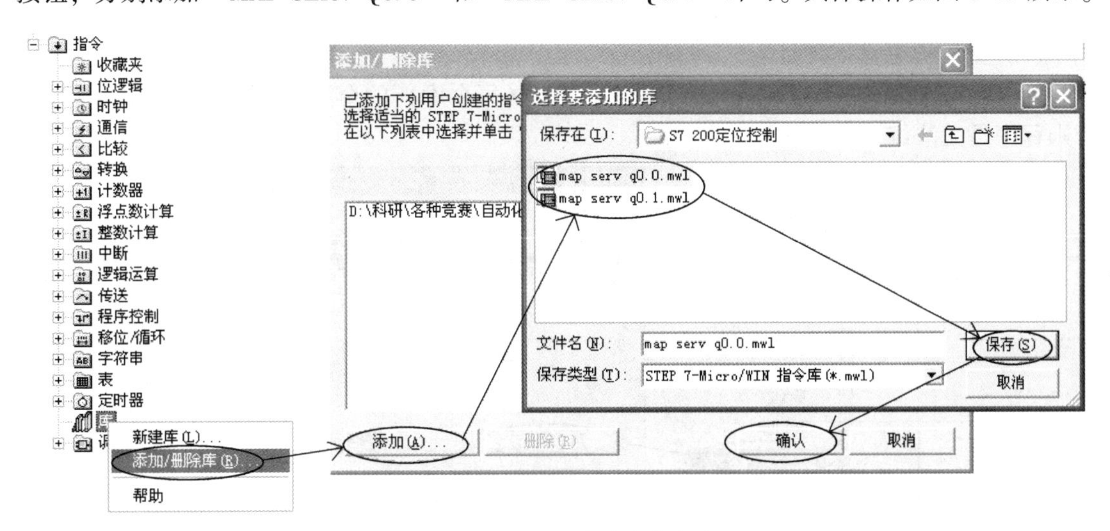

图 6-15　MAP 指令库安装方法

安装好的 MAP 指令库如图 6-16 所示。

从图 6-16 可知，两个指令库均有 10 个功能块，各功能块的具体功能见表 6-2。

表 6-2　MAP 指令库各功能块的具体功能

块	功　能
Q0_x_CTRL	参数定义和控制
Q0_x_MoveRelative	执行一次相对位移运动
Q0_x_MoveAbsolute	执行一次绝对位移运动
Q0_x_MoveVelocity	按预设的速度运动
Q0_x_Home	寻找参考点位置
Q0_x_Stop	停止运动
Q0_x_LoadPos	重新装载当前位置
Scale_EU_Pulse	将距离值转化为脉冲数
Scale_Pulse_EU	将脉冲数转化为距离值

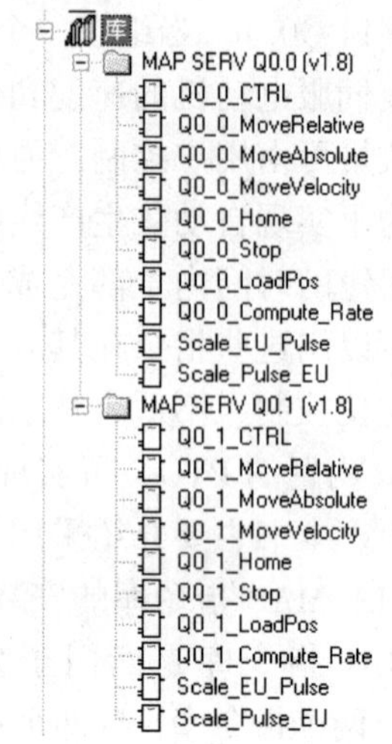

图 6-16　安装好的 MAP 指令库

（2）MAP 指令库特定输入/输出点的预先定义

MAP 指令库预先定义了 PLC 的一些输入/输出点（见表 6-3），这些点的功能不能再作为其他功能使用，因此使用时要特别注意。

表 6-3　MAP 指令库特定输入/输出点的定义

名　称	MAP SERV Q0. 0	MAP SERV Q0. 1
脉冲输出	Q0. 0	Q0. 1
方向输出	Q0. 2	Q0. 3
参考点输入	I0. 0	I0. 1
所用的高速计数器	HC0	HC3
高速计数器预设值	SMD 42	SMD 142
手动速度	SMD 172	SMD 182

例如，如果使用 MAP SERV Q0. 0 指令库，则 PLC 的 Q0. 0 为脉冲输出端，Q0. 2 为方向信号输出端，参考点的输入为 PLC 的 I0. 0，也就是说原点接近开关信号一定要接到输送站 PLC 的 I0. 0。

（3）分配库存储区地址

为了可以使用该库，必须为该库分配 68 字节（每个库）的全局 V 存储区（见图 6-17），否则程序是无法编译成功的。

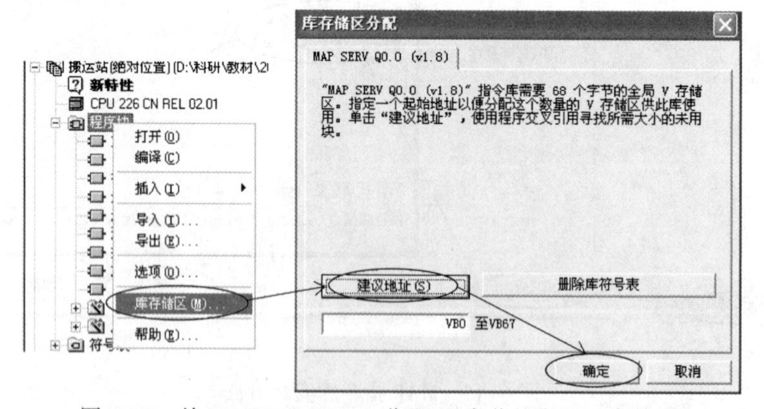

图 6-17　给 MAP SERV Q0. 0 分配 68 字节的全局 V 存储区

（4）MAP 指令库常用的功能块介绍

1）Q0_x_CTRL 功能块。该块用于传递全局参数，每个扫描周期都需要被调用。功能块如图 6-18 所示，功能描述见表 6-4。

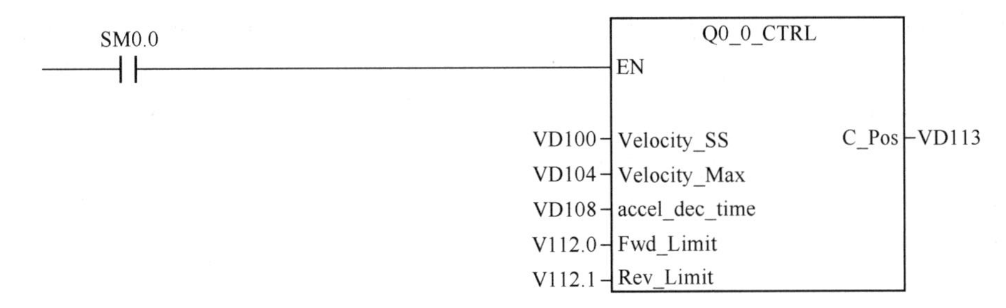

图 6-18　Q0_0_CTRL 功能块

表 6-4　Q0_0_CTRL 功能块的功能描述

参　数	类　型	格　式	单　位	意　义
Velocity_SS	IN	DINT	Pulse/s	起动/停止频率
Velocity_Max	IN	DINT	Pulse/s	最大频率
accel_dec_time	IN	REAL	s	最大加/减速时间
Fwd_Limit	IN	BOOL		正向限位开关
Rev_Limit	IN	BOOL		反向限位开关
C_Pos	OUT	DINT	Pulse	当前绝对位置

Velocity_SS 是最小脉冲频率，是加速过程的起点和减速过程的终点。Velocity_Max 是最大脉冲频率，受限于电动机最大频率和 PLC 的最大输出频率。

在程序中若输入超出（Velocity_SS，Velocity_Max）范围的脉冲频率，将会被 Velocity_SS 或 Velocity_Max 所取代。

accel_dec_time 是由 Velocity_SS 加速到 Velocity_Max 所用的时间（或由 Velocity_Max 减速到 Velocity_SS 所用的时间，两者相等），范围被规定为 0.02~32.0 s，但最好不要小于 0.5 s。

注意：超出 accel_dec_time 范围的值还是可以被写入块中，但是会导致定位过程出错。

2）Q0_x_Home 功能块。Q0_x_Home 为回原点功能块（见图 6-19），功能描述见表 6-5。

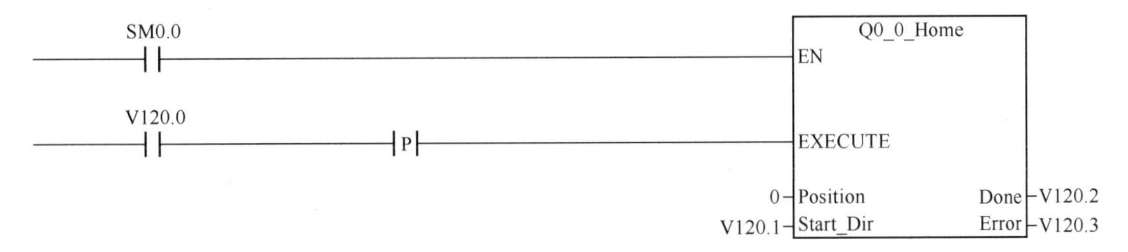

图 6-19　Q0_x_Home 功能块

表 6-5　Q0_x_Home 功能块的功能描述

参　数	类　型	格　式	单　位	意　义
EXECUTE	IN	BOOL		寻找参考点的执行位
Position	IN	DINT	Pulse	参考点的绝对位移
Start_Dir	IN	BOOL		寻找参考点的起始方向（0=反向，1=正向）
Done	OUT	BOOL		完成位（1=完成）
Error	OUT	BOOL		故障位（1=故障）

该功能块用于寻找参考点，在寻找过程的起始，电动机首先以 Start_Dir 的方向和 Homing_Fast_Spd 的速度开始寻找；在碰到 limit switch（“Fwd_Limit” or “Rev_Limit”）后，减速至停止，然后开始以相反方向的寻找；当碰到参考点开关的上升沿时，开始减速到“Homing_Slow_Spd”。如果此时的方向与“Final_Dir”相同，则在碰到参考点开关下降沿时停止运动，并且将计数器 HC0 的计数值设为“Position”中所定义的值。如果当前方向与“Final_Dir”不同，则必然要改变运动方向，这样就可以保证参考点始终在参考点开关的同一侧（具体是哪一侧取决于“Final_Dir”）。

3）Q0_x_MoveRelative 功能块。该功能块用于让轴按照指定的方向以指定的速度运动指定的相对位置。功能块如图 6-20 所示，功能描述见表 6-6。

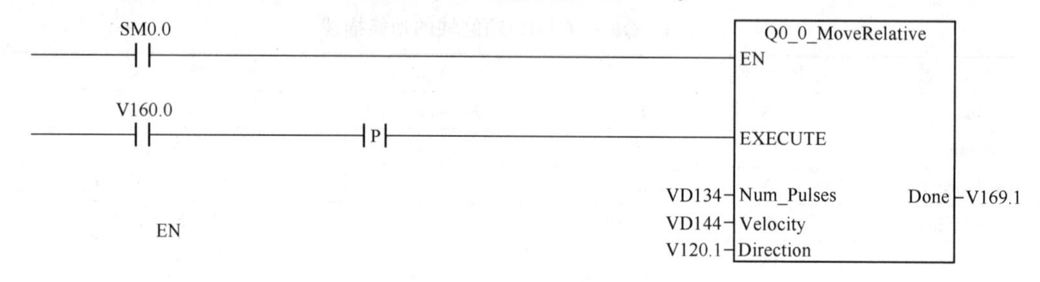

图 6-20　Q0_x_MoveRelative 功能块

表 6-6　Q0_x_MoveRelative 功能块的功能描述

参　　数	类　　型	格　　式	单　　位	意　　义
EXECUTE	IN	BOOL		相对位移运动的执行位
Num_Pulses	IN	DINT	Pulse	相对位移（必须>1）
Velocity	IN	DINT	Pulse/sec.	预置频率 （Velocity_SS<=Velocity<=Velocity_Max）
Direction	IN	BOOL		预置方向（0=反向，1=正向）
Done	OUT	BOOL		完成位（1=完成）

4）Q0_x_MoveAbsolute 功能块。该功能块用于让轴以指定的速度运动到指定的绝对位置。功能块如图 6-21 所示，功能描述见表 6-7。

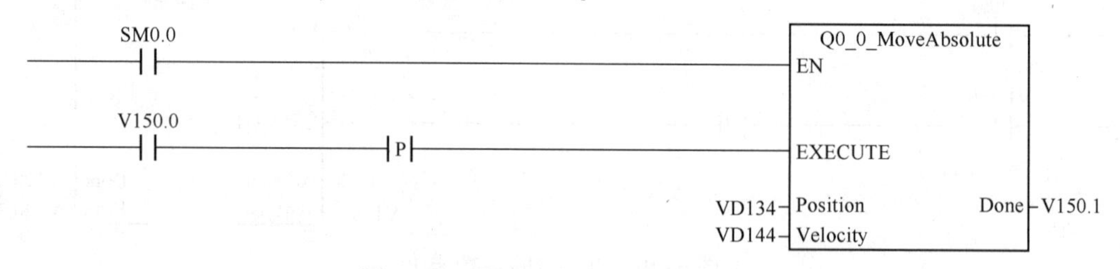

图 6-21　Q0_x_MoveAbsolute 功能块

表 6-7　Q0_x_MoveAbsolute 功能块的功能描述

参　　数	类　　型	格　　式	单　　位	意　　义
EXECUTE	IN	BOOL		绝对位移运动的执行位
Position	IN	DINT	Pulse	绝对位移
Velocity	IN	DINT	Pulse/sec.	预置频率 （Velocity_SS<=Velocity<=Velocity_Max）
Done	OUT	BOOL		完成位（1=完成）

5）Q0_x_MoveVelocity 功能块。该功能块用于让轴按照指定的方向和频率运动，在运动过程中可对频率进行更改。功能块如图 6-22 所示，功能描述见表 6-8。

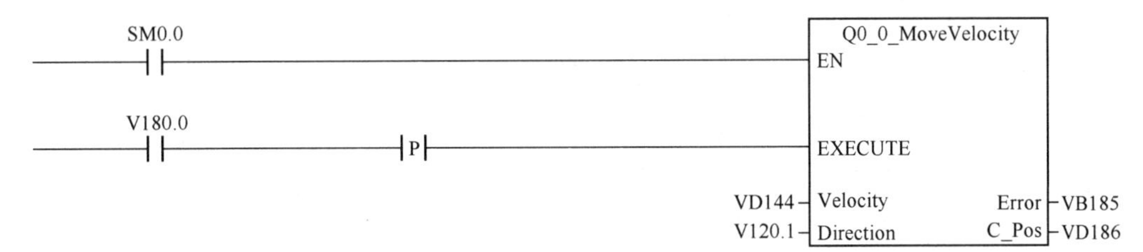

图 6-22　Q0_x_MoveVelocity 功能块

表 6-8　Q0_x_MoveVelocity 功能块的功能描述

参　　数	类　　型	格　　式	单　　位	意　　义
EXECUTE	IN	BOOL		执行位
Velocity	IN	DINT	Pulse/sec.	预置频率 （Velocity_SS<=Velocity<=Velocity_Max）
Direction	IN	BOOL		预设方向（0=反向，1=正向）
Error	OUT	BYTE		故障标识 （0=无故障，1=立即停止，3=执行错误）
C_Pos	OUT	DINT	Pulse	当前绝对位置

注意：Q0_x_MoveVelocity 功能块只能通过 Q0_x_Stop block 功能块来停止轴的运动。

6）Q0_x_Stop 功能块。该功能块用于使轴减速直至停止。功能块如图 6-23 所示，功能描述见表 6-9。

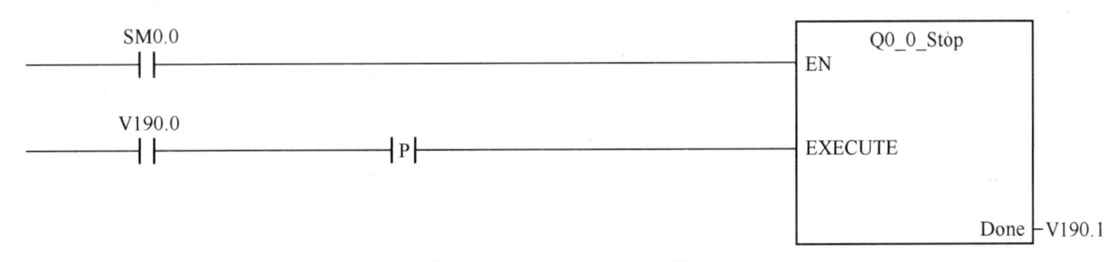

图 6-23　Q0_x_Stop 功能块

表 6-9　Q0_x_Stop 功能块的功能描述

参　　数	类　　型	格　　式	单　　位	意　　义
EXECUTE	IN	BOOL		执行位
Done	OUT	BOOL		完成位（1=完成）

7）Q0_x_LoadPos 功能块。该功能块用于将当前位置的绝对位置设置为预设值。功能块如图 6-24 所示，功能描述见表 6-10。

图 6-24　Q0_x_LoadPos 功能块

表 6-10　Q0_x_LoadPos 功能块的功能描述

参　数	类　型	格　式	单　位	意　义
EXECUTE	IN	BOOL		设置绝对位置的执行位
New_Pos	IN	DINT	Pulse	预置绝对位置
Done	OUT	BOOL		完成位（1=完成）
Error	OUT	BYTE		故障位（0=无故障）
C_Pos	OUT	DINT	Pulse	当前绝对位置

注意：使用该块将使得原参考点的设置失效，为了清晰地定义绝对位置，必须重新寻找参考点。

6.1.5　气动元件在输送站中的应用

输送站中用到的气动元件主要有 1 个伸缩气缸、1 个旋转气缸、1 个提升气缸、1 个手爪气缸、4 个气缸节流阀和 4 个电磁阀组。

伸缩气缸、旋转气缸、提升气缸、手爪气缸、节流阀和单控电磁阀组等气动元件的原理及作用参见 4.1.4 节的相关内容。

输送站的伸缩气缸、提升气缸分别由 2 个二位五通单向控制电磁阀组来控制，而旋转气缸、手爪气缸分别由 2 个二位五通双向控制电磁阀组来控制，如图 6-25 所示。

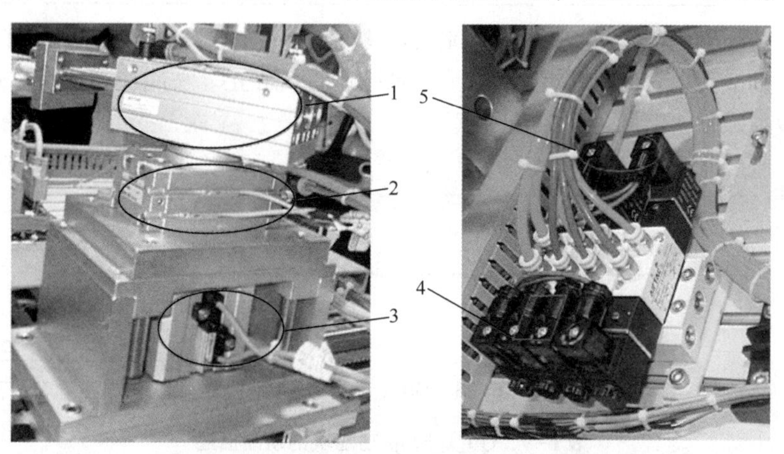

图 6-25　输送站的 3 个气缸和 4 个电磁阀

1—伸缩气缸　2—旋转气缸　3—提升气缸　4—单向控制电磁阀　5—双向控制电磁阀

双向控制电磁阀与单向控制电磁阀的区别在于：对于单向控制电磁阀，在无电控信号时，阀芯在弹簧力的作用下会被复位；而对于双向控制电磁阀，在两端都无电控信号时，阀芯的位置取决于前一个电控信号。

特别注意：双向控制电磁阀的两个电控信号不能同时为“1”，即在控制过程中不允许两个线圈同时得电，否则，可能会造成电磁线圈烧毁。当然，在这种情况下阀芯的位置是不确定的。

任务 6.2　输送站的硬件安装与调试

输送站的硬件安装内容包括机械安装、气路的连接及电气接线与调试。

6.2.1 输送站的机械安装

输送站的机械安装可按照先进行组件安装、再进行总装的思路来完成。

1. 直线运动组件的组装

直线运动组件如图 6-4 所示，其组装的方法及步骤如下。

1）在底板上装配直线导轨。直线导轨是精密机械运动部件，其安装和调整都要遵循一定的方法和步骤，而且该单元中使用的导轨的长度较长，要快速准确地调整好两导轨的相互位置，使其运动平稳、受力均匀且运动噪声小。

2）装配大溜板和 4 个滑块组件。将大溜板与两直线导轨上的 4 个滑块的位置找准并进行固定，在拧紧固定螺栓的时候，应一边推动大溜板左右运动一边拧紧螺栓，直到滑动顺畅为止。

3）连接同步带。将连接了 4 个滑块的大溜板从导轨的一端取出。由于用于滚动的钢球嵌在滑块的橡胶套内，一定要避免橡胶套受到破坏或用力太大致使钢球掉落。将两个同步带固定座安装在大溜板的反面，用于固定同步带的两端。接下来分别将调整端同步轮安装支架组件、电动机侧同步轮安装支架组件上的同步轮，套入同步带的两端，在此过程中应注意电动机侧同步轮安装支架组件的安装方向、两个组件的相对位置，并将同步带两端分别固定在各自的同步带固定座内，同时也要注意保持连接安装好后的同步带平顺一致。完成以上安装任务后，再将滑块套在柱形导轨上，套入时一定不能损坏滑块内的滑动滚珠以及滚珠的保持架。

4）同步轮安装支架组件装配。先将电动机侧同步轮安装支架组件用螺栓固定在导轨安装底板上，再将调整端同步轮安装支架组件与底板连接，然后调整好同步带的张紧度，锁紧螺栓。

5）伺服电动机安装。将电动机安装板固定在电动机侧同步轮支架组件的相应位置，将电动机与电动机安装极连接，并在主动轴、电动机轴上分别套接同步轮，安装好同步带，调整电动机位置，锁紧连接螺栓。最后安装左右限位以及原点传感器支架。

2. 抓取机械手装置的组装

1）组装提升机构组件，如图 6-26 所示。

2）把气动摆台固定在组装好的提升机构上，然后在气动摆台上固定导杆气缸安装板，安装时注意要先找好导杆气缸安装板与气动摆台连接的原始位置，以便有足够的回转角度。

3）连接气动手指和导杆气缸，然后把导杆气缸固定到导杆气缸安装板上，完成抓取机械手装置的装配。

3. 固定、调整

把抓取机械手装置固定到直线运动组件的大溜板上，如图 6-27 所示。最后检查摆台上的导杆气缸、气动手指组件的回转位置是否满足在其余各工作站上抓取和放下工件的要求，并进行适当的调整。

4. 安装注意事项

1）在直线运动组件安装过程中，轴承以及轴承座均为精密机械零部件，拆卸以及组装需要较熟练的技能和专用工具，因此不可轻易对其进行拆卸或修配工作。

2）在安装机械手装置过程中，注意要先找好导杆气缸安装板与气动摆台连接的原始位置，以便有足够的回转角度。

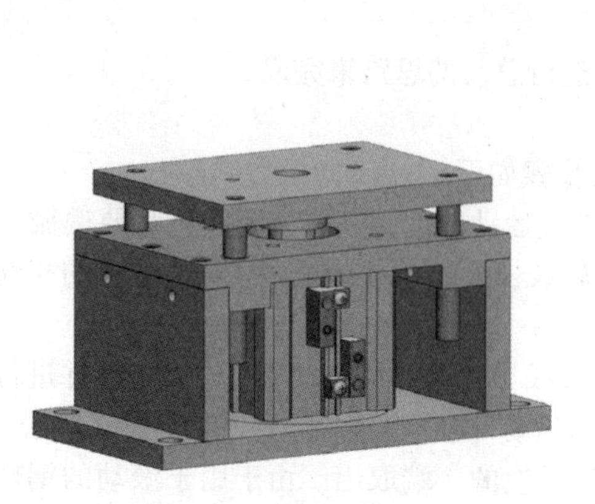

图 6-26　提升机构组件

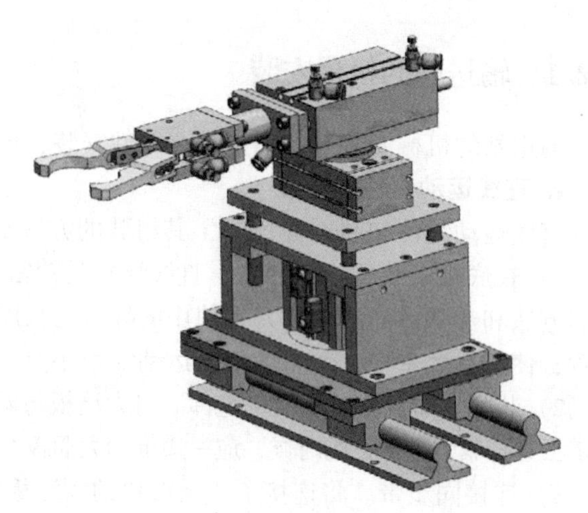

图 6-27　把抓取机械手固定在大溜板上

6.2.2　输送站的气路安装

1. 安装方法

输送站的气路控制原理图如图 6-28 所示，两个单控电磁阀分别控制提升气缸、手臂伸缩气缸。另外，两个双控电磁阀分别控制摆动气缸和手爪气缸。所有气缸连接的气管均沿拖链敷设，被插接到电磁阀组的汇流板的进气口。

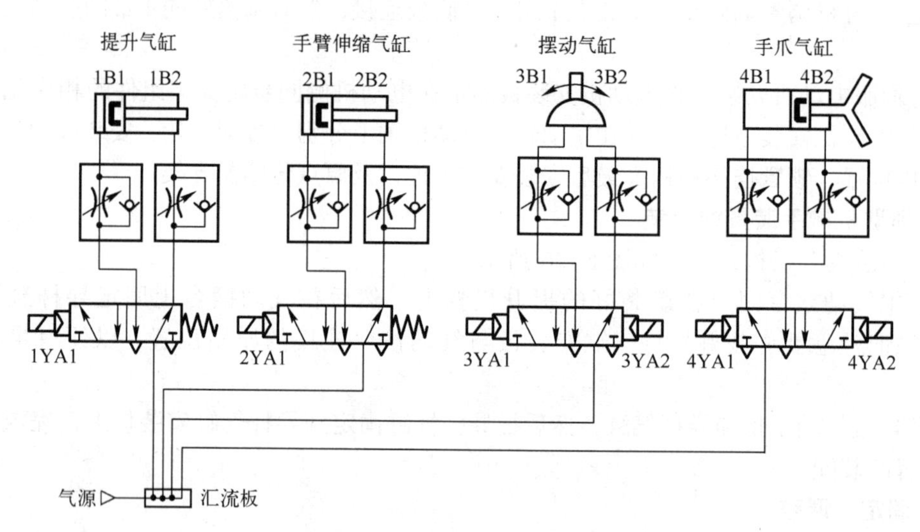

图 6-28　输送站气路控制原理

2. 安装注意事项

1）一个电磁阀的两根气管只能连接至一个气缸的两个端口，不能将一个电磁阀连接至两个气缸，或两个电磁阀连接至一个气缸。

2）接入气管时，插入节流阀的气孔后确保其不能被拉出，而且保证不能漏气。

3）拔出气管时，先要用左手按下节流阀气孔上的伸缩件，右手轻轻拔出即可，切不可直接用力强行拔出，否则会损坏节流阀内部的锁扣环。

4）连接气路时，最好进、出气管用两种不同颜色的气管来连接，以方便识别。

5）气管的连接做到走线整齐、美观，扎带绑扎距离保持在 4~5 cm 为宜。

6）当抓取机械手装置作往复运动时，连接到机械手装置上的气管和电气连接线也随之运动。确保这些气管和电气连接线运动顺畅，避免在移动过程拉伤或脱落是安装过程中重要的一环。

7）连接到抓取机械手装置上的管线首先要被绑扎在拖链安装支架上，然后沿拖链敷设，进入管线线槽中。绑扎管线时，要注意管线引出端到绑扎处需保持足够长度，以免机构运动时被拉紧造成脱落。沿拖链敷设时注意管线间不要相互交叉。

6.2.3 输送站的电气线路设计与连接

1. 电气控制原理图

输送站的电气控制电路主要由 PLC、伺服驱动器、伺服电动机、传感器、电磁阀和控制按钮等组成。采用西门子 S7-200 系列 CPU226 晶体管输出型 PLC，硬件配置 I/O 点数为 40 点，其中数字量输入 24 点，数字量输出 16 点。PLC 的输入端主要用于连接现场设备的传感器、左右限位开关、伺服报警信号端口和相关控制按钮。输出端用于连接气缸电磁阀、伺服驱动器脉冲和方向信号输入端口、指示灯。其电气控制原理图如图 6-29 所示。

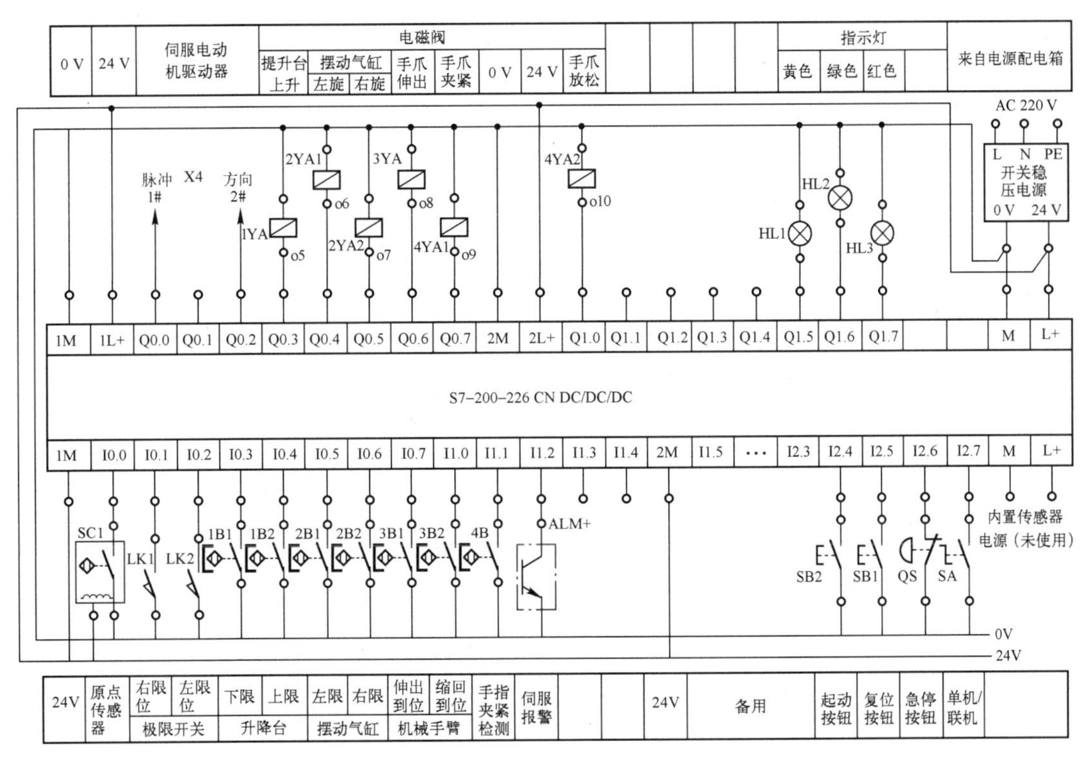

图 6-29 输送站电气控制原理图

图 6-29 中，PLC 工作电源为 DC 24 V，与前面各工作站的继电器输出的 PLC 不同。接线时也需注意，切忌把 AC 220 V 电源连接到其电源输入端。数字量输入/输出模块电源为 DC 24 V，其中，1M、2M 均接入 24 V。1L+、2L+接至 24 V，这样，当输出端继电器线圈得

电时，输出高电平，否则输出低电平。值得注意的是，这里的 24 V 电源由独立的开关稳压电源来提供，而不采用 PLC 内置的 24 V 电源。原点接近开关信号必须接至 PLC 的 I0.0 端口。左、右两极限开关 LK1 和 LK2 的常开触点分别连接到 PLC 输入点 I0.1 端口和 I0.2 端口。LK1、LK2 均提供一对转换触点，它们的静触点应连接到公共点 COM，而常闭触点必须连接到伺服驱动器的 X4 接口 的 CWL（8 脚）和 CCWL（9 脚）以作为硬件联锁保护，目的是防止由于程序错误引起超程故障而造成设备损坏。PLC 的 Q0.0 端口为高速脉冲输出端，接至松下 A5 伺服驱动器 X4 接口的第 1 脚（OPC1）；PLC 的 Q0.2 端口为方向信号输出端，接至松下 A5 伺服驱动器 X4 接口的第 2 脚（OPC2）。

2. 输送站 I/O 端口分配表

根据图 6-29，可以列出 PLC 的输入/输出端口分配表，见表 6-11。

表 6-11　输送站输入/输出端口分配表

<table>
<tr><th colspan="4">输入信号</th><th colspan="4">输出信号</th></tr>
<tr><th>序号</th><th>PLC
输入点</th><th>信号名称</th><th>信号来源</th><th>序号</th><th>PLC
输入点</th><th>信号名称</th><th>信号来源</th></tr>
<tr><td>1</td><td>I0.0</td><td>原点传感器检测</td><td rowspan="4">装置侧</td><td>1</td><td>Q0.0</td><td>脉冲</td><td rowspan="11">装置侧</td></tr>
<tr><td>2</td><td>I0.1</td><td>右限位保护</td><td>2</td><td>Q0.1</td><td></td></tr>
<tr><td>3</td><td>I0.2</td><td>左限位保护</td><td>3</td><td>Q0.2</td><td>方向</td></tr>
<tr><td>4</td><td>I0.3</td><td>机械手抬升下限检测</td><td>4</td><td>Q0.3</td><td>提升台上升电磁阀</td></tr>
<tr><td>5</td><td>I0.4</td><td>机械手抬升上限检测</td><td rowspan="7">装置侧</td><td>5</td><td>Q0.4</td><td>摆动气缸左旋电磁阀</td></tr>
<tr><td>6</td><td>I0.5</td><td>机械手旋转左限检测</td><td>6</td><td>Q0.5</td><td>摆动气缸右旋电磁阀</td></tr>
<tr><td>7</td><td>I0.6</td><td>机械手旋转右限检测</td><td>7</td><td>Q0.6</td><td>手爪伸出电磁阀</td></tr>
<tr><td>8</td><td>I0.7</td><td>机械手伸出检测</td><td>8</td><td>Q0.7</td><td>手爪夹紧电磁阀</td></tr>
<tr><td>9</td><td>I1.0</td><td>机械手缩回检测</td><td>9</td><td>Q1.0</td><td>手爪放松电磁阀</td></tr>
<tr><td>10</td><td>I1.1</td><td>机械手夹紧检测</td><td>10</td><td>Q1.1</td><td></td></tr>
<tr><td>11</td><td>I1.2</td><td>伺服报警</td><td>11</td><td>Q1.2</td><td></td></tr>
<tr><td>12</td><td>I1.3</td><td></td><td></td><td>12</td><td>Q1.3</td><td></td><td></td></tr>
<tr><td>13</td><td>I1.4</td><td></td><td></td><td>13</td><td>Q1.4</td><td></td><td></td></tr>
<tr><td>14</td><td>I1.5</td><td></td><td></td><td>14</td><td>Q1.5</td><td>黄色指示灯</td><td rowspan="3">按钮/指示灯模块</td></tr>
<tr><td>15</td><td>I1.6</td><td></td><td></td><td>15</td><td>Q1.6</td><td>绿色指示灯</td></tr>
<tr><td>16</td><td>I1.7</td><td></td><td></td><td>16</td><td>Q1.7</td><td>红色指示灯</td></tr>
<tr><td>17</td><td>I2.0</td><td></td><td></td><td></td><td></td><td></td><td></td></tr>
<tr><td>18</td><td>I2.1</td><td></td><td></td><td></td><td></td><td></td><td></td></tr>
<tr><td>19</td><td>I2.2</td><td></td><td></td><td></td><td></td><td></td><td></td></tr>
<tr><td>20</td><td>I2.3</td><td></td><td></td><td></td><td></td><td></td><td></td></tr>
<tr><td>21</td><td>I2.4</td><td>起动按钮</td><td rowspan="4">按钮/指示灯模块</td><td></td><td></td><td></td><td></td></tr>
<tr><td>22</td><td>I2.5</td><td>复位按钮</td><td></td><td></td><td></td><td></td></tr>
<tr><td>23</td><td>I2.6</td><td>急停按钮</td><td></td><td></td><td></td><td></td></tr>
<tr><td>24</td><td>I2.7</td><td>工作方式选择：单机/联网</td><td></td><td></td><td></td><td></td></tr>
</table>

3. 输送站电气接线

输送站电气接线包括装置侧接线和 PLC 侧接线。

（1）装置侧接线

一是把输送站各传感器信号线、电源线、0 V 线接规定接至装置侧左边较宽的接线端子排；二是把输送站电磁阀的信号线接至装置侧右边较窄的接线端子排。具体的接线示意简图如图 2-17 所示。各传感器信号线及电磁阀信号线与装置侧对应的端子排号见表 6-12。

表 6-12　输送站装置侧信号线与端子号的对应分配

输入端口中间层			输出端口中间层		
端子号	设备符号	信号线	端子号	设备符号	信号线
2	SC1	原点接近开关	2	X4-1	伺服脉冲
3	LK1	右限位开关	3	X4-2	伺服方向
4	LK2	左限位开关	4	1YA	提升台上升
5	1B1	机械手抬升下限	5	2YA1	摆动气缸左旋
6	1B2	机械手抬升上限	6	2YA2	摆动气缸右旋
7	2B1	机械手旋转左限	7	3YA	手爪伸出
8	2B2	机械手旋转右限	8	4YA1	手爪夹紧
9	3B1	机械手伸出	9	4YA2	机械手松开
10	3B2	机械手缩回			
11	4B	机械手夹紧			
12	ALM+	伺服报警			
13#~17#端子没有连接			10#~14#端子没有连接		

（2）PLC 侧接线

包括电源接线、PLC 输入/输出端子的接线，以及按钮模块的接线 3 个部分。PLC 侧接线端子排为双层两列端子，左边较窄的一列主要接 PLC 的输出口端子，右边较宽的一列接 PLC 的输入口端子。两列中的下层分别接 24 V 电源（见图 2-18 中的 4、8）和 0 V（见图 2-18 中的 5、7）。左列上层接 PLC 的输出端口，右列上层接 PLC 的输入端口。PLC 的按钮接线端子连接至 PLC 的输入端口，信号指示灯信号端接至 PLC 的输出端口，如图 2-19 所示。

（3）接线注意事项

装置侧接线端口中，输入信号端子的上层端子（24 V）只能作为传感器的正电源端，切勿用于连接电磁阀等执行元件的负载。电磁阀等执行元件的正电源端和 0 V 端应连接到输出信号端子下层端子的相应端子上。装置侧接线完成后，应用扎带绑扎，力求整齐美观。

电气接线的工艺应符合国家职业标准的规定，例如，导线连接到端子时，采用端子压接方法；连接线须有符合规定的标号；每一端子连接的导线不超过两根等。

6.2.4 输送站的硬件调试

硬件安装完成后，需要对其进行调试，只有硬件安装正确，才能保证软件的顺利调试。硬件调试主要有机械部分调试、气路部分调试和电气部分调试。

1. 机械部分调试

适当调整紧固件和螺钉，使直线传动组件装配合理，滑动顺畅、运行平稳；抓取机械手装置装配完整，摆动气缸摆角调整恰当，能较好地实现伸缩、上升下降、左旋右旋、夹紧松开等动作；拖链机构安装恰当，不松脱，不妨碍机构正常运行。所有紧固件不能有松动现象。

2. 气路部分调试

1）接通气源后，观察 4 个气缸是否处于初始状态，即机械手处于下限位置、右旋状态、缩回状态、手爪松开状态。若没有则关掉气源后，调整气管的连接方式。

2）接通气源后，分别手动按下 4 个气缸对应的电磁阀的手动换向按钮，观察相应的气缸动作是否平顺，若不平顺则调整相应气缸两端（侧）的节流阀。

3）接通气源后，观察所有气管接口处是否有漏气现象，如果有则关掉气源，调整气头和气管。

3. 电气部分调试

电气部分调试主要是检查 PLC 和开关稳压电源等工作是否正常，检查 PLC 的输入端口电路和 PLC 的输出端口电路连接是否正确，如电路工作不正常或电路连接不正确，则需要对电路进行排查、核查和调试，保证输送站的硬件电路能正常工作。

1）检查工作电源是否正常。上电后，观察 PLC 和开关稳压电源的电源指示灯是否正常点亮，否则关闭电源检测其电源接线是否正确或器件是否损坏。

2）核查各传感器信号、指示灯/按钮模块的按钮（或开关）信号与 PLC 输入端口连接是否正确。上电后，对照表 6-11 逐个检测各传感器信号线是否正确工作，当某个传感器工作时，传感器上的指示灯会点亮，其对应的 PLC 输入端口 LED 指示灯亮。如果传感器本身不工作，则需要检查传感器的接线以及调整传感器的位置。如果传感器工作，但 PLC 输入端口的指示灯不亮，则应检查传感器信号线与 PLC 输入端口之间的连线是否正常。对照表 6-11逐个检测指示灯/按钮模块中的各按钮工作是否正常，手动按下某个按钮或转换开关，PLC 对应的输入端口的 LED 指示灯应点亮，否则检查按钮或转换开关的接线是否正确并作相应的调试。

3）核查 PLC 输出端口与电磁阀、指示灯连接是否正确。打开 STEP 7-Micro/WIN 编程软件，分别用软件强制方法调试 Q0.3~Q1.0 端口对应的 6 个电磁阀，以及 Q1.5~Q1.7 端口对应的 3 个信号灯是否工作正常。例如：当强制 Q0.3=1 时，机械手提升电磁阀应当得电动作，机械手提升。如果机械手不提升，检查 PLC 的 Q0.3 端口对应的指示灯是否点亮，如果点亮，则检查 Q0.3 端口至该电磁阀的接线是否正确。如果正常则检查电磁阀内部接线是否正常或者是否已损坏。用同样的方法完成其他电磁阀和各信号指示灯的调试。

本部分的具体调试方法和步骤请参照 2.2.4 节“供料站的电气部分调试”。

任务 6.3　输送站的程序设计

输送站的程序设计是整个项目的重点，也是难点。程序设计的首要任务是理解输送站的工艺要求和控制过程，特别是基于 MAP 指令库的输送站的定位控制。在充分理解其工作过程的基础上，绘制程序流程图，然后根据流程图来编写程序，而不是单靠经验来编程，只有这样才能取得事半功倍的效果。

6.3.1　顺序功能图

由输送站的工艺流程（见项目描述部分）可以绘制输送站的主程序、输送站初态检查子程序、输送站输送控制子程序、输送站抓料子程序和输送站放料子程序的顺序功能图。

1. 主程序

主程序是一个周期循环扫描的程序。通电短暂延时后进行初态检查，即调用初态检查子程序。如果初态检查不成功，则说明设备未就绪，也就是说不能起动输送站使之运行。如果初态检查成功，则会返回成功回原点标志，这样设备进入准备就绪状态，允许起动。起动后，系统进入运行状态，此时主程序每个扫描周期调用运行控制子程序。如果在运行状态下发出停止指令，则系统运行一个周期后转入停止状态，等待系统下一次起动。

主程序顺序功能图如图 6-30 所示。

2. 初态检查子程序

初态检查子程序顺序功能图如图 6-31 所示。该子程序主要完成抓取机械手初始状态复位和返回原点操作。当抓取机械手手爪松开、右旋、下降、缩回等 4 个状态条件满足时，表示抓取机械手处于初始状态，延时 500 ms 后执行回原点操作。当抓取机械手正好位于原点位置时，则绝对位移 30 mm→执行 Home 模块→绝对位移 30 mm→装载参考点位置→回原点成功标志。当抓取机械手位于原点左侧位置时（不可能位于原点右侧），则直接执行 Home 模块→绝对位移30 mm→装载参考点位置→回原点成功标志。

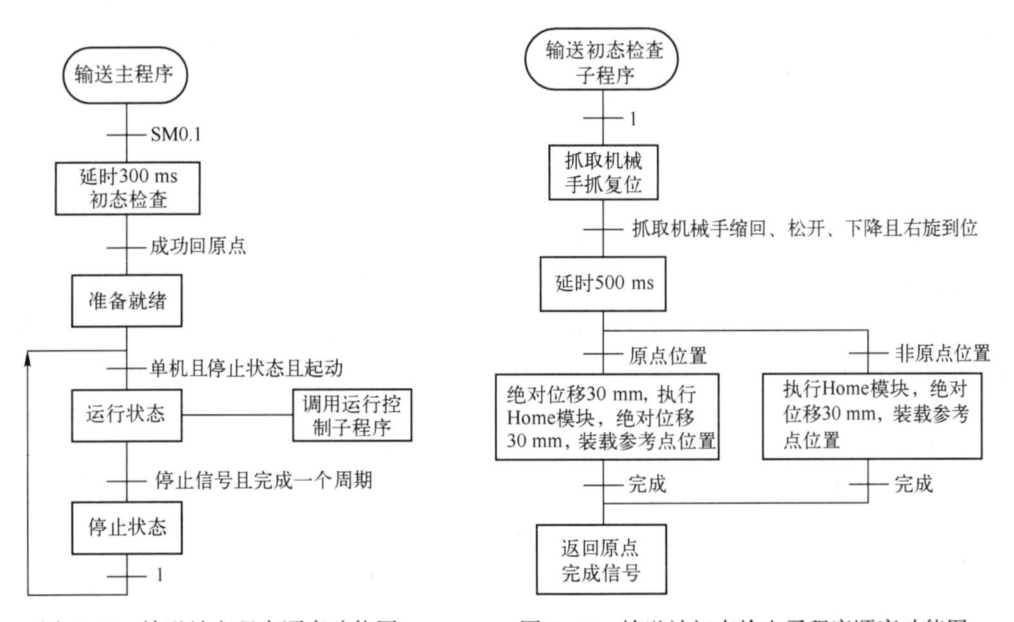

图 6-30　输送站主程序顺序功能图　　　图 6-31　输送站初态检查子程序顺序功能图

3. 输送控制子程序

输送控制子程序是一个步进程序，可以采用置位和复位方法来编程，也可以用西门子特有的顺序继电器指令（SCR 指令）来编程。输送控制子程序编程思路如下：抓取机械手正常返回原点后，机械手伸出抓料→绝对位移 430 mm 移动到加工站→放料，延时 2 s，抓取抓料→绝对位移 780 mm 移动到装配站→放料，延时 2 s，抓料，抓取机械手左旋 90°→绝对位移 1 050 mm 移动到分拣站→放料→高速返回绝对位置 200 mm 处，抓取机械手右旋→低速返回原点→完成一个周期的操作。其顺序功能图如图 6-32 所示。

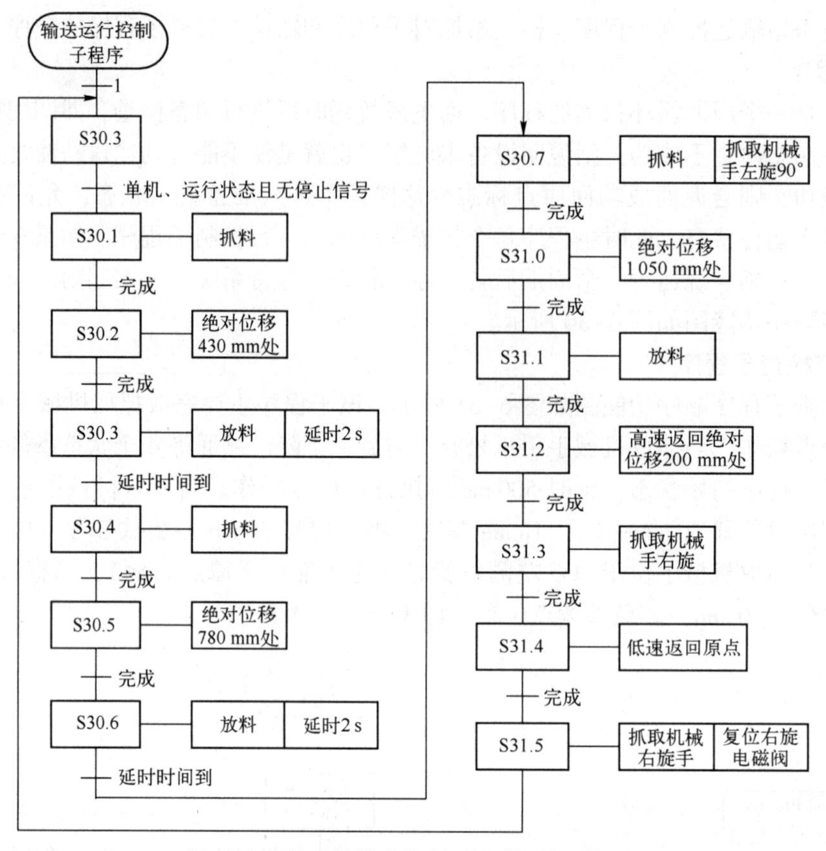

图 6-32　输送站输送控制子程序顺序功能图

4. 抓料子程序

输送站抓料子程序也是一个步进程序，可以采用置位和复位方法来编程，也可以用西门子特有的顺序继电器指令（SCR 指令）来编程。其工艺控制过程为：手爪伸出→延时300 ms→手爪夹紧→延时 300 ms→抓取机械手提升→手爪缩回，控制手爪夹紧的电磁阀复位→返回子程序入口。其顺序功能图如图 6-33 所示。

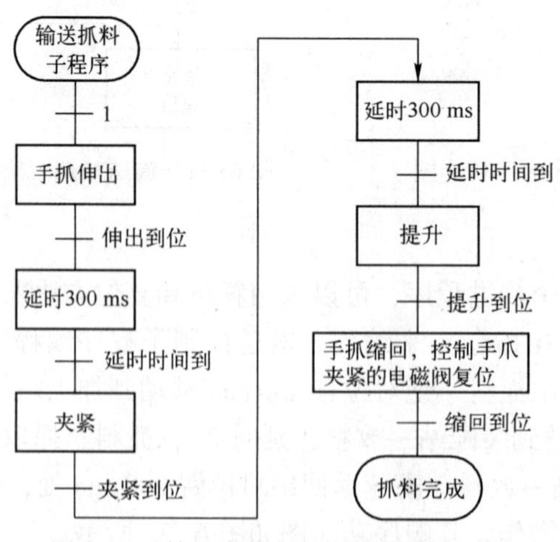

图 6-33　输送站抓料子程序顺序功能图

5. 放料子程序

输送站放料子程序也是一个步进程序，可以采用置位和复位方法来编程，也可以用西门子特有的顺序继电器指令（SCR 指令）来编程。其工艺控制过程为：手爪伸出→延时300 ms→抓取机械手下降→延时 300 ms→手爪松开→手爪缩回，控制手爪松开的电磁阀复位→返回子程序入口。其顺序功能图如图 6-34 所示。

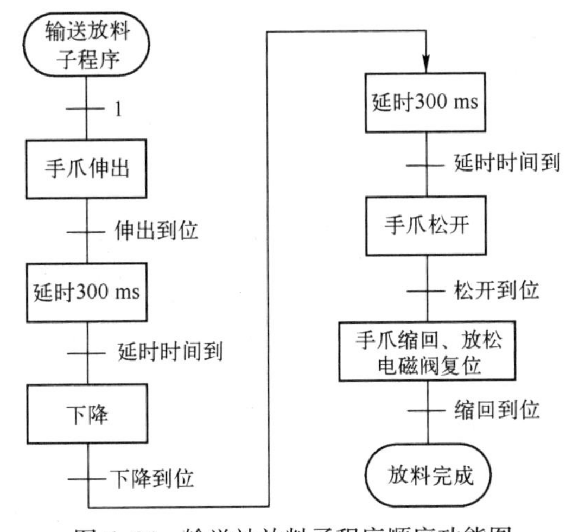

图 6-34 输送站放料子程序顺序功能图

6.3.2 梯形图程序

1. 主程序（见图 6-35）

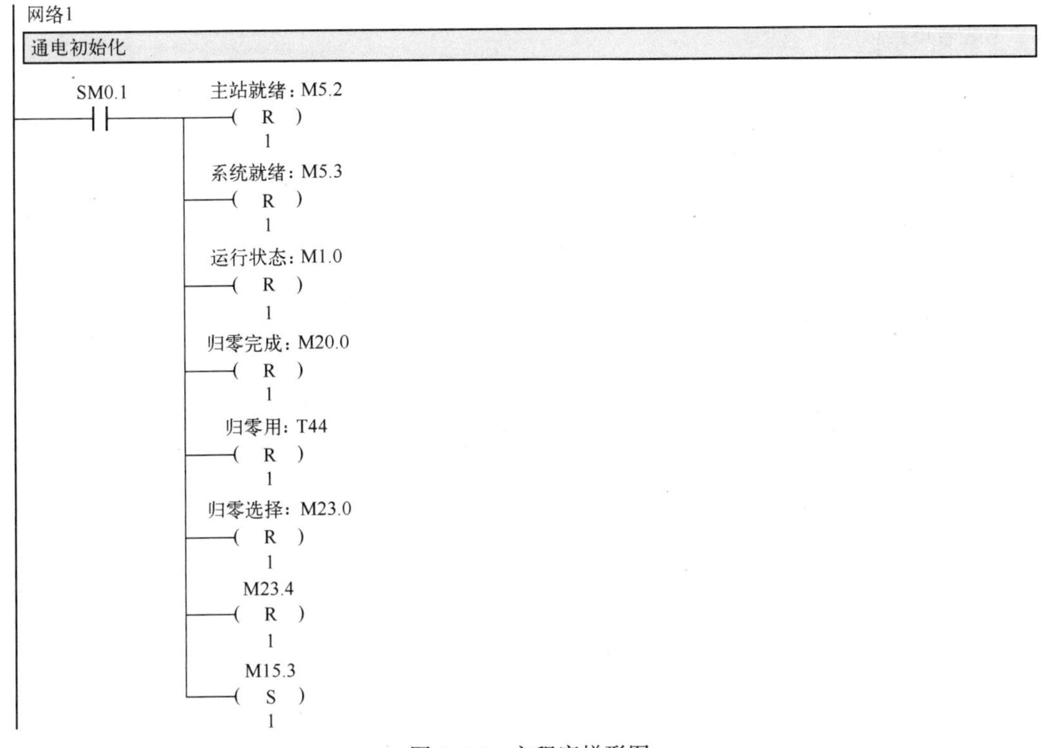

图 6-35 主程序梯形图

网络2

延时300 ms进行初态检查

M15.3 T50 IN TON 3-PT 100 ms

T50 P 初态检查：M5.0 (S) 1

M15.3 (R) 1

网络3

每个扫描周期必须设定Q0.0端口发出脉冲的最低、最高频率，加、减速时间；设定左、右限位开关；在当前的绝对位置存入VD506

SM0.0 Q0_0_CTRL EN

2000-Velocit~ C_Pos-VD506

100000-Velocit~

0.5-accel_~

右限位：I0.2-Fwd_Li~

左限位：I0.1-Rev_Li~

网络4

若单个左、右限位开关动作，则表示发生越程故障

左限位：I0.1 越程故障：M0.7 ( )

右限位：I0.2

网络5

一旦发生越程故障，则运行状态立即转入停止状态

越程故障：M0.7 运行状态：M1.0 (R) 1

网络6

单站状态下，如果主站未就绪并且系统处于停止状态，手动按下I2.5则可进行初态检查操作

方式切换：I2.7 主站就绪：M5.2 单站复位：I2.5 运行状态：M1.0 初态检查：M5.0 (S) 1

网络7

复位相关的存储器位，并调用初态检查复位子程序

初态检查：M5.0 P 归零用：T44 (R) 2

归零完成：M20.0 (R) 1

归零选择：M23.0 (R) 2

图6-35 主程序梯形图（续）

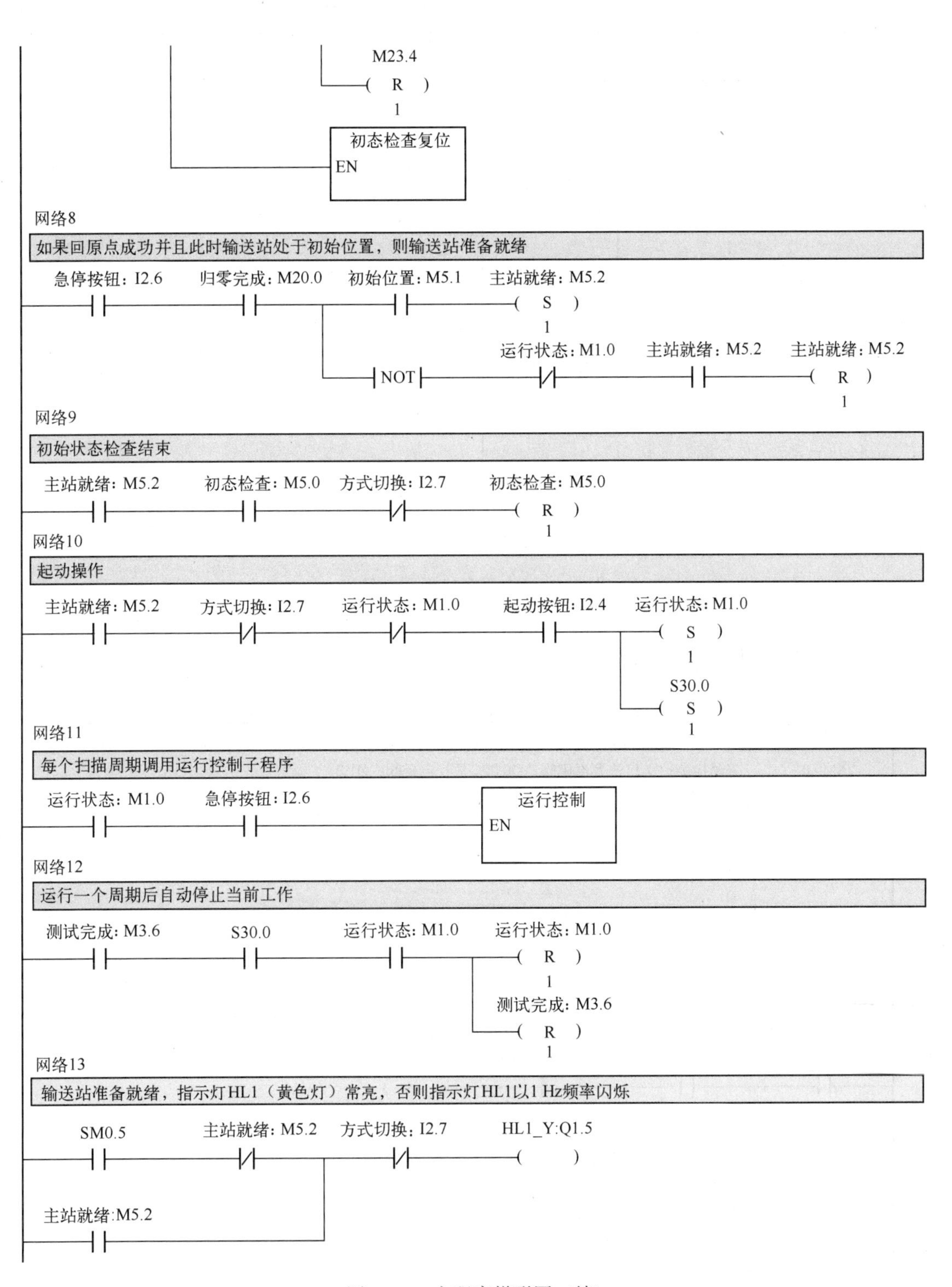

图 6-35　主程序梯形图（续）

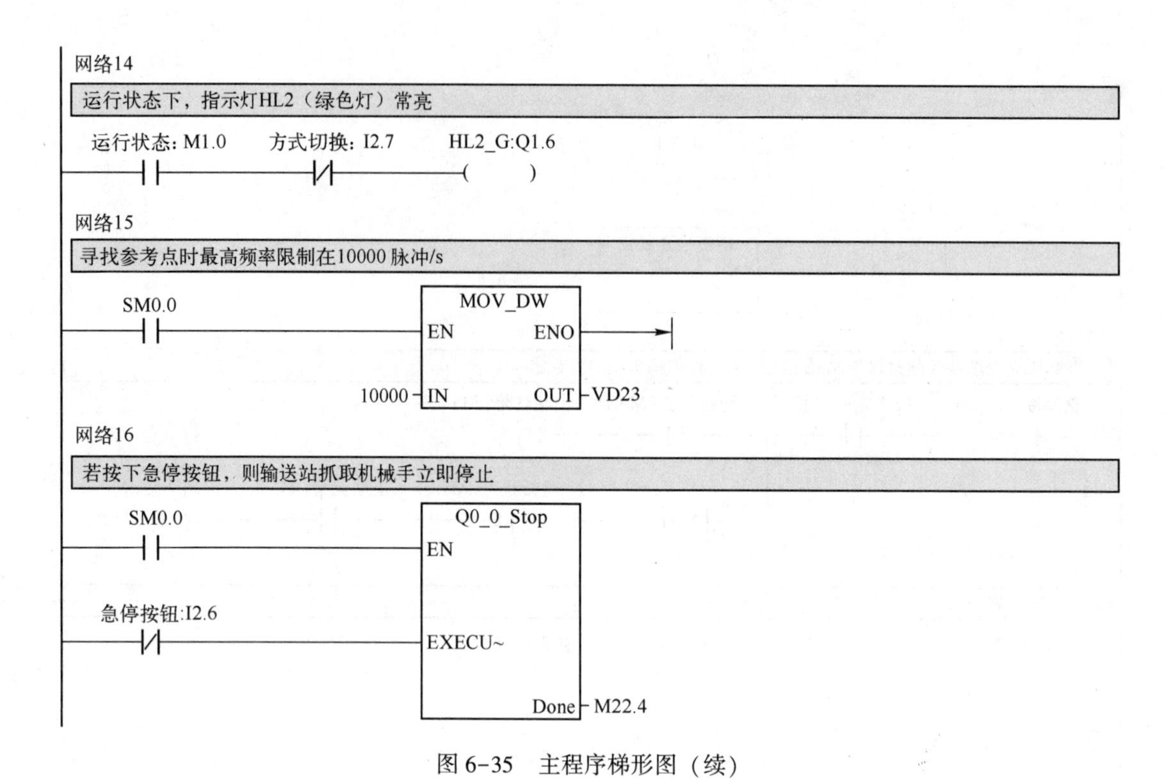

图 6-35 主程序梯形图（续）

2. 初态检查子程序（见图 6-36）

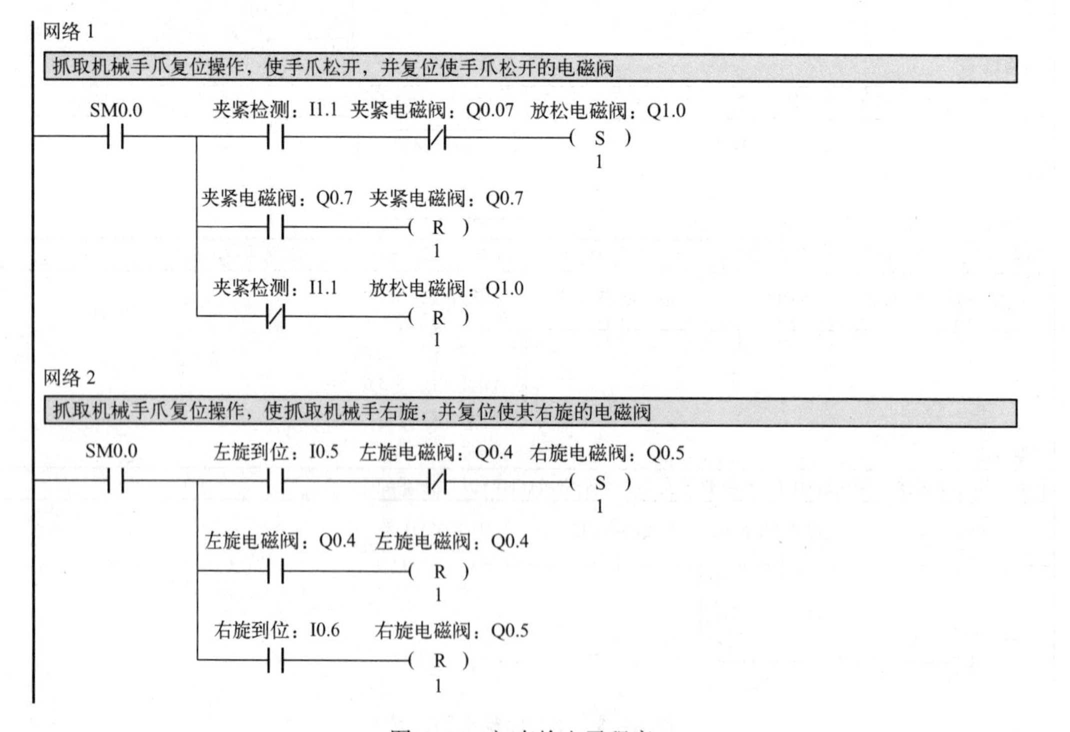

图 6-36 初态检查子程序

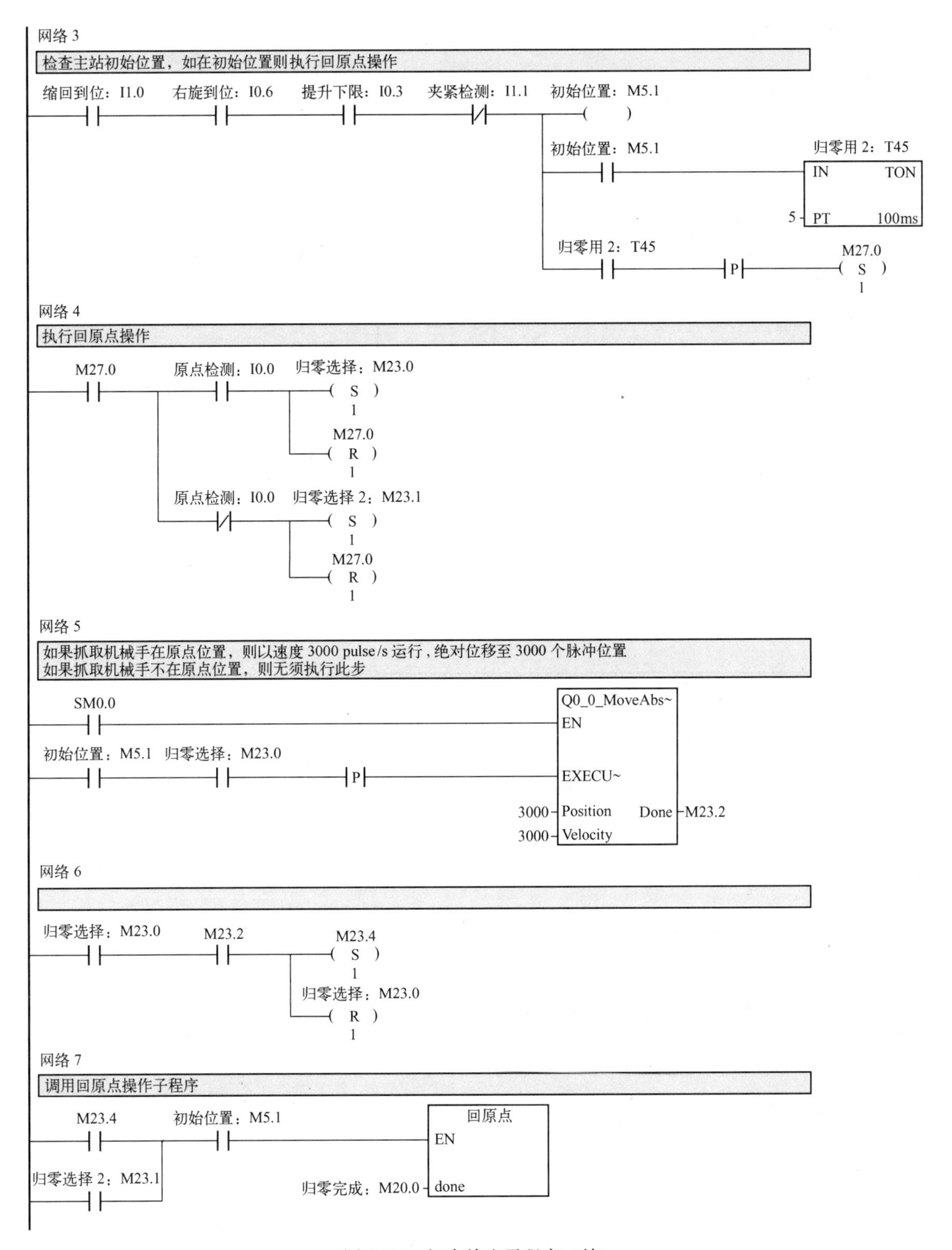

图 6-36　初态检查子程序（续）

3. 回原点子程序（见图 6-37）

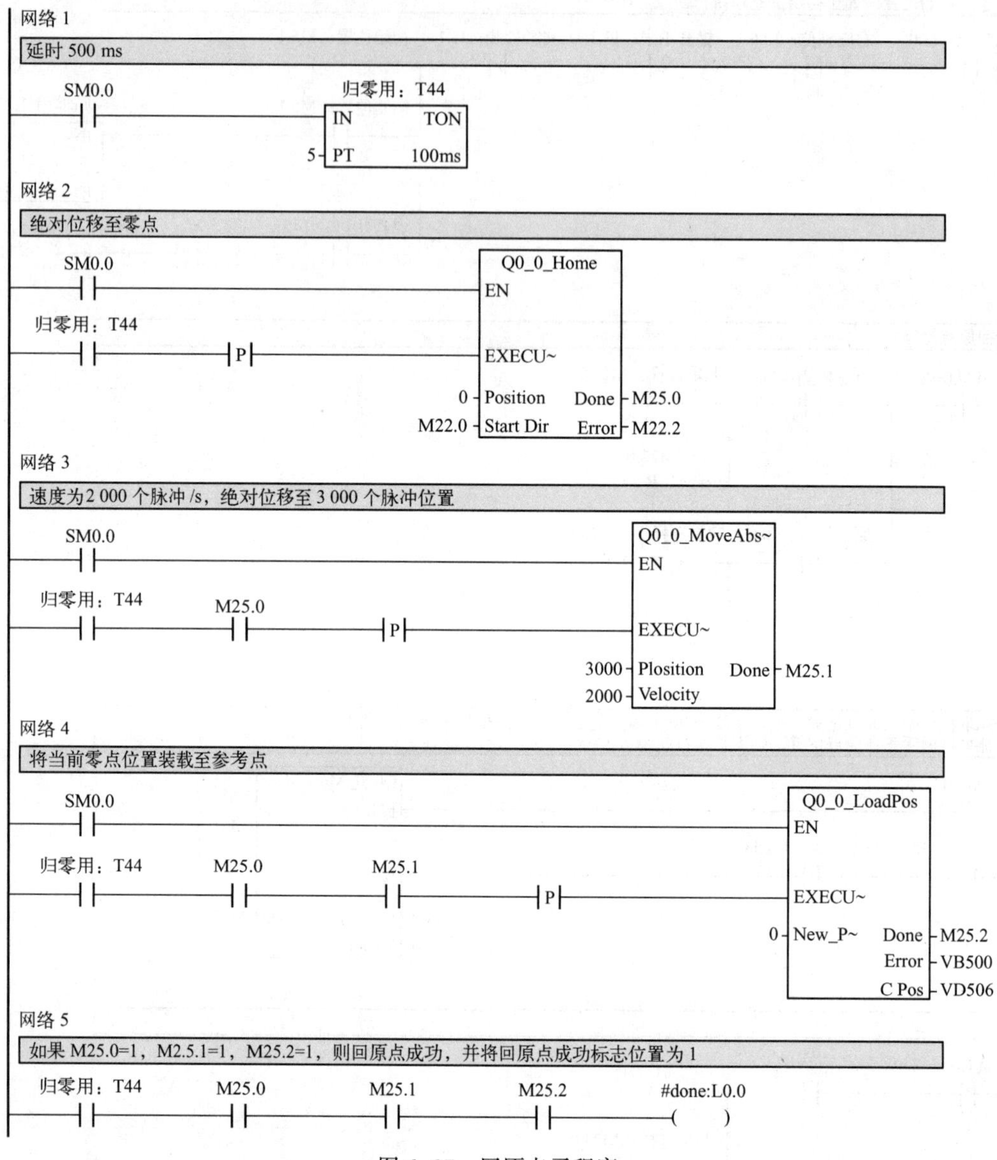

图 6-37　回原点子程序

4. 运行控制子程序（见图 6-38）

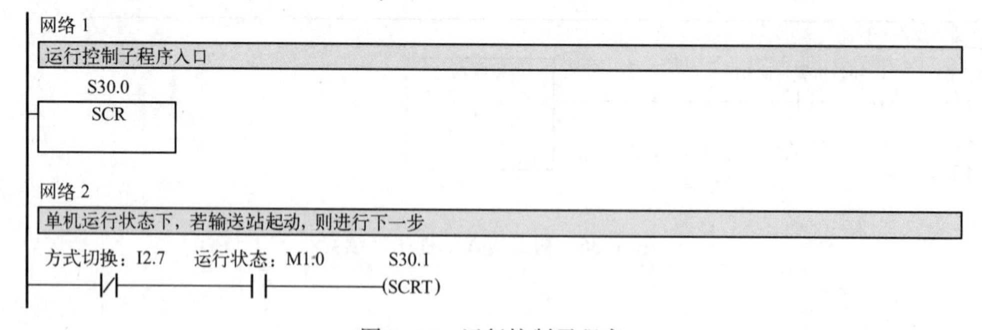

图 6-38　运行控制子程序

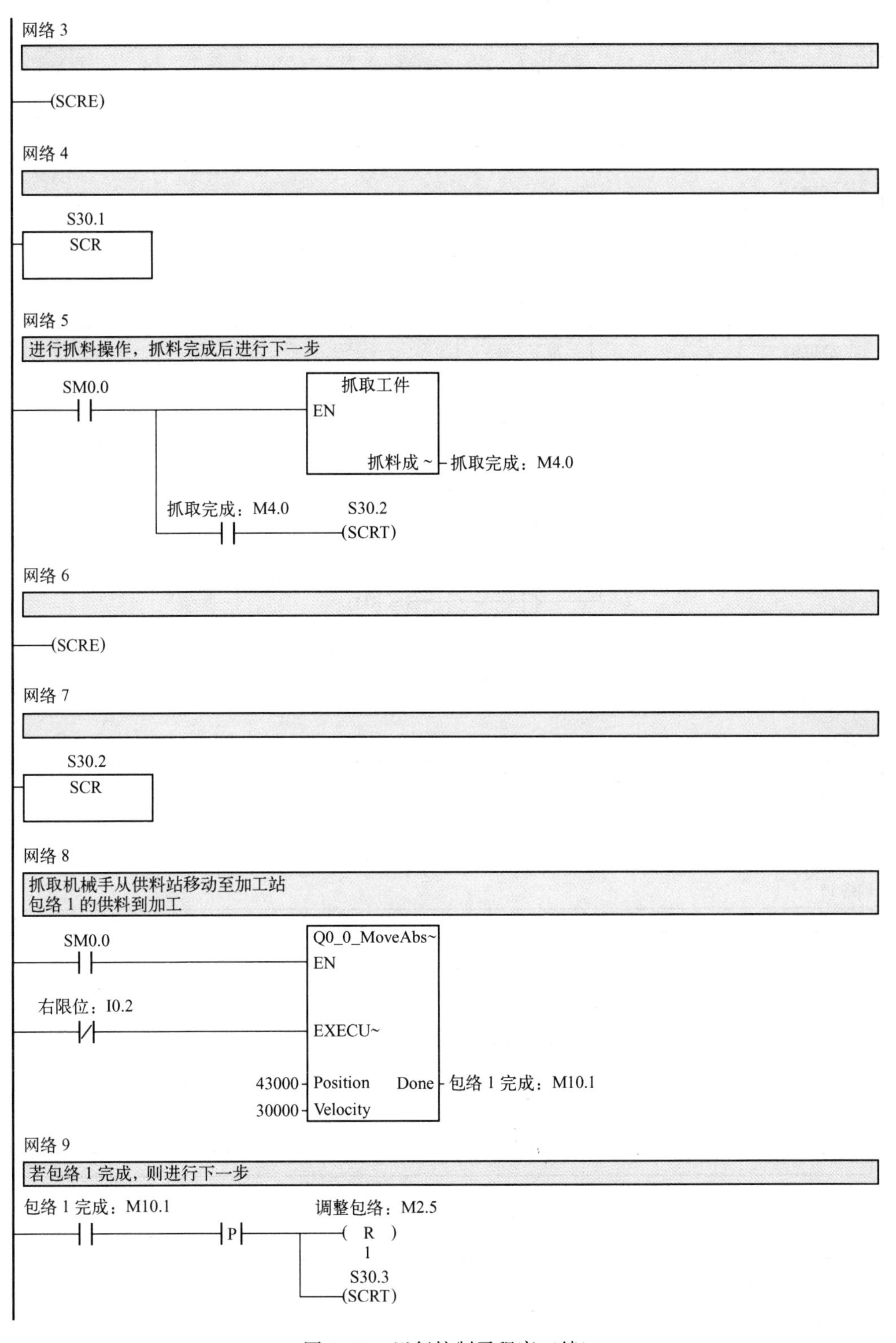

图 6-38 运行控制子程序（续）

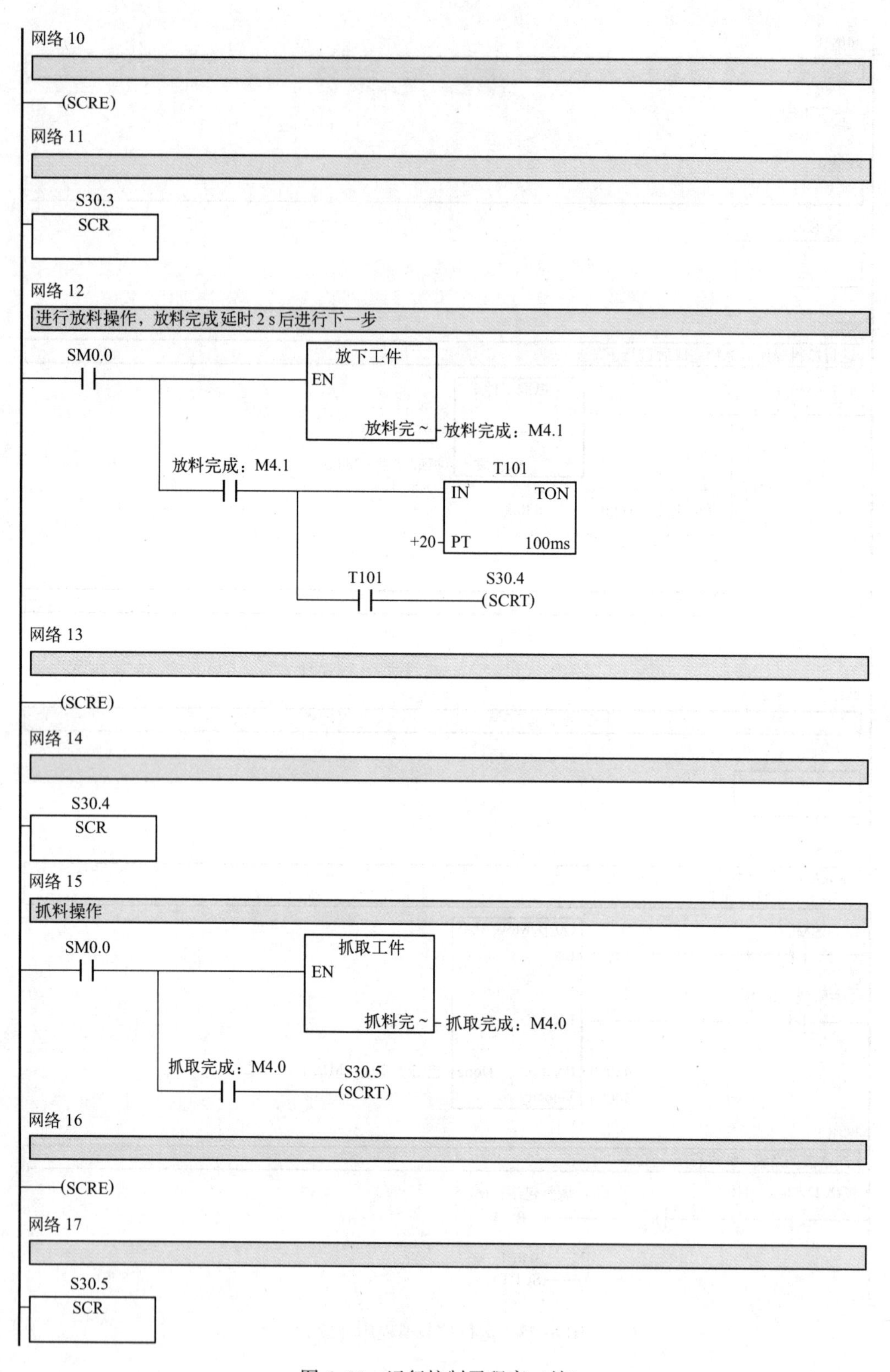

网络 10
(SCRE)
网络 11
S30.3
SCR
网络 12
进行放料操作，放料完成延时 2 s 后进行下一步
SM0.0
放下工件
EN
放料完 ~
放料完成：M4.1
放料完成：M4.1
T101
IN
TON
+20
PT
100ms
T101
S30.4
(SCRT)
网络 13
(SCRE)
网络 14
S30.4
SCR
网络 15
抓料操作
SM0.0
抓取工件
EN
抓料完 ~
抓取完成：M4.0
抓取完成：M4.0
S30.5
(SCRT)
网络 16
(SCRE)
网络 17
S30.5
SCR

图 6-38　运行控制子程序（续）

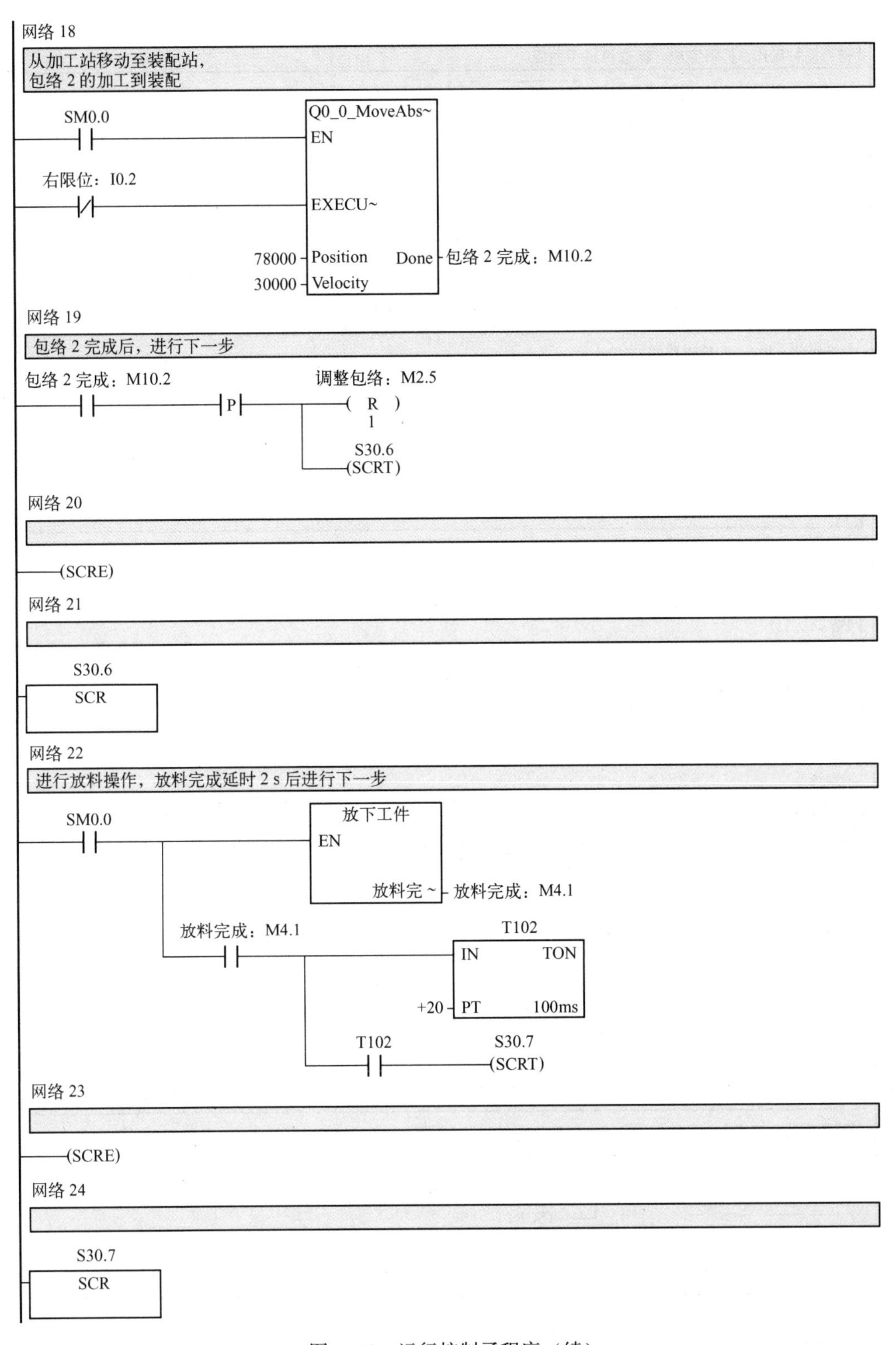

图 6-38　运行控制子程序（续）

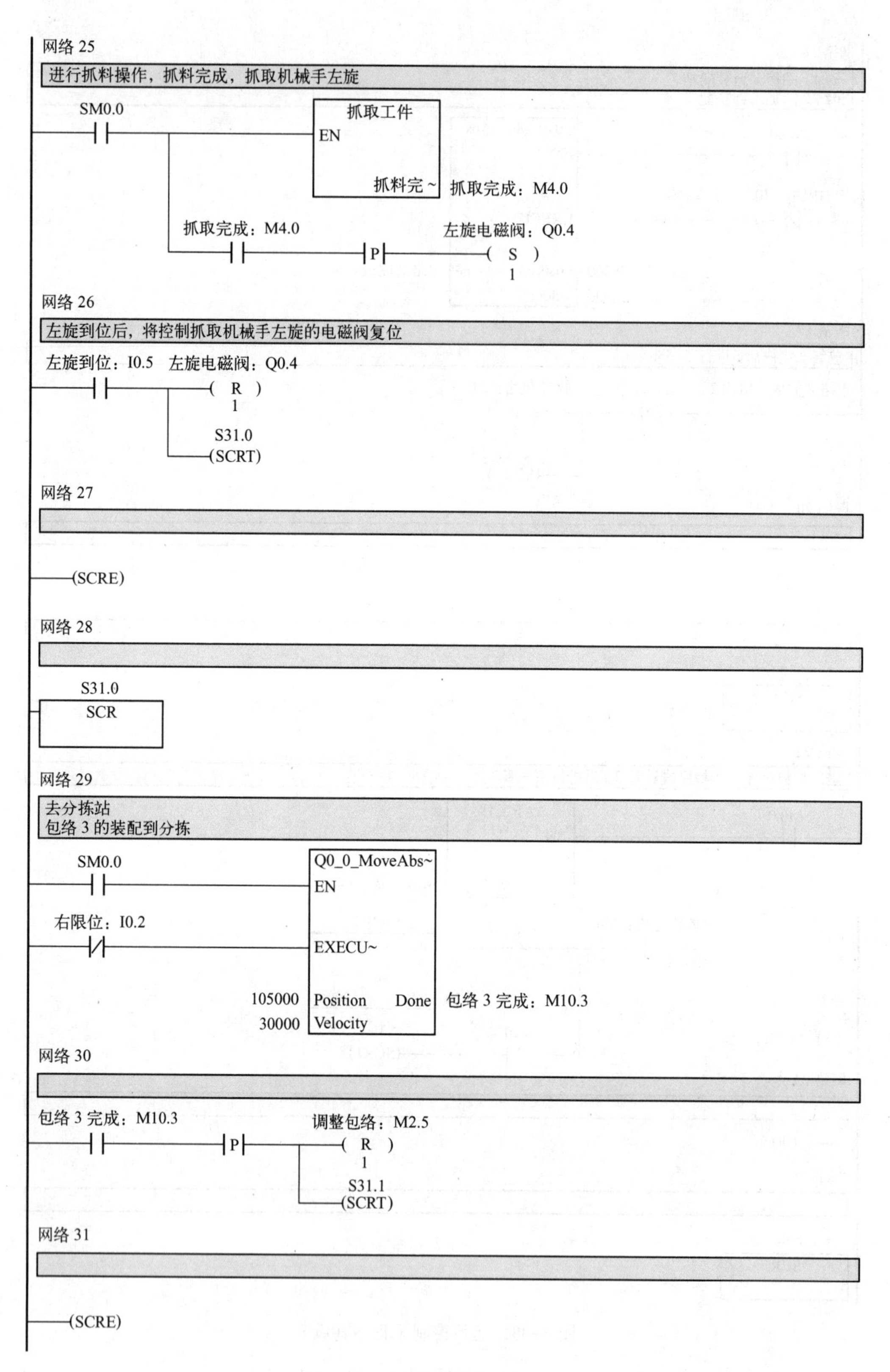

图 6-38　运行控制子程序（续）

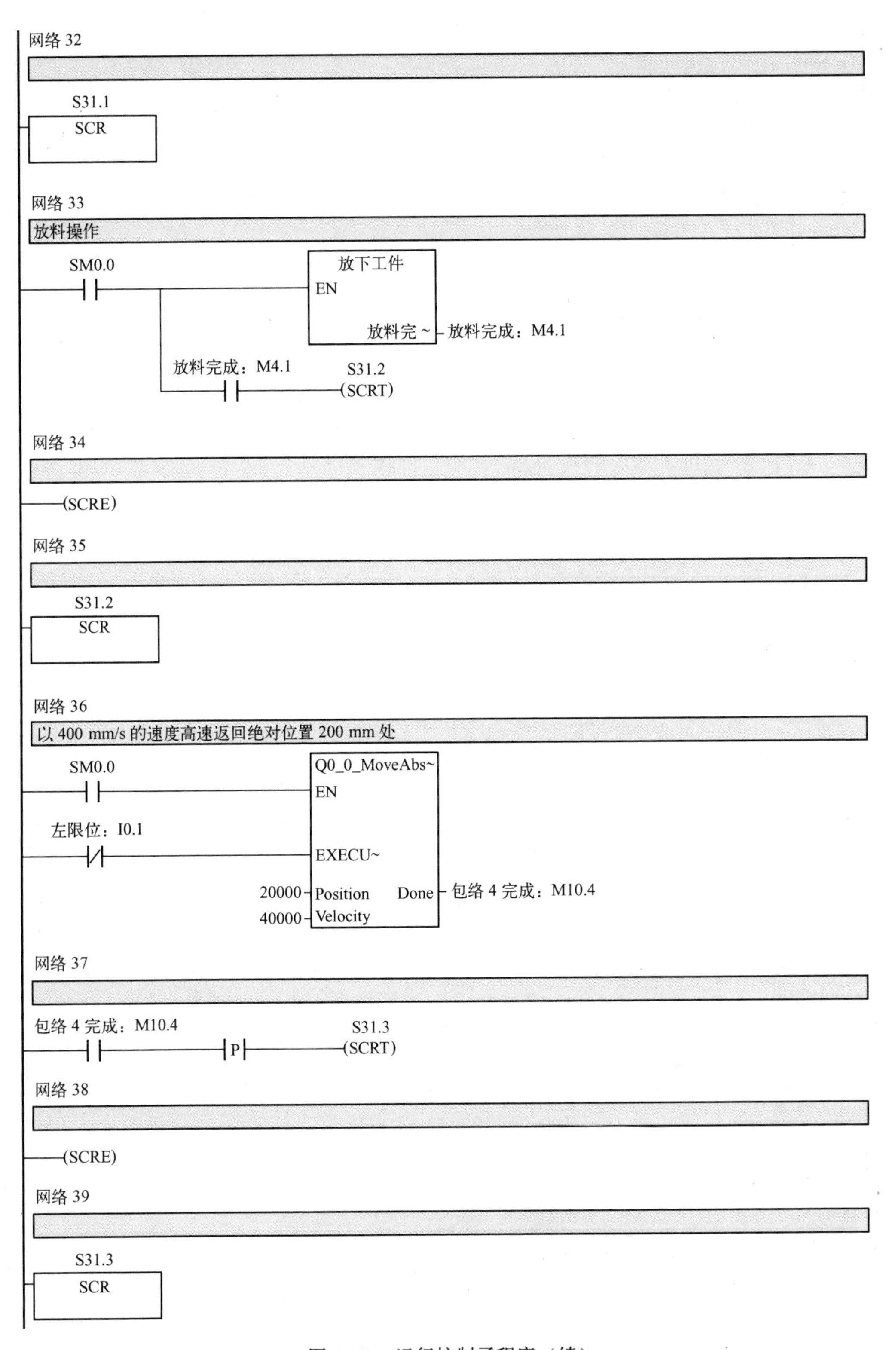

图 6-38　运行控制子程序（续）

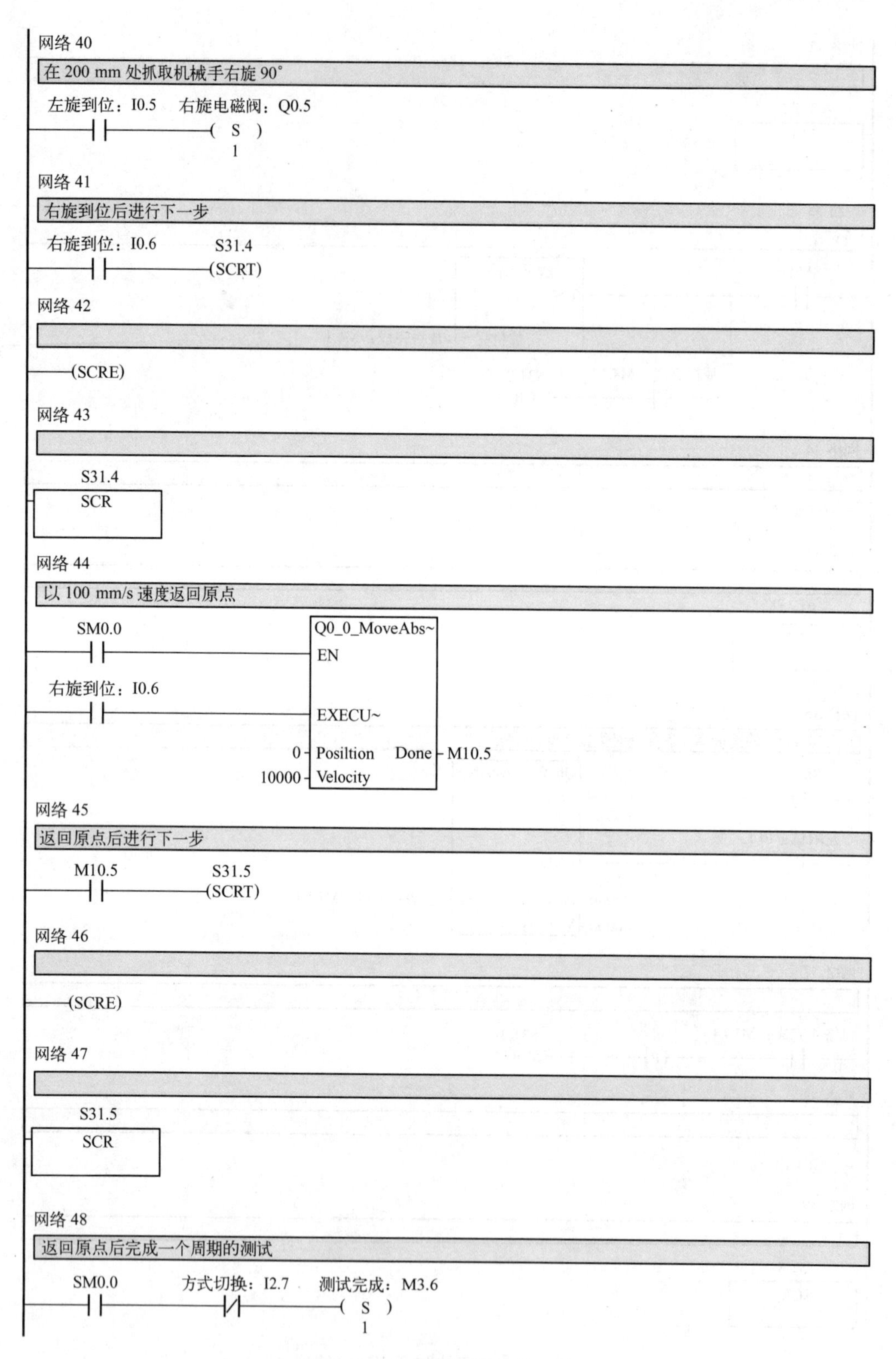

图 6-38　运行控制子程序（续）

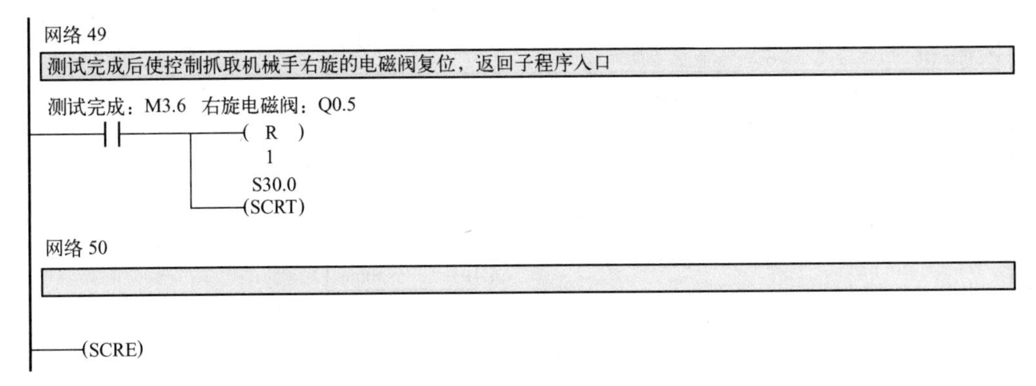

图 6-38　运行控制子程序（续）

5. 抓料子程序（见图 6-39）

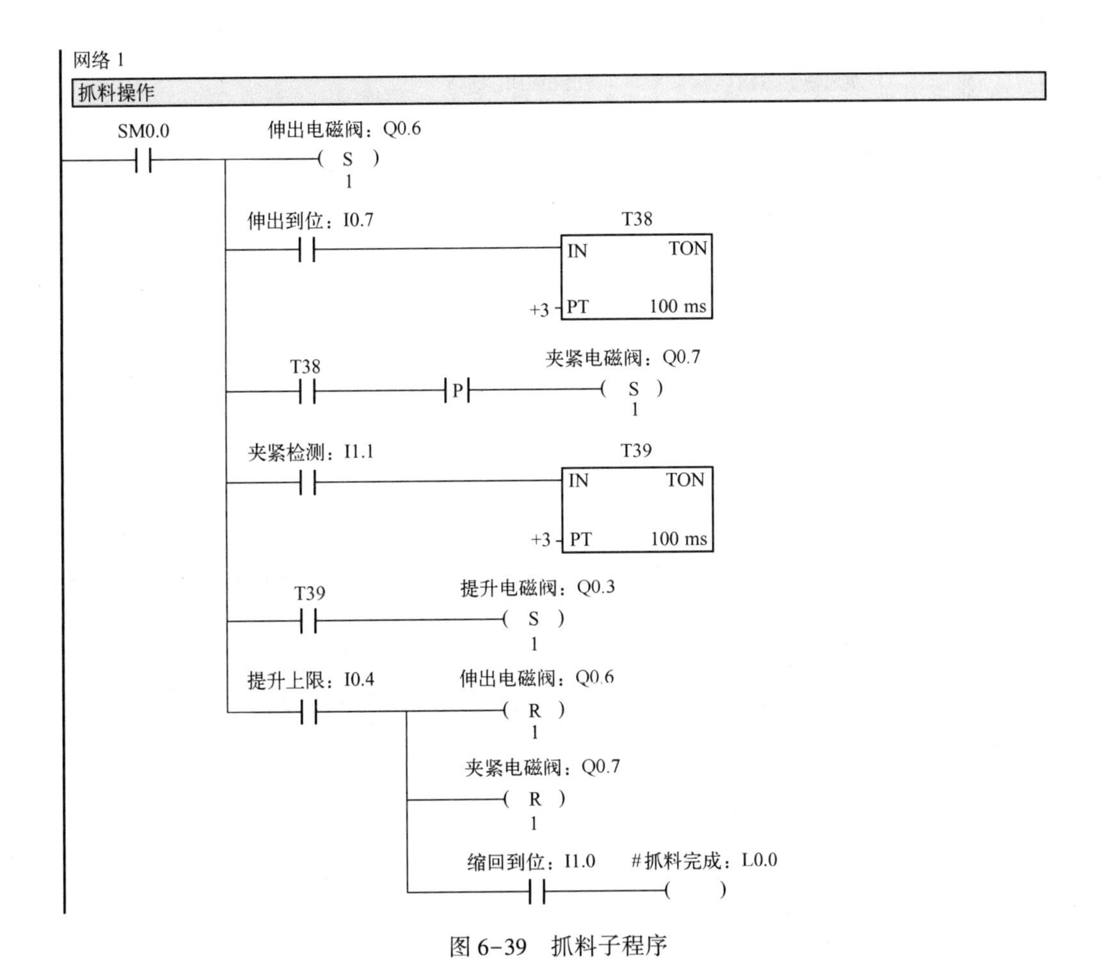

图 6-39　抓料子程序

6. 放料子程序（见图 6-40）

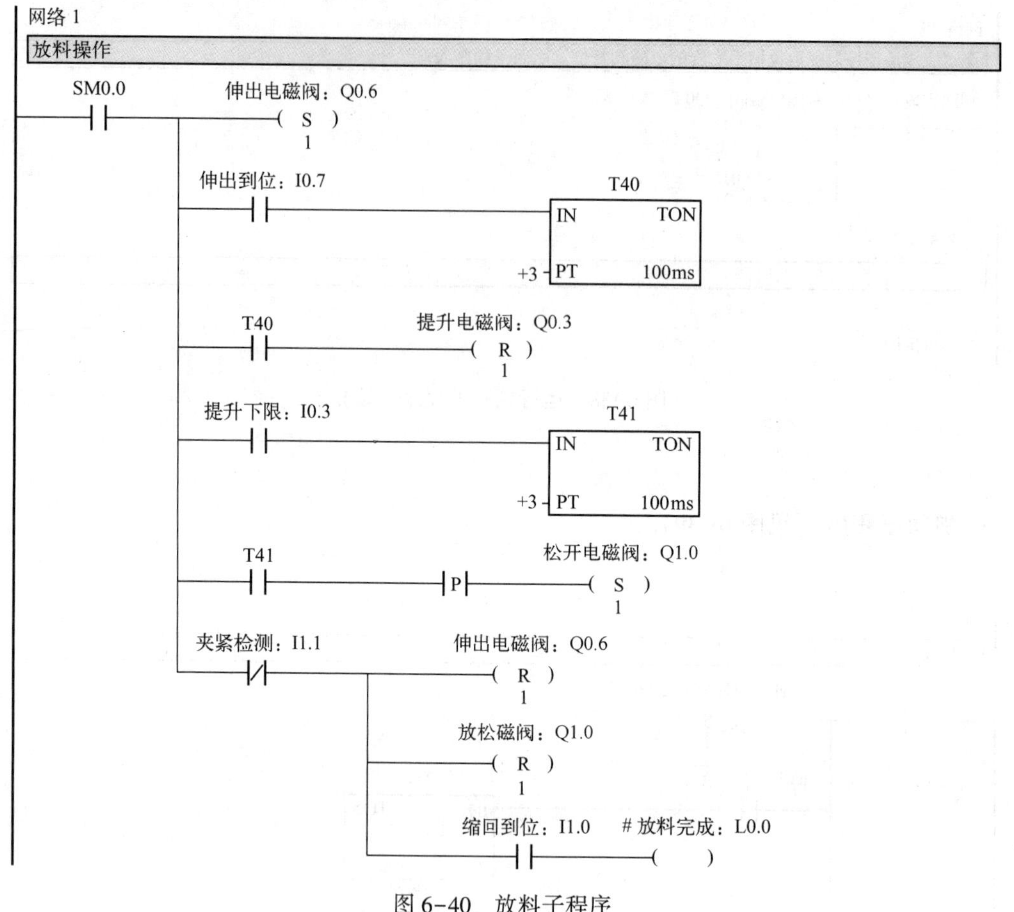

图 6-40　放料子程序

6.3.3　输送站的 PLC 程序调试

1. 抓取机械手沿直线导轨运行测试

（1）测试要求及方法

输送站的机械、电气和气路安装调试完成后，应先测试一下伺服驱动器和伺服电动机驱动抓取机械手沿直线导轨的运行是否正常，为输送站的整体调试奠定基础。控制要求：具有低速和高速两挡运行速度，有两个运行方向，主令信号、速度切换和方向切换均由输送站按钮/指示灯模块上的按钮/开关来完成。其中，起动按钮控制抓取机械手向右运行（靠近原点开关方向），停止按钮控制抓取机械手向左运行（离开原点开关方向），工作方式开关用于两挡速度的切换。

（2）测试程序

根据直线导轨运行的控制要求，编写的测试程序如图 6-41 所示。

（3）伺服驱动器参数设置

伺服驱动器的参数设置见表 6-1。

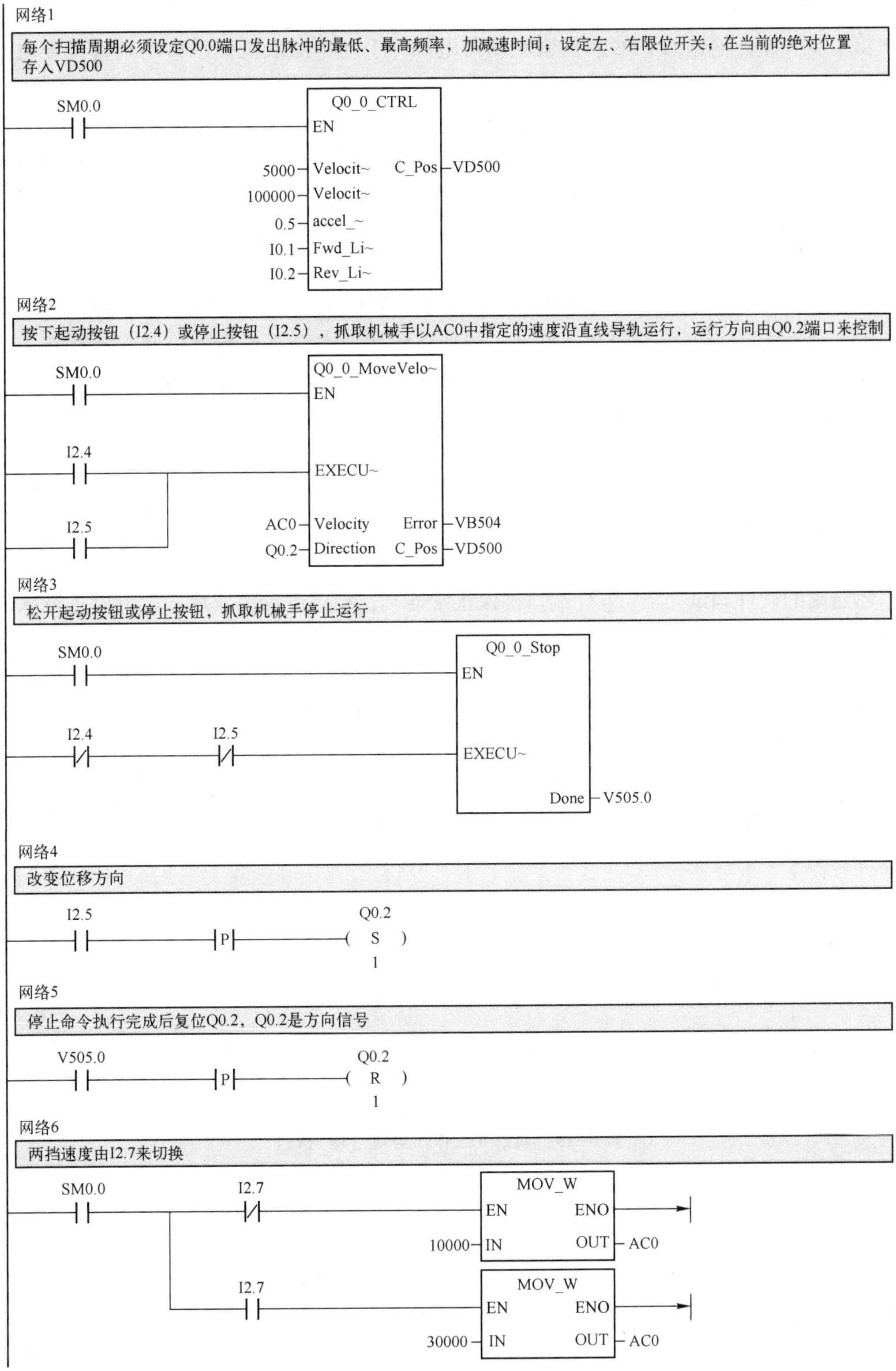

网络1

每个扫描周期必须设定Q0.0端口发出脉冲的最低、最高频率，加减速时间；设定左、右限位开关；在当前的绝对位置存入VD500

SM0.0 —| |— Q0_0_CTRL: EN; 5000 — Velocit~; 100000 — Velocit~; 0.5 — accel_~; I0.1 — Fwd_Li~; I0.2 — Rev_Li~; C_Pos — VD500

网络2

按下起动按钮（I2.4）或停止按钮（I2.5），抓取机械手以AC0中指定的速度沿直线导轨运行，运行方向由Q0.2端口来控制

SM0.0 —| |— Q0_0_MoveVelo~: EN; I2.4 / I2.5 — EXECU~; AC0 — Velocity; Q0.2 — Direction; Error — VB504; C_Pos — VD500

网络3

松开起动按钮或停止按钮，抓取机械手停止运行

SM0.0 —| |— Q0_0_Stop: EN; I2.4 —|/|— I2.5 —|/|— EXECU~; Done — V505.0

网络4

改变位移方向

I2.5 —| |—|P|— Q0.2 (S) 1

网络5

停止命令执行完成后复位Q0.2，Q0.2是方向信号

V505.0 —| |—|P|— Q0.2 (R) 1

网络6

两挡速度由I2.7来切换

SM0.0 —| |— I2.7 —|/|— MOV_W: EN, ENO; 10000 — IN; OUT — AC0

SM0.0 —| |— I2.7 —| |— MOV_W: EN, ENO; 30000 — IN; OUT — AC0

图 6-41　输送站抓取机械手沿直线导轨运行测试程序

（4）操作运行

第 1 步：断开输送站 PLC 和伺服驱动器电源，手动将抓取机械手移动到直线导轨的中部区域。

第 2 步：接通输送站 PLC 和伺服驱动器电源，将工作方式开关切换至断开状态（置于左侧），按下起动按钮，抓取机械手以 100 mm/s 速度向原点开关方向低速移动，待即将到达原点开关位置时松开起动按钮，抓取机械手停止移动；按下停止按钮，机械手以 100 mm/s 速度向离开原点开关方向低速移动，待即将到达左限位开关位置时松开停止按钮，抓取机械手停止移动。

第 3 步：将工作方式开关切换至接通状态（置于右侧），按下起动按钮，抓取机械手以 300 mm/s 速度向原点开关方向高速移动，待即将到达原点开关位置时松开起动按钮，抓取机械手停止移动；按下停止按钮，机械手以 300 mm/s 速度向离开原点开关方向快速移动，待即将到达左限位开关位置时松开停止按钮，抓取机械手停止移动。

第 4 步：将工作方式开关切换至断开状态（置于左侧），按下起动按钮，抓取机械手以 100 mm/s 速度向原点开关方向低速移动，待即将到达直线导轨中部区域时松开起动按钮，抓取机械手停止移动，完成测试工作。

2. 整体调试

输送站的硬件调试完毕，I/O 端口确保正常连接，程序设计完成后，就可以进行软件下载和调试了，其调试步骤如下：

1）用 PC/PPI 电缆将 PLC 的通信端口与 PC 的 USB 接口（或 RS-232 端口）相连，打开 PLC 编程软件，设置通信端口和通信波特率，建立上位机与 PLC 的通信连接。

2）PLC 程序编译无误后将其下载至 PLC，并使 PLC 位于 RUN 状态。

3）将程序调至监视状态，观察 PLC 程序的能流状态，以此来判断程序的正确与否，并针对性进行程序修改，直至输送站能按工艺要求来运行。程序每次修改后需对其重新编译并将其下载至 PLC。

动手实践

任务 6.4　实训内容

严格按照工作任务单来完成本项目的实训内容，学生完成实训项目后需提交工作任务单，具体见表 6-13。

表 6-13　项目 6 工作任务单（输送站）

班　级		组　别		组　长	
成员					
项目 6	输送站的原理、安装与调试				
实训内容	1. 安装与调试机械部件 2. 安装与调试光纤传感器、原点传感器、磁性传感器和电磁阀 3. 安装与调试气路 4. 根据电气原理图连接电气线路 5. 正确设置 A5 伺服驱动器参数 6. 编写、下载、调试与运行程序				

（续）

<table>
<tr><td>班　级</td><td colspan="2"></td><td>组　别</td><td></td><td>组　长</td></tr>
<tr><td>成员</td><td colspan="5"></td></tr>
<tr><td>项目 6</td><td colspan="5">输送站的原理、安装与调试</td></tr>
<tr><td>实训报告</td><td colspan="5">1. 写出安装机械部件的方法及要点
2. 写出安装与调试光纤传感器、原点传感器、磁性传感器的方法及要点
3. 写出安装与调试气路的方法及要点
4. 设计并画出输送站的电气控制电路图
5. 以表格形式列出输送站的 I/O 端口分配表
6. 写出 A5 伺服驱动器的参数设置表
7. 根据工艺流程、顺序功能图和 I/O 端口分配表编写梯形图程序
8. 写出调试输送站的过程及心得体会</td></tr>
<tr><td>完成时间</td><td colspan="5"></td></tr>
<tr><td rowspan="8">完成情况
（评分）</td><td>序号</td><td>实 训 内 容</td><td>评 价 要 点</td><td>配分</td><td>教师评分</td></tr>
<tr><td>1</td><td>机械部分安装与调试</td><td>安装正确，动作顺畅，紧固件无松动</td><td>10</td><td></td></tr>
<tr><td>2</td><td>气路安装与调试</td><td>气路连接正确、美观，无漏气现象，运行平稳</td><td>10</td><td></td></tr>
<tr><td>3</td><td>电路设计</td><td>电路设计符合要求</td><td>10</td><td></td></tr>
<tr><td>4</td><td>电路接线</td><td>接线正确，布线整齐美观</td><td>10</td><td></td></tr>
<tr><td>5</td><td>A5 伺服驱动器的参数设置</td><td>参数设置正确</td><td>10</td><td></td></tr>
<tr><td>6</td><td>程序编制及调试</td><td>根据工艺要求完成程序编制和调试，运行正确</td><td>40</td><td></td></tr>
<tr><td>7</td><td>职业素养与安全意识</td><td>操作是否符合安全操作规程和岗位职业要求；工具摆放是否整齐；团队合作精神是否好；是否保持工位清洁、爱惜实训设备等</td><td>10</td><td></td></tr>
<tr><td>其他</td><td colspan="5"></td></tr>
</table>

课后提高

1. 根据输送站的工艺流程图，采用置位和复位指令方法编写输送站程序，并完成调试使之正确运行。

2. 用单按钮实现输送站的起动和停止工作。

3. 总结输送站机械安装、电气安装、气路安装及其调试的过程和经验。

4. 在本项目完成的基础上，尝试完成以下工作任务：供料站→装配站→加工站→分拣站→原点。

项目 7　PPI 网络的整体安装与调试

学习目标

知识目标：了解自动化生产线的工艺控制过程，掌握 PPI 网络通信技术、人机界面技术、传感器技术、气动技术和伺服驱动技术的工作原理及其在自动化生产线中的应用，掌握自动化生产线 PLC 联机程序的设计。

技能目标：能够熟练安装与调试供料、加工、装配、分拣和输送站的机械、气路和电路，保证硬件部分正常工作；能够根据自动化生产线的工艺要求组建 PPI 通信网络和组态人机界面，并编写与调试 PLC 联机程序。

教学重点：PPI 通信网络的组建；人机界面的组态；自动化生产线 PLC 联机程序的设计及调试。

教学难点：自动化生产线 PLC 联机程序的设计及调试。

项目描述

YL-335B 自动化生产线由供料、加工、装配、分拣和输送 5 个工作站组成，各工作站均由一台 PLC 控制，各 PLC 之间通过 RS-485 通信网络构成一个分布式控制系统。自动化生产线的工作目标是：在人机界面发出系统起动指令后，将供料站料仓内的工件送往加工站的加工台进行加工，加工完成后，把加工好的工件送往装配站的装配台进行装配，然后把装配站料仓内的金属零件及白色和黑色两种不同颜色的小圆柱形零件嵌入到装配台上的工件中，完成装配后的成品被送往分拣站进行分拣后输出，从而完成一个周期的工作。此时，若系统要求继续工作，则会自动进入下一个周期的操作，直到系统发出相应的停止指令。

系统的工作模式分为单站工作模式和全线运行模式。

从单站工作模式切换到全线运行模式的条件是：各工作站均处于停止状态，各工作站的按钮/指示灯模块上的工作方式选择开关被置于全线位置，此时若人机界面的选择开关被切换到全线运行模式，则系统进入全线运行状态。要从全线运行方式切换到单站工作模式，仅限当前工作周期完成后，将人机界面的选择开关切换到单站运行模式时才有效。在全线运行方式下，各工作站仅通过网络接收来自人机界面的主令信号，除主站急停按钮外，所有本站主令信号均无效。

1. 单站运行模式测试

单站运行模式下，各工作站的主令信号和工作状态显示信号来自其 PLC 旁边的按钮/指示灯模块，并且按钮/指示灯模块上的工作方式选择开关 SA 应被置于“单站方式”位置。各工作站的具体控制要求如下。

（1）供料站单站运行的工作要求

1）设备通电和气源接通后，若工作站的两个气缸满足初始位置要求，且料仓内有足够的待加工工件，则“正常工作”指示灯 HL1 常亮，表示设备准备好，否则该指示灯以1 Hz的频率闪烁。

2）若设备准备好，则按下起动按钮，工作站起动，“设备运行”指示灯 HL2 常亮。起动后，若出料台上没有工件，则应把工件推到出料台上。出料台上的工件被人工取出后，若没有停止信号，则进行下一次推出工件操作。

3）若在运行中按下停止按钮，则在完成本工作周期任务后，工作站停止工作，指示灯 HL2 熄灭。

4）若在运行中料仓内工件不足，则工作站继续工作，但“正常工作”指示灯 HL1 以 1 Hz的频率闪烁，“设备运行”指示灯 HL2 保持常亮。若料仓内没有工件，则指示灯 HL1 和指示灯 HL2 均以 2 Hz 的频率闪烁。工作站在完成本周期任务后停止。除非向料仓补充足够的工件，否则工作站不能再次起动。

（2）加工站单站运行的工作要求

1）设备通电和气源接通后，若各气缸满足初始位置要求，则“正常工作”指示灯 HL1 常亮，表示设备准备好；否则该指示灯以 1 Hz 的频率闪烁。

2）若设备准备好，按下起动按钮，设备起动，“设备运行”指示灯 HL2 常亮。当待加工工件被送到加工台上并被检出后，执行将工件夹紧并送往加工区域进行冲压的操作，完成冲压动作后返回待加工位置。如果没有停止信号输入，当再有待加工工件被送到加工台上时，加工站又开始下一个周期的工作。

3）在工作过程中，若按下停止按钮，加工站在完成本周期的动作后停止工作，指示灯 HL2 熄灭。

4）当待加工工件被检出而加工过程开始后，如果按下急停按钮，则本工作站所有机构应立即停止运行，指示灯 HL2 以 1 Hz 的频率闪烁。将急停按钮复位后，设备从急停前的断点处开始继续运行。

（3）装配站单站运行的工作要求

1）设备通电和气源接通后，若各气缸满足初始位置要求，料仓内已经有足够的小圆柱形零件，工件装配台上没有待装配工件，则“正常工作”指示灯 HL1 常亮，表示设备准备好；否则该指示灯以 1 Hz 的频率闪烁。

2）若设备准备好，则按下起动按钮，装配站起动，“设备运行”指示灯 HL2 常亮。如果回转台上的左料盘内没有小圆柱形零件，则执行下料操作；如果左料盘内有小圆柱形零件而右料盘内没有小圆柱形零件，则执行回转台回转操作。

3）如果回转台上的右料盘内有小圆柱形零件且装配台上有待装配工件，则执行装配机械手装置抓取小圆柱形零件并放入待装配工件中的操作。

4）完成装配任务后，装配机械手装置应返回初始位置，等待下一次装配。

5）若在运行过程中按下停止按钮，则供料机构应立即停止供料，在装配条件满足的情况下，装配站在完成本次装配后停止工作。

6）在运行中发生“料不足”报警时，指示灯 HL3 以 1 Hz 的频率闪烁，指示灯 HL1 和 HL2 常亮；在运行中发生“缺料”报警时，指示灯 HL3 以亮 1 s，灭 0.5 s 的方式闪烁，指示灯 HL2 熄灭，指示灯 HL1 常亮。

（4）分拣站单站运行的工作要求

1）设备通电和气源接通后，若工作站的 3 个气缸满足初始位置要求，则“正常工作”指示灯 HL1 常亮，表示设备准备好；否则该指示灯以 1 Hz 的频率闪烁。

2）若设备准备好，按下起动按钮，系统起动，“设备运行”指示灯 HL2 常亮。当分拣站入料口人工放下已装配的工件时，变频器立即启动，驱动传送电动机以 30 Hz 频率的速度把工件带入分拣区。

3）如果工件为金属工件，则该工件到达 1 号滑槽中间，传送带停止，工件被推到 1 号槽中；如果工件为白色工件，则该工件到达 2 号滑槽中间，传送带停止，工件被推到 2 号槽中；如果工件为黑色工件，则该工件到达 3 号滑槽中间，传送带停止，工件被推到 3 号槽中。工件被推出滑槽后，该工作站的一个工作周期结束。仅当工件被推出滑槽后，才能再次向传送带下料。如果在运行期间按下停止按钮，该工作站在本工作周期结束后停止运行。

（5）输送站单站运行的工作要求

单站运行的目标是测试设备传送工件的功能，要求其他各工作站已经就位，并且在供料站的出料台上放置了工件。具体测试过程的要求如下。

1）输送站在通电后，按下复位按钮 SB1，执行复位操作，使抓取机械手装置回到原点位置。在复位过程中“正常工作”指示灯 HL1 以 1 Hz 的频率闪烁。

当抓取机械手装置回到原点位置，且输送站各个气缸满足初始位置的要求，则复位完成，“正常工作”指示灯 HL1 常亮。按下起动按钮 SB2，设备起动，“设备运行”指示灯 HL2 也常亮，开始功能测试过程。

2）抓取机械手装置从供料站出料台抓取工件。抓取的顺序是：手臂伸出→手爪夹紧并抓取工件→提升台上升→手臂缩回。

3）抓取动作完成后，伺服电动机驱动机械手装置向加工站移动，移动速度不小于 300 mm/s。

4）抓取机械手装置移动到加工站加工台的正前方后，即把工件放到加工站物料台上。抓取机械手装置在加工站放下工件的顺序是：手臂伸出→提升台下降→手爪松开并放下工件→手臂缩回。

5）放下工件动作完成 2 s 后，抓取机械手装置执行抓取加工站工件的操作。抓取的顺序与供料站抓取工件的顺序相同。

6）抓取动作完成后，伺服电动机驱动抓取机械手装置使其移动到装配站物料台的正前方，然后把工件放到装配站物料台上。其动作顺序与加工站放下工件的顺序相同。

7）放下工件动作完成 2 s 后，抓取机械手装置执行抓取装配站工件的操作。抓取的顺序与供料站抓取工件的顺序相同。

8）机械手手臂缩回后，摆台逆时针旋转 90°，伺服电动机驱动抓取机械手装置使其从装配站向分拣站运送工件，到达分拣站传送带上方入料口后把工件放下，动作顺序与加工站放下工件的顺序相同。

9）放下工件动作完成后，机械手手臂缩回，然后执行返回原点的操作。伺服电动机驱动抓取机械手装置以 400 mm/s 的速度返回，返回 200 mm 后，摆台顺时针旋转 90°，然后以 100 mm/s 的速度低速返回原点停止。当抓取机械手装置返回原点后，一个测试周期结束。当供料站的出料台上放置了工件时，再按一次起动按钮 SB2，开始新一轮的测试。

2. 系统正常的全线运行模式测试

全线运行模式下各工作站部件的工作顺序以及对输送站抓取机械手装置运行速度的要求，与单站运行模式一致。全线运行步骤如下。

（1）初始状态

系统通电，PPI 网络正常后开始工作。触摸人机界面上的复位按钮，执行复位操作，在复位过程中绿色警示灯以 2 Hz 的频率闪烁。红色和黄色灯均熄灭。复位过程包括：使输送站抓取机械手装置回到原点位置和检查各工作站是否处于初始状态。

各工作站初始状态是指：

1）各工作站气动执行元件均处于初始位置；

2）供料站料仓内有足够的待加工工件；

3）装配站料仓内有足够的小圆柱形零件；

4）输送站的紧急停止按钮未按下。

当输送站抓取机械手装置回到原点位置，且各工作站均处于初始状态，则复位完成，绿色警示灯常亮，表示允许起动系统。这时若触摸人机界面上的起动按钮，系统起动，绿色和黄色警示灯均常亮。

（2）供料站的运行

系统起动后，若供料站的出料台上没有工件，则应把工件推到出料台上，并向系统发出出料台上有工件信号。若供料站的料仓内没有工件或工件不足，则向系统发出报警或预警信号。出料台上的工件被输送站抓取机械手取出后，若系统仍然需要推出工件进行加工，则进行下一次推出工件操作。

（3）输送站运行 1

当工件被推到供料站出料台后，输送站抓取机械手装置应执行抓取供料站工件的操作。动作完成后，伺服电动机驱动抓取机械手装置使其移动到加工站加工台的正前方，把工件放在加工站的加工台上。

（4）加工站运行

加工站加工台的工件被检出后，执行加工操作。当加工好的工件被重新送回待料位置时，向系统发出冲压加工完成信号。

（5）输送站运行 2

系统接收到加工完成信号后，输送站抓取机械手应执行抓取已加工工件的操作。抓取动作完成后，伺服电动机驱动抓取机械手装置使其移动到装配站装配台的正前方，然后把工件放到装配站装配台上。

（6）装配站运行

装配站装配台的传感器检测到工件到来后，开始执行装配操作。装配动作完成后向系统发出装配完成信号。如果装配站的料仓内没有小圆柱形工件或工件不足，应向系统发出报警或预警信号。

（7）输送站运行 3

系统接收到装配完成信号后，输送站抓取机械手应抓取已装配的工件，然后从装配站向分拣站运送工件，到达分拣站传送带上方入料口后把工件放下，然后执行返回原点的操作。

（8）分拣站运行

输送站抓取机械手装置放下工件、缩回到位后，分拣站的变频器随即起动，驱动传送电动机以最高运行频率80%（由人机界面指定）的速度，把工件带入分拣区进行分拣，工件分拣原则与单站运行相同。当分拣气缸活塞杆推出工件并复位后，应向系统发出分拣完成信号。

（9）一个工作周期结束

仅当分拣站分拣工作完成，并且输送站抓取机械手装置回到原点后，系统的一个工作周期才结束。如果在工作周期内没有触摸过停止按钮，则系统在延时1s后开始下一个周期的工作；如果在工作周期内曾经触摸过停止按钮，则系统在完成一个周期工作后工作结束，黄色灯熄灭，绿色灯仍保持常亮。系统工作结束后，若再按下起动按钮，则系统又重新开始下一个周期的工作。

3. 全线运行状态下的异常工作测试

（1）工件供给状态的信号警示

如果发生来自供料站或装配站的“料不足”的预报警信号或“缺料”的报警信号，则系统动作如下。

1）如果发生“料不足”的预报警信号，警示灯中红色灯以1Hz的频率闪烁，绿色和黄色灯保持常亮，系统继续工作。

2）如果发生“缺料”的报警信号，则警示灯中红色灯以亮1s、灭0.5s的方式闪烁，黄色灯熄灭，绿色灯保持常亮。

3）若“缺料”的报警信号来自供料站，且供料站物料台上已推出工件，则系统继续运行，直至完成该工作周期尚未完成的工作。当该工作周期结束后系统将停止工作，除非“缺料”的报警信号消失，否则系统不能再起动。

4）若“缺料”的报警信号来自装配站，且装配站回转台上已落下小圆柱形零件，则系统继续运行，直至完成该工作周期尚未完成的工作。当该工作周期结束后系统将停止工作，除非“缺料”的报警信号消失，否则系统不能再起动。

（2）急停与复位

系统工作过程中按下输送站的急停按钮，则输送站立即停车。在急停复位后应从急停前的断点开始继续运行。

项目分析

根据项目的任务描述，本项目需要完成的工作如下：

1. 5个工作站的机械安装；
2. 5个工作站的气路连接；
3. 5个工作站的电气控制原理图的设计及接线；
4. 5个工作站的硬件调试；
5. 5个工作站的PPI网络组建；
6. 5个工作站的PLC程序设计；
7. 人机界面组态设计；
8. 5个工作站的联机调试及运行。

理论学习

任务 7.1　YL-335B 自动线的硬件安装与调试

YL-335B 自动线的硬件安装包括供料、加工、装配、分拣和输送站的机械安装、气路安装与连接、电气设计与接线，以及机械、气路、电路的调试。具体的内容参阅前面相关项目内容。

5 个工作站硬件独立安装和调试完毕后，应将它们按规定的尺寸固定在铝合金工作台面上，如图 7-1 所示。

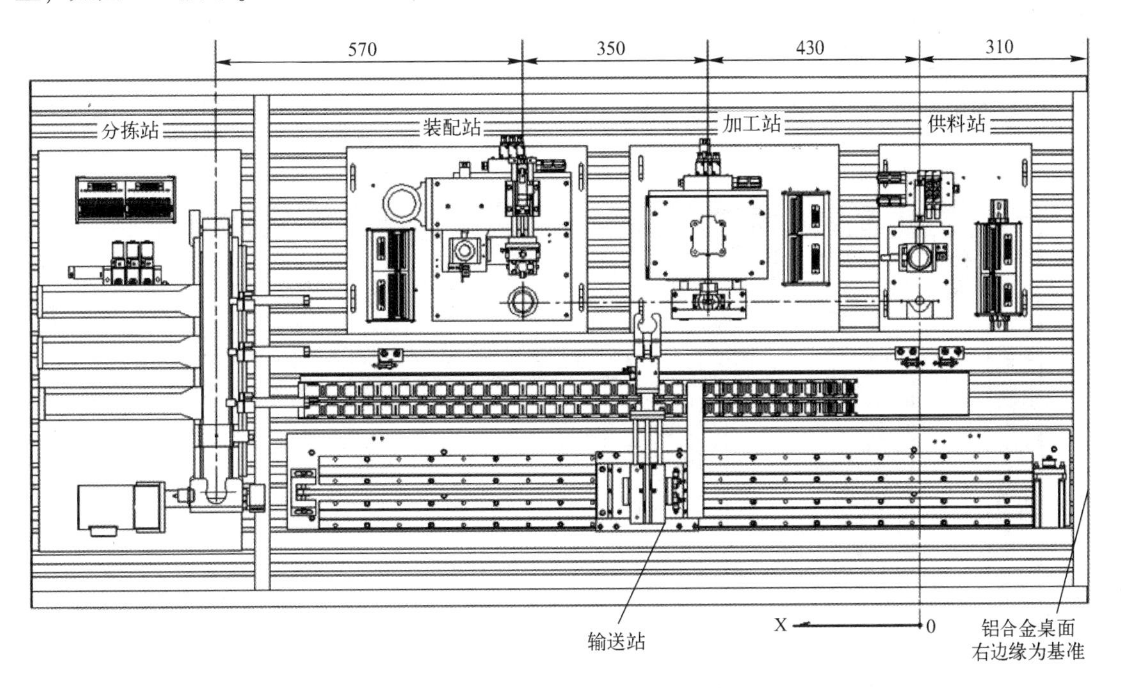

图 7-1　自动化生产线平面安装示意图

任务 7.2　组建 PPI 通信网络

7.2.1　PPI 通信概述

PPI 通信协议是 S7-200 系列 PLC 最基本的通信方式，通过 PLC 自身的通信端口（PORT0 或 PORT1）就可以实现多个 PLC 之间的网络通信。实现方法简单易学，运行可靠，因此 PPI 通信成为 S7-200 系列 PLC 默认的通信方式。PPI 是一种主—从协议通信，主站和从站在一个令牌环网中，主站发送信息给从站器件，从站器件响应来自主站的信息；从站器件不发送信息，只是等待主站的要求并对要求做出响应。如果在用户程序中使能 PPI 主站模式，就可以在主站程序中使用网络读/写指令来读/写从站信息。而从站程序不需要使用网络读/写指令，只需要接收来自主站的信息或提供相应的信息供主站读取即可。

7.2.2 实现 PPI 通信的步骤

下面以 YL-335B 自动线各工作站 PLC 实现 PPI 通信的操作步骤为例，说明使用 PPI 协议实现通信的方法和步骤。

1. 设置 PLC 端口的地址和通信速率

对网络上每一台 PLC，通过系统块来设置其通信端口参数。对用作 PPI 通信的端口（PORT0 或 PORT1），指定其地址（站号）和波特率。设置后把系统块下载到该 PLC，具体操作如下。

PLC 通电前，把 RS-485/PPI 编程电缆的 RS-485 插口接到输送站的通信端口 0（也可以用通信端口 1），另一端口接到 PC 的 USB 接口（注意：如果另一端口为 RS-232 插口，则接到 PC 的 RS-232 端口）。

PLC 通电，运行 PC 上的 STEP 7-Micro/WIN V4.0（SP5）程序，打开其端口设置窗口，如图 7-2 所示。

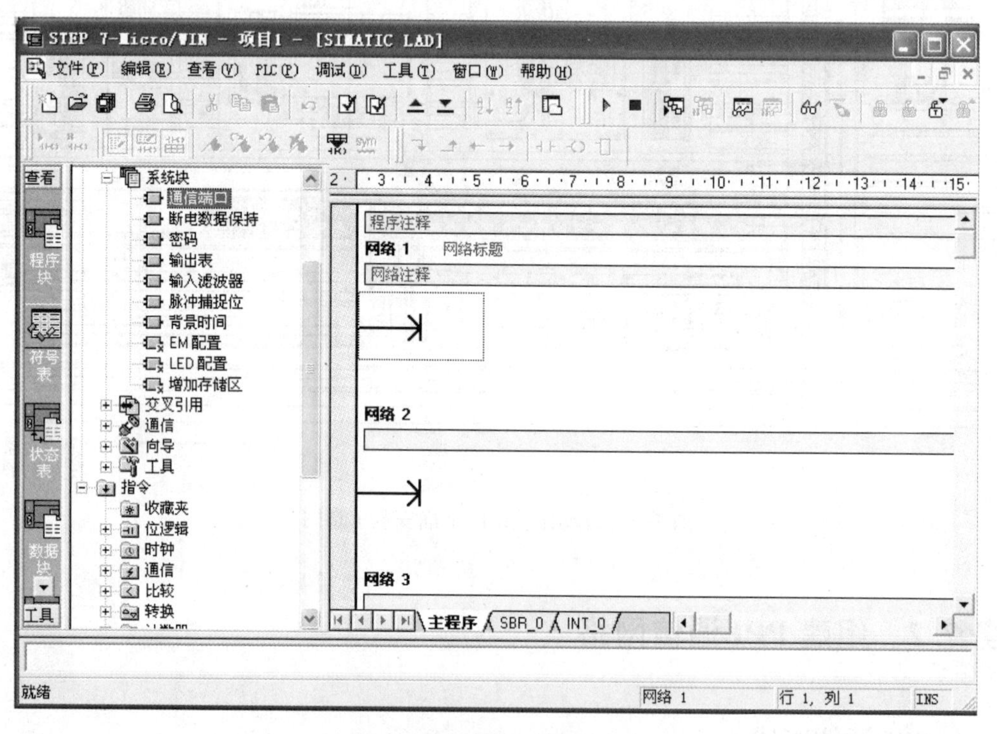

图 7-2 打开端口设置窗口

单击窗口左侧“查看”下的“系统块”按钮，弹出“系统块”对话框，设置端口 0 为 1#站，波特率为 19.2 kbit/s，如图 7-3 所示（为了避免出错，建议把端口 1 也设置为 1#站，波特率为 19.2 kbit/s）。采用同样的方法设置供料站 PLC 的端口 0 为 2#站，波特率为 19.2 kbit/s；加工站 PLC 端口 0 为 3#站，波特率为 19.2 kbit/s；装配站 PLC 端口 0 为 4#站，波特率为 19.2 kbit/s；最后设置分拣站 PLC 端口 0 为 5#站，波特率为 19.2 kbit/s。分别把系统块下载到相应的 PLC 中。

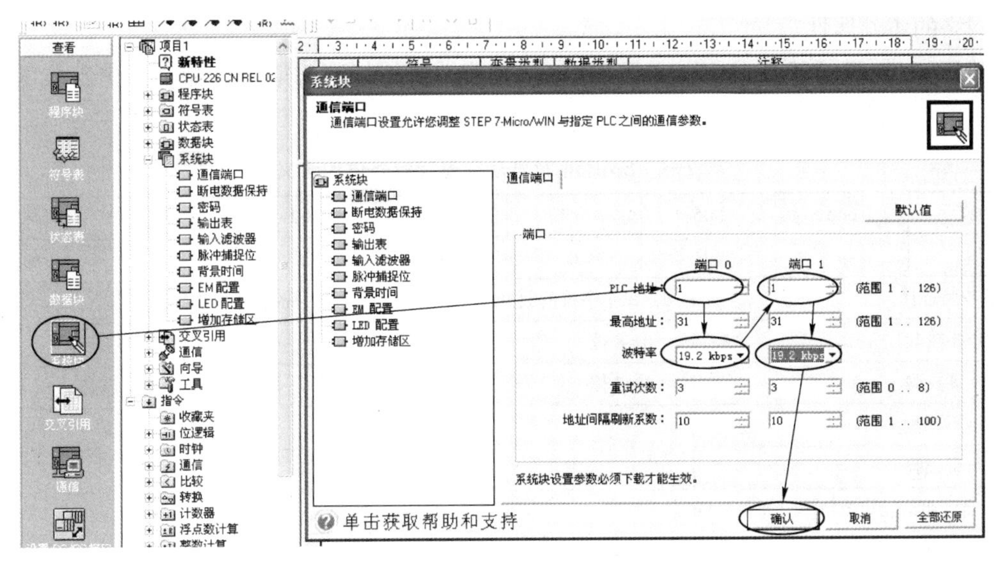

图 7-3　设置输送站 PLC 端口 0 的物理地址和通信速率

2. 网络连接

利用网络接头和网络线把各台 PLC 中用作 PPI 通信的端口 0 连接起来。所使用的网络接头中，2#~5#站用的是标准网络连接器，1#站用的是带编程接口的连接器。该编程接口通过 RS-485/PPI 多主站编程电缆与 PC 连接。然后利用 STEP 7-Micro/WIN V4.0 软件和 RS-485/PPI 多主站编程电缆搜索出 PPI 网络的 5 个工作站，如图 7-4 所示。

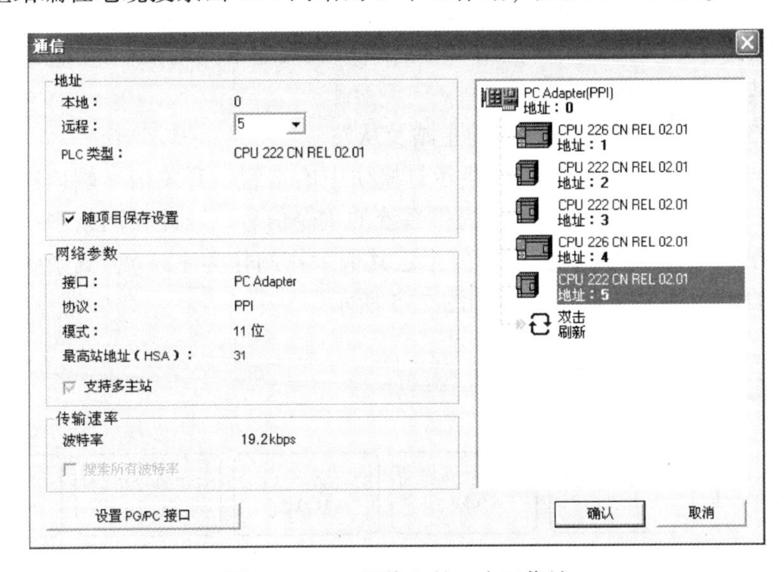

图 7-4　PPI 网络上的 5 个工作站

图 7-4 表明 5 个工作站已经完成 PPI 网络连接。

3. PPI 网络中主站的确定

（1）通过设置特殊功能寄存器来指定主站属性

第一种方法是在通电第 1 个扫描周期，通过设置 SMB30 特殊功能寄存器相应位来指定

PPI 网络的主站属性。

SMB30 是 S7-200 系列 PLC PORT0 自由通信端口的特殊功能寄存器，其中各位的含义见表 7-1 。

表 7-1　SMB30 特殊功能寄存器各位的含义

bit7	bit6	bit5	bit4	bit3	bit2	bit1	bit0
p	p	d	b	b	b	m	m

pp：校验选择	d：每个字符的数据位	mm：协议选择
00=不校验	0=8 位	00=PPI/从站模式
01=偶校验	1=7 位	01=自由通信端口模式
10=不校验		10=PPI/主站模式
11=奇校验		11=保留（未用）
bb：自由通信端口波特率（单位：bit/s）		
000=38400	011=4800	110=115.2k
001=19200	100=2400	111=57.6k
010=9600	101=1200	

在 PPI 模式下，控制字节的 2~7 位是忽略的。当 SMB30=0000 0010 时，定义 PPI 主站；当 SMB30=0000 0000 时，定义 PPI 从站，并且其默认值为 PPI 从站，因此从站不需要初始化 SMB30。

（2）在程序中编写通信网络读/写子程序来指定主站属性

第二种方法是在 PPI 网络中的主站（输送站）编写通信网络读/写子程序，自动将该站设定为主站，其余各站均指定为从站。

（3）YL-335B 自动线中 PPI 网络的主站及从站

YL-335B 自动线系统中，将按钮/指示灯模块中的按钮、开关信号端口连接到输送站的 PLC（S7-200-226 CN）输入端口，以提供系统的主令信号。因此在网络中一般指定输送站作为主站比较方便（当然也可以根据需要指定其他工作站作为主站），其余各站均指定为从站。YL-335B 自动线的 PPI 网络结构如图 7-5 所示。

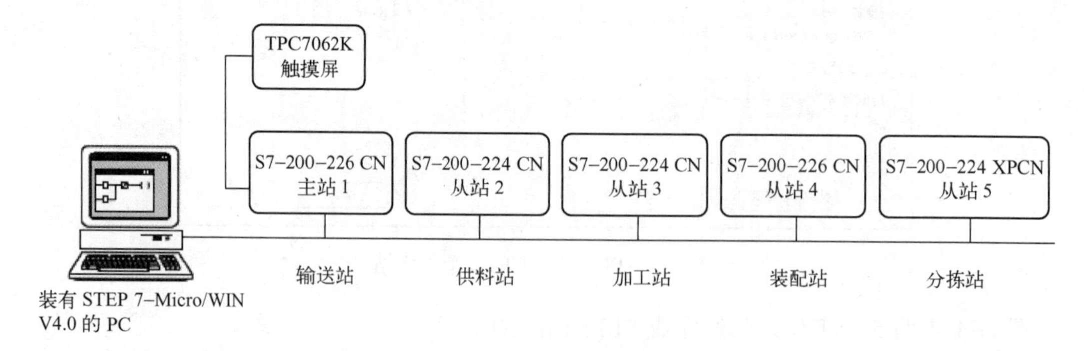

图 7-5　YL-335B 自动线的 PPI 网络结构

4. 编写主站通信网络读/写程序

如前所述，在 PPI 网络中只有在主站程序中使用网络读/写指令来读/写从站信息，而从站程序没有必要使用网络读/写指令。

在编写主站的网络读/写程序前，应预先规划好下面的数据：

1）主站向各从站发送数据的长度（字节数）；

2）发送的数据位于主站何处；

3）数据发送到从站的何处；

4）主站读取各从站数据的长度（字节数）；

5）主站从从站的何处读取数据；

6）主站读取的数据存放在主站何处。

对以上数据应根据系统工作要求和信息交换量的大小等进行统一规划。考虑 YL-335B 自动线中各工作站 PLC 所需交换的信息量不大，主站向各从站发送的数据只是主令信号，例如起动、停止、急停、允许供料、允许加工、允许装配和允许分拣等信号。从从站读取的也只是各从站的状态信息，例如供料完成、加工完成、装配完成、分拣完成、供料不足和缺料等信息。发送和接收的数据长度一般为 1 个字节（2B）。当然，如果要处理的数据量较大或给系统预留一定的数据裕量，数据长度可以设置为 2 个字、4 个字、甚至 8 个字。网络读/写数据规划举例见表 7-2 。

表 7-2　网络读/写数据规划实例

输送站 1#站（主站）	供料站 2#站（从站）	加工站 3#站（从站）	装配站 4#站（从站）	分拣站 5#主题（从站）
发送数据的长度	4B	4B	4B	4B
从主站何处发送	VB1000	VB1000	VB1000	VB1000
发往至从站何处	VB1000	VB1000	VB1000	VB1000
接收数据的长度	4B	4B	4B	4B
数据来自从站何处	VB1020	VB1030	VB1040	VB1050
数据被存到主站何处	VB1020	VB1030	VB1040	VB1050

可以向远程站（从站或目标工作站）发送或接收的网络读/写指令有 16B 的信息，在 CPU 内同一时间最多可以有 8 条指令被激活。YL-335B 自动线有 4 个从站，因此可同时激活 4 条网络读指令和 4 条网络写指令。

根据上述数据规划，可以借助网络读/写指令向导来编写网络读/写程序。这一指令向导可以快速、简单地配置比较复杂的网络读/写指令操作，为所需的功能提供一系列选项。一旦完成，向导将为所选配置生成程序代码，并初始化指定的 PLC 为 PPI 主站模式，同时使能网络读/写操作。要启动网络读/写指令向导，在 STEP 7-Micro/WIN V4.0 软件命令菜单中选择“工具”→“指令导向”，并且在指令向导窗口中选择“NETR/NETW（网络读/写）”，单击“下一步”按钮后，就会出现“NETR/NETW 指令向导”对话框，如图 7-6 所示。

图 7-6 中，因为主站要对 4 个从站进行读操作和写操作，所以需要配置 8 项网络读/写操作。同理，如果 PPI 网络中有 1 个主站、3 个从站，则需要配置 6 项网络读/写操作，然后单击“下一步”按钮。

图 7-7 中，需要选择网络读/写操作通过哪一个端口进行通信，可以选择端口 0 或端口 1。选择哪一个端口取决于在硬件上是将哪一个端口连接至从站的端口。这里选择端口 0，同时子程序的命名采用默认名字，然后单击“下一步”按钮，开始配置 4 项读操作和 4 项写操作。

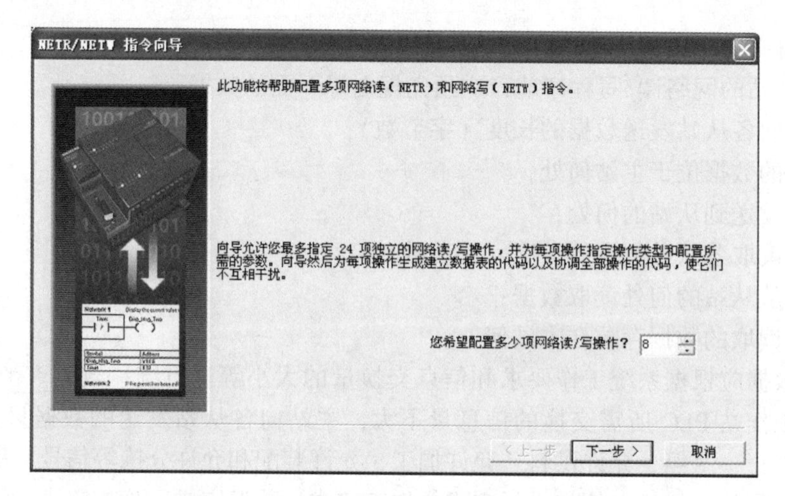

图 7-6 “NETR/NETW 指令向导”对话框

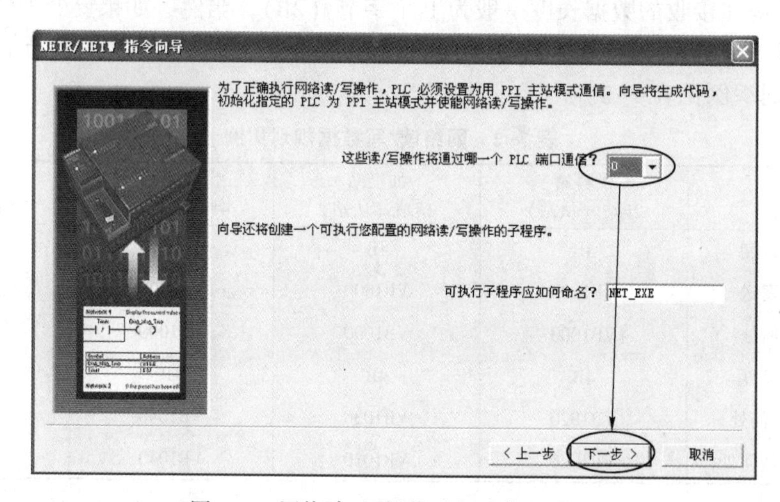

图 7-7 网络读/写操作进行通信的端口

第 1 项操作：从主站写数据到供料站，如图 7-8 所示。

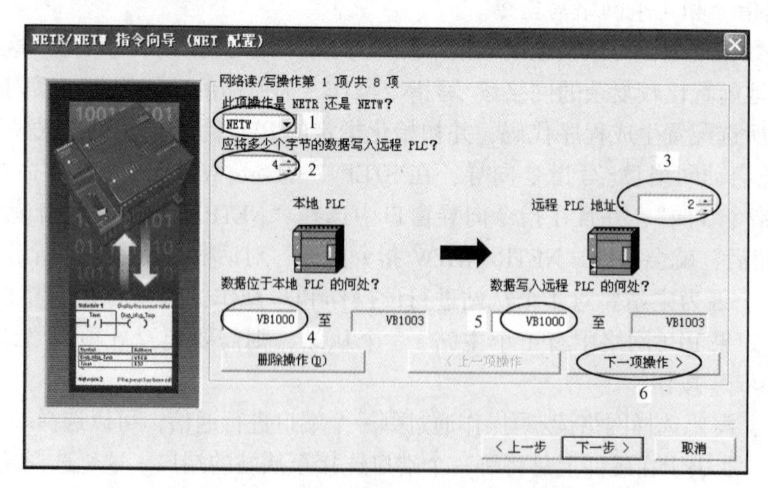

图 7-8 主站对供料站的网络写操作

图 7-8 中，第 1 步选择写操作，即“NETW”；第 2 步选择写入的数据区域为 4B 大小；第 3 步选择写入数据的目标工作站，即供料站，其地址为 2；第 4 步确定主站 PLC 数据区域的首地址为 VB1000，其地址范围为 VB1000～VB1003；第 5 步确定目标工作站 PLC 的数据区域首地址为 VB1000，其地址范围为 VB1000～VB1003；第 6 步单击“下一项操作”按钮进入第 2 项操作。

第 2 项操作：从主站写数据到加工站，如图 7-9 所示。

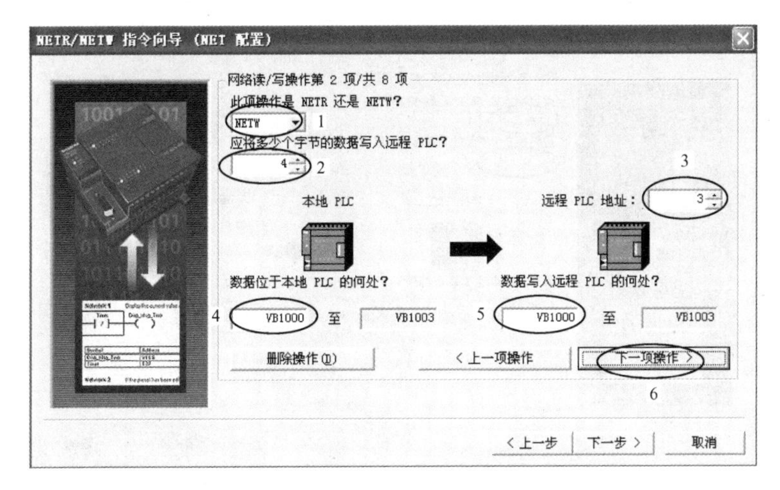

图 7-9　主站对加工站的网络写操作

图 7-9 中，第 1 步选择写操作，即“NETW”；第 2 步选择写入的数据区域为 4B 大小；第 3 步选择写入数据的目标工作站，这里为加工站，其地址为 3；第 4 步确定主站 PLC 数据区域的首地址为 VB1000，其地址范围为 VB1000～VB1003；第 5 步确定目标工作站 PLC 的数据区域首地址为 VB1000，其地址范围为 VB1000～VB1003；第 6 步单击“下一项操作”按钮进入第 3 项操作。

第 3 项操作：从主站写数据到装配站，如图 7-10 所示。

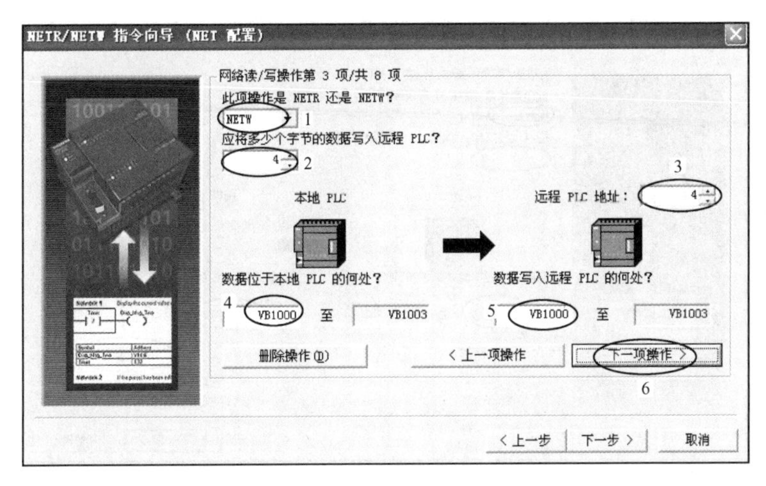

图 7-10　主站对装配站的网络写操作

图 7-10 中，第 1 步选择写操作，即“NETW”；第 2 步选择写入的数据区域为 4B 大小；第 3 步选择写入数据的目标工作站，即装配站，其地址为 4；第 4 步确定主站 PLC 数据区域的首地址为 VB1000，其地址范围为 VB1000～VB1003；第 5 步确定目标工作站 PLC 的数据区域首地址为 VB1000，其地址范围为 VB1000～VB1003；第 6 步单击“下一项操作”按钮进入第 4 项操作。

第 4 项操作：从主站写数据到分拣站，如图 7-11 所示。

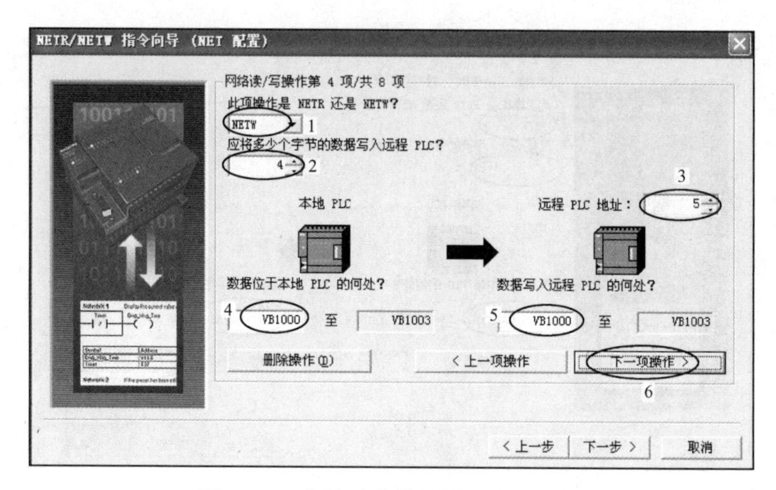

图 7-11　主站对分拣站的网络写操作

图 7-11 中，第 1 步选择写操作，即“NETW”；第 2 步选择写入的数据区域为 4B 大小；第 3 步选择写入数据的目标工作站，即分拣站，其地址为 5；第 4 步确定主站 PLC 数据区域的首地址为 VB1000，其地址范围为 VB1000～VB1003；第 5 步确定目标工作站 PLC 的数据区域首地址为 VB1000，其地址范围为 VB1000～VB1003；第 6 步单击“下一项操作”按钮进入第 5 项操作。

第 5 项操作：从供料站读数据到主站，如图 7-12 所示。

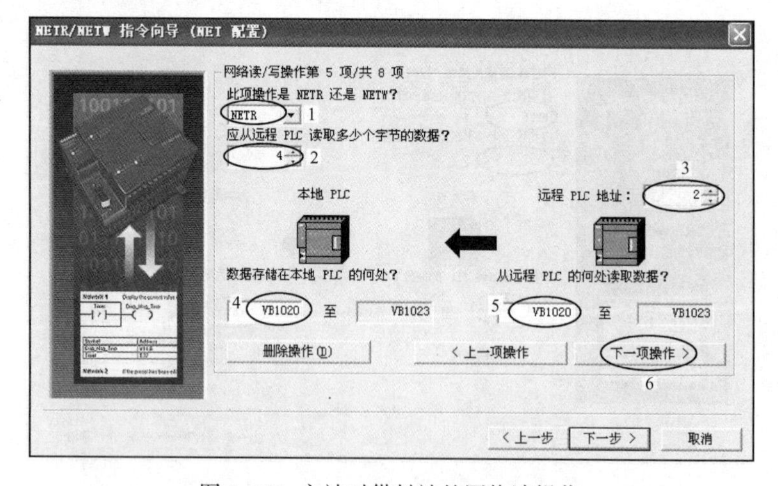

图 7-12　主站对供料站的网络读操作

图 7-12 中，第 1 步选择读操作，即“NETR”；第 2 步选择读取的数据区域为 4B 大小；第 3 步选择从哪一个站读取数据到主站，即供料站，其地址为 2；第 4 步确定将供料站的数据存放至主站 PLC 数据区域的首地址为 VB1020，其地址范围为 VB1020~VB1023；第 5 步确定供料站 PLC 的数据区域首地址为 VB1020，其地址范围为 VB1020~VB1023；第 6 步单击“下一项操作”按钮进入第 6 项操作。

第 6 项操作：从加工站读数据到主站，如图 7-13 所示。

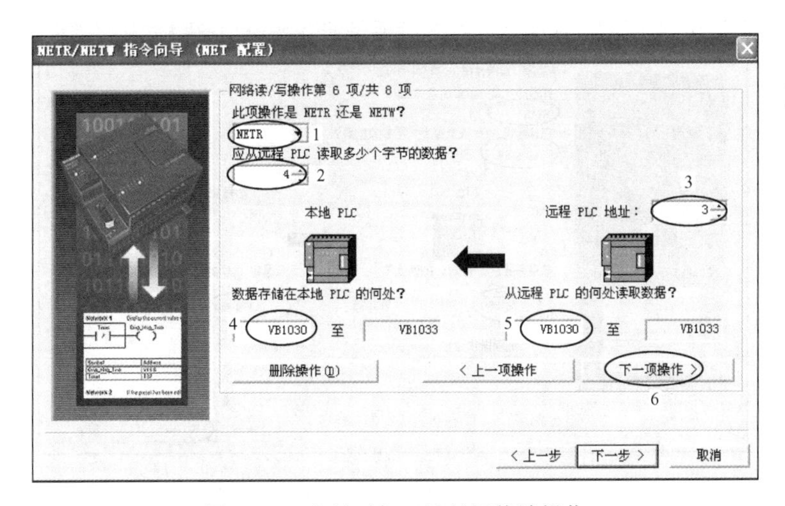

图 7-13　主站对加工站的网络读操作

图 7-13 中，第 1 步选择读操作，即“NETR”；第 2 步选择读取的数据区域为 4B 大小；第 3 步选择从哪一个站读取数据到主站，即加工站，其地址为 3；第 4 步确定将加工站的数据存放至主站 PLC 数据区域的首地址为 VB1030，其地址范围为 VB1030~VB1033；第 5 步确定加工站 PLC 的数据区域首地址为 VB1030，其地址范围为 VB1030~VB1033；第 6 步单击“下一项操作”按钮进入第 7 项操作。

第 7 项操作：从装配站读数据到主站，如图 7-14 所示。

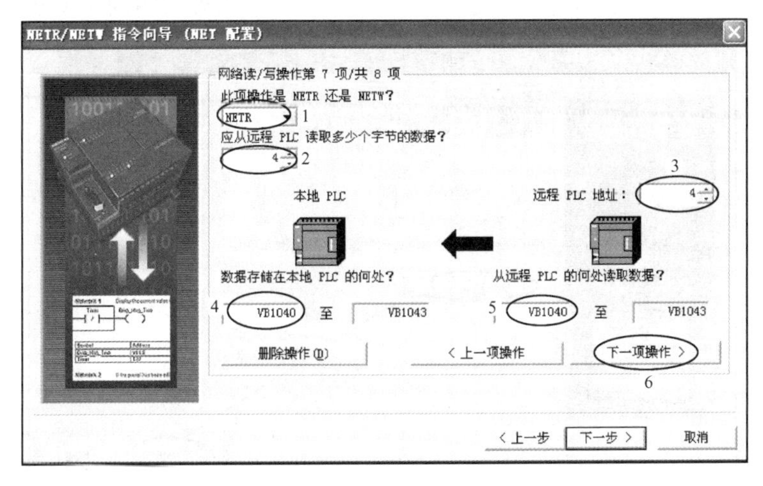

图 7-14　主站对装配站的网络读操作

图 7-14 中，第 1 步选择读操作，即“NETR”；第 2 步选择读取的数据区域为 4B 大小；第 3 步选择从哪一个站读取数据到主站，即装配站，其地址为 4；第 4 步确定将装配站的数据存放至主站 PLC 数据区域的首地址为 VB1040，其地址范围为 VB1040～VB1043；第 5 步确定加工站 PLC 的数据区域首地址为 VB1040，其地址范围为 VB1040～VB1043；第 6 步单击“下一项操作”按钮进入第 8 项操作。

第 8 项操作：从分拣站读数据到主站，如图 7-15 所示。

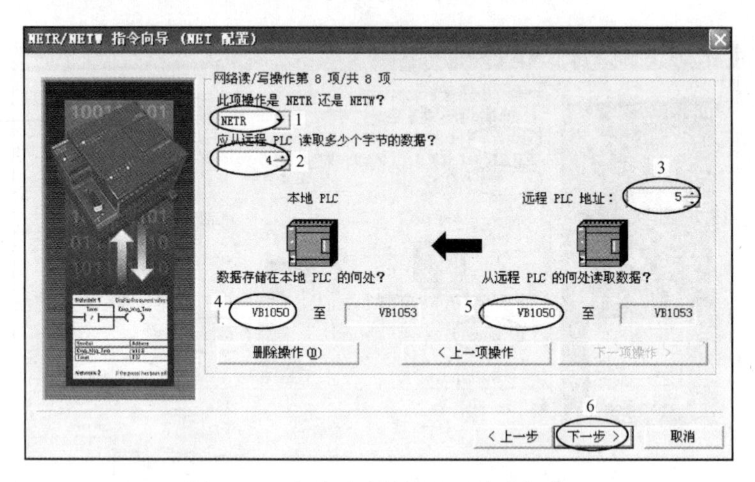

图 7-15　主站对分拣站的网络读操作

图 7-15 中，第 1 步选择读操作，即“NETR”；第 2 步选择读取的数据区域为 4B 大小；第 3 步选择从哪一个站读取数据到主站，即分拣站，其地址为 5；第 4 步确定将分拣站的数据存放至主站 PLC 数据区域的首地址为 VB1050，其地址范围为 VB1050～VB1053；第 5 步确定分拣站 PLC 的数据区域首地址为 VB1050，其地址范围为 VB1050～VB1053；第 6 步单击“下一步”按钮进入“NETR/NETW 指令向导（NET 配置）”对话框，如图 7-16 所示。

图 7-16 中，向导程序要求指定一个 V 存储区的起始地址，以便将此配置放入 V 存储区。8 项配置需要占用 91B 的 V 存储区。这时若在选择框中填入一个 VB 值（例如，VB0），或单击“建议地址”按钮，程序自动建议一个大小合适且未被占用的 V 存储区地址范围。

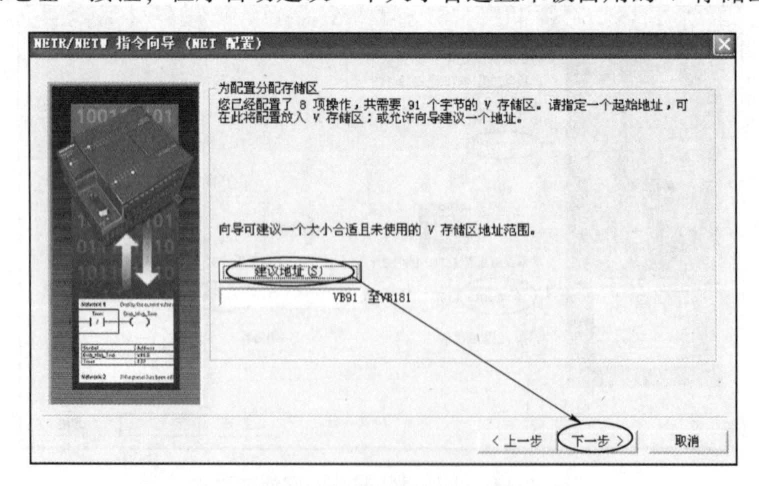

图 7-16　为配置分配存储区

单击图 7-16 中的“下一步”按钮，全部配置完成，向导将为所选的配置生成项目组件，如图 7-17 所示。可返回修改各参数后，单击“完成”按钮，借助网络读/写指令向导配置网络读/写操作的工作结束。这时，指令向导对话框将消失，程序编辑器窗口将增加 NET_EXE 子程序标记。

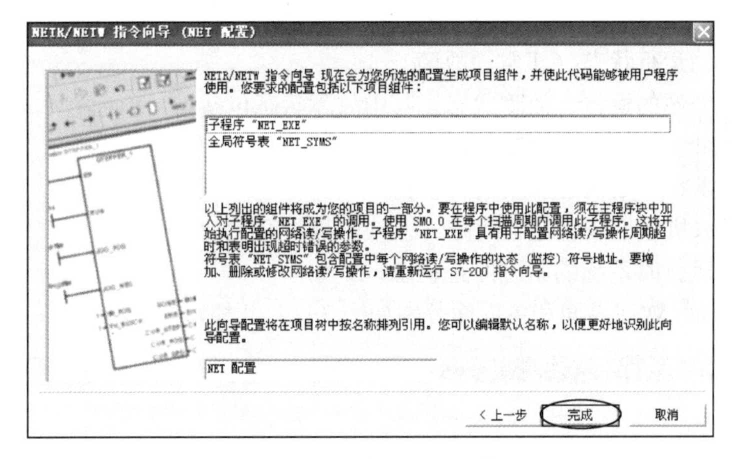

图 7-17　生成的项目组件

要在程序中使用上面所完成的配置，必须在主站的主程序块中加入对子程序“NET_EXE”的调用。使用 SM0.0 在每个扫描周期内调用此子程序，以便执行配置的通信网络读/写操作，其梯形图如图 7-18 所示。

网络 1　　在每一个扫描周期，调用通信网络读/写子程序 NET_EXE

SM0.0　NET_EXE

EN

0 - Timeout　Cycle - Q1.6

Error - Q1.7

图 7-18　通信网络读/写子程序 NET_EXE 的调用

由图 7-18 可知，NET_EXE 有 Timeout、Cycle、Error 等几个参数，它们的含义如下。

1）Timeout：设定的通信超时时限，范围为 1～32767 s，若 Timeout =0，则不计时。

2）Cycle：输出开关量信号，所有网络读/写操作每完成一次，则切换一次状态。

3）Error：发生错误时报警输出。

本例中，Timeout 设定为 0，Cycle 输出到 Q1.6 端口，当网络通信正常时，Q1.6 端口所连接的指示灯将周期性闪烁。Error 输出到 Q1.7 端口，当网络通信发生错误时，所连接的指示灯将点亮。

任务 7.3　组态人机界面

在 PPI 网络联机方式下，系统主令信号由触摸屏人机界面提供，触摸屏被连接到系统中主站的 PLC 编程口。人机界面组态画面要求如下：用户窗口包括欢迎界面和主界面两个窗口。其中欢迎界面是启动界面，触摸屏通电后即运行至此界面，屏幕上方的标题文字向右循环移动。当触摸欢迎界面上的任意部位时，都将切换到主界面窗口。主界面窗口组态应具有下列功能。

1）提供系统工作方式（单站/全线）选择信号和系统复位、起动和停止信号。

2）在人机界面上设定分拣站变频器的输入运行频率（40~50 Hz）。

3）在人机界面上动态显示输送站抓取机械手装置当前位置（以原点位置为参考点，单位为 mm）。

4）指示网络的运行状态（正常、故障）。

5）指示各工作站的运行、故障状态。其中故障状态包括：

① 供料站的供料不足状态和缺料状态；

② 装配站的供料不足状态和缺料状态；

③ 输送站抓取机械手装置超程故障（左或右极限开关动作）。

6）指示全线运行时系统的紧急停止状态。

YL-335B 自动线欢迎界面和主界面分别如图 7-19 和图 7-20 所示。

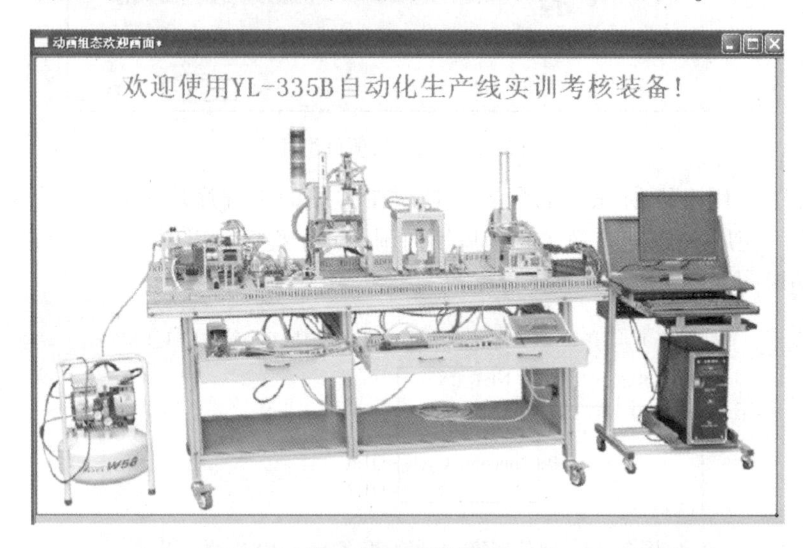

图 7-19　欢迎界面

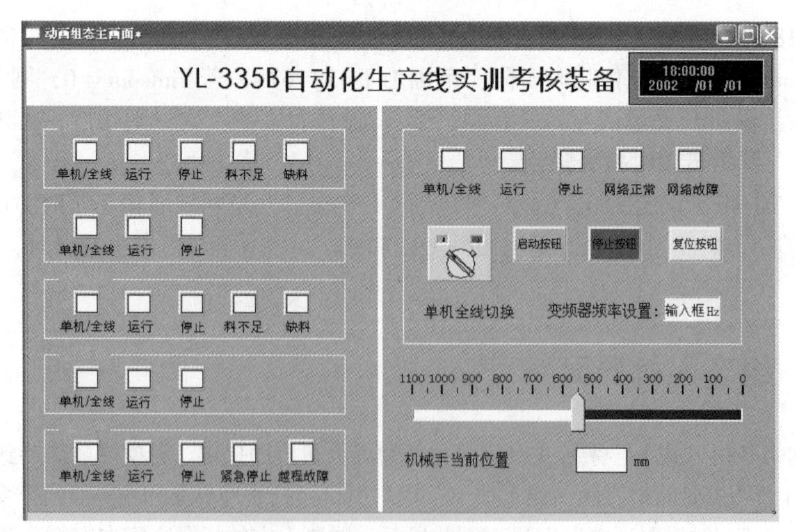

图 7-20　主界面

7.3.1 认识 TPC7062KS 触摸屏

YL-335B 自动线采用了北京昆仑通态自动化软件科技有限公司研发的人机界面 TPC7062KS，它是一款在实时多任务嵌入式操作系统 Windows CE 环境中运行的 MCGS 嵌入式组态软件的触摸屏。该产品的设计采用了 7 in、高亮度、TFT 液晶显示屏（分辨率 800×480），四线电阻式触摸屏（分辨率 4096×4096），64 K 彩色，采用 ARM 结构嵌入式低功耗 CPU 为核心、主频 400 MHz、64 MB 存储空间的主板。

1. TPC7062KS 触摸屏的硬件连接

TPC7062KS 触摸屏的电源进线和各种通信接口均安排在背面，如图 7-21 所示。

其中，电源接口为触摸屏的工作电源，为 DC 24 V。COM 接口为连接 PLC 的通信端口，其内部具有 RS-485 接口功能和 RS-232 接口功能，具体选用何种功能需通过软件来设置。USB1 接口用来连接鼠标或 U 盘等，USB2 接口用于工程项目下载。触摸屏的下载线和通信线如图 7-22 所示。

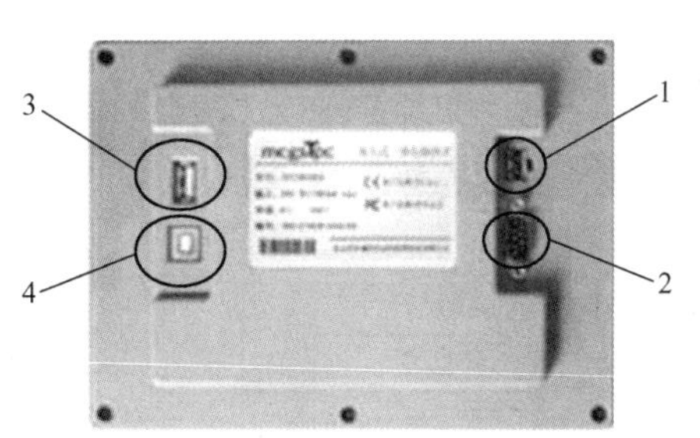

图 7-21　TPC7062KS 背面接口示意图

1—电源接口　2—COM 接口

3—USB1 接口　4—USB2 接口

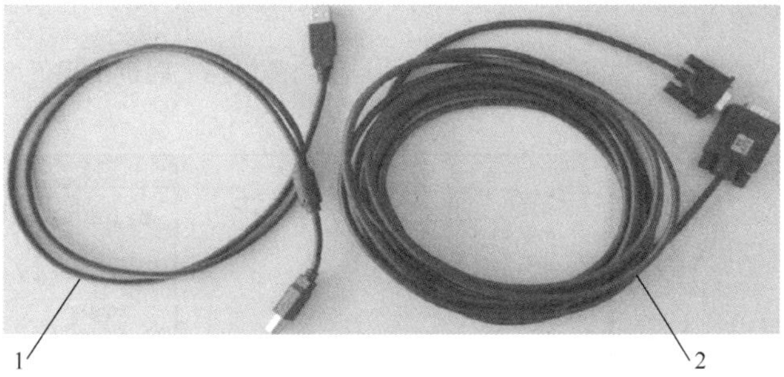

图 7-22　触摸屏的下载线和通信线

1—触摸屏的下载线　2—触摸屏与 PLC 的通信线

（1）TPC7062KS 触摸屏与 PC 的连接

在 YL-335B 自动线上，TPC7062KS 触摸屏是通过 USB2 接口与 PC 连接的。连接之前，PC 应先安装 MCGS 组态软件。当需要在 MCGS 组态软件上把组态画面下载到 HMI 时，只要在下载配置里，选择“连机运行”，单击“工程下载”按钮即可进行下载，如图 7-23 所示。如果工程项目要在计算机上模拟测试，则选择“模拟运行”按钮，然后下载工程。

（2）TPC7062KS 触摸屏与 S7-200 系列 PLC 的连接

在 YL-335B 自动线中，触摸屏通过 COM 接口直接与输送站的 PLC 编程端口（PORT1）连接。所使用的通信线采用西门子 PC-PPI 电缆，PC 端为 RS-232，PLC 端为 RS-485。PC-PPI电缆 9 针母头插在触摸屏侧，9 针公头插在 PLC 侧。为了实现正常通信，除了正确进行硬件连接，还须对触摸屏的串口 0 属性进行设置，主要设置触摸屏的串口端口号、通信速率和物理地址。

1）串口端口号的设置。若采用 PC-PPI 电缆，则连接 PLC 的一端为 RS-485，连接触摸屏的一端为 RS-232，故触摸屏的串口应选用 RS-232 端口，即选择 COM1，如图 7-24 所示。

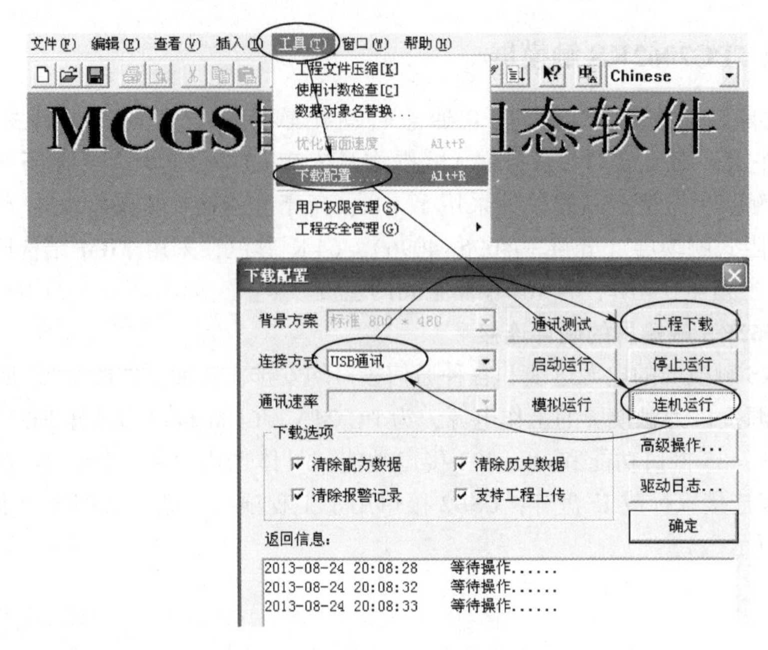

图 7-23 联机工程下载方法

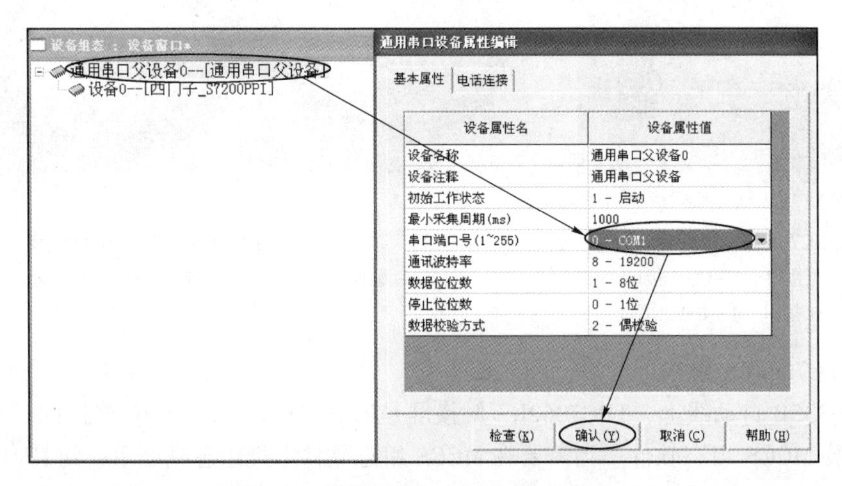

图 7-24 触摸屏串口选择 RS-232 口

若采用自制的 RS-485 电缆，则连接 PLC 的一端为 RS-485，连接触摸屏的一端也为 RS-485，故触摸屏的串口应选用 RS-485 端口，即选择 COM2，如图 7-25 所示。

2）通信速率的设置。触摸屏的通信速率必须和与之通信的 PLC 的通信速率保持一致，否则将造成无法通信。例如，PLC 侧的通信速率设置为 19.2 kbit/s，则触摸屏的通信速率也应当设置为 19.2 kbit/s，如图 7-26 所示。

3）设备地址的设置。触摸屏的设备地址必须和与之通信的 PLC 的地址保持一致，否则将造成无法通信。例如，输送站 PLC 的地址设置为 1，则触摸屏的设备地址也应当设置为 1，如图 7-27 所示。

2. 触摸屏的设备组态

为了通过触摸屏这一设备操作机器或系统，必须给触摸屏的设备组态用户界面，该过程

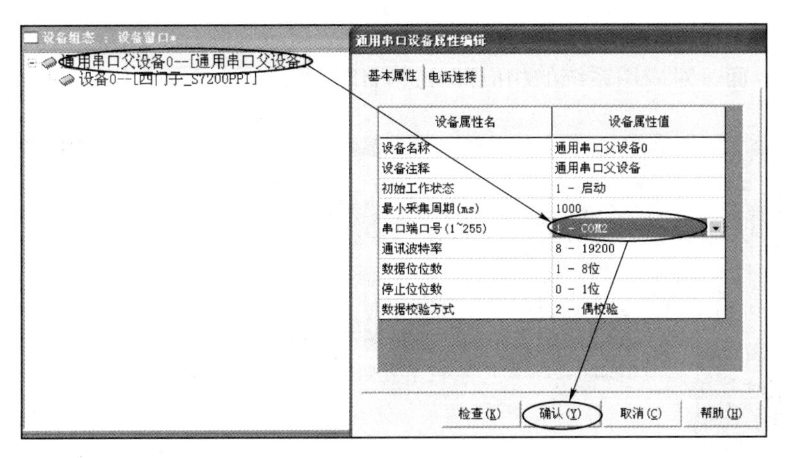

图 7-25　触摸屏串口选择 RS-485 口

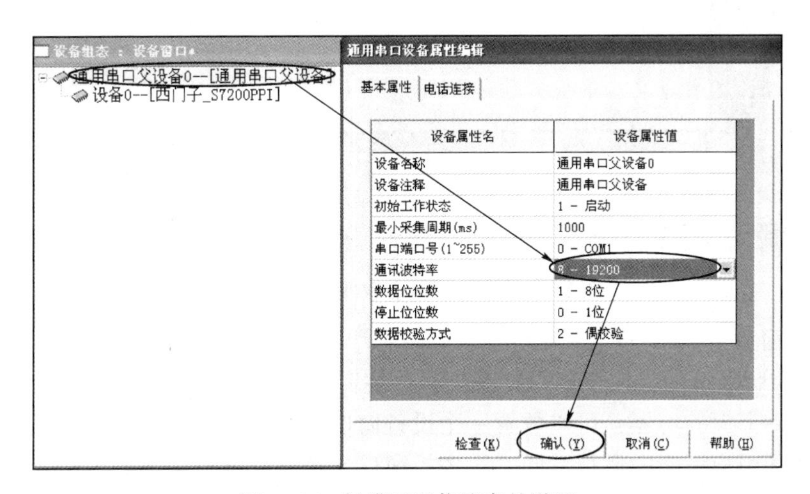

图 7-26　触摸屏通信速率的设置

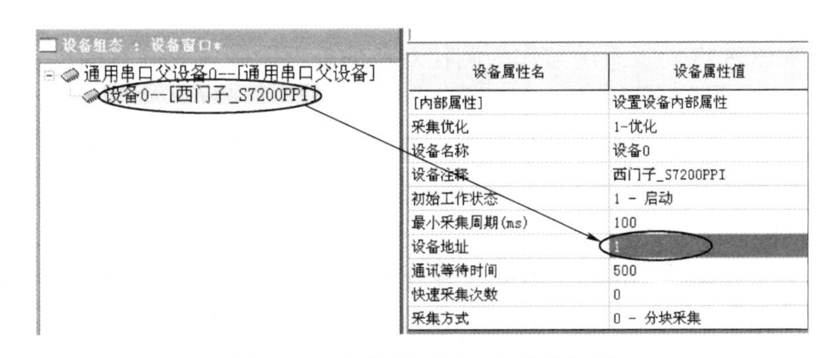

图 7-27　触摸屏的设备地址的设置

称为“组态阶段”。系统组态就是通过 PLC 以“变量”方式进行操作单元与机械设备或过程之间的通信。变量值写入 PLC 上的存储区域（地址），由操作单元从该区域读取。

运行 MCGS 嵌入版组态软件环境，选择菜单中的“文件”→“新建工程”，弹出图 7-28所示界面。MCGS 嵌入版用“工作台”窗口来管理构成用户应用系统的 5 个部分。工作台上的 5 个标签，即主控窗口、设备窗口、用户窗口、实时数据库和运行策略，分别对应5个不同的窗口界面，每一个界面负责管理用户应用系统的一个部分，单击不同的标签可切换不同窗口界面，对应用系统的相应部分进行组态操作。

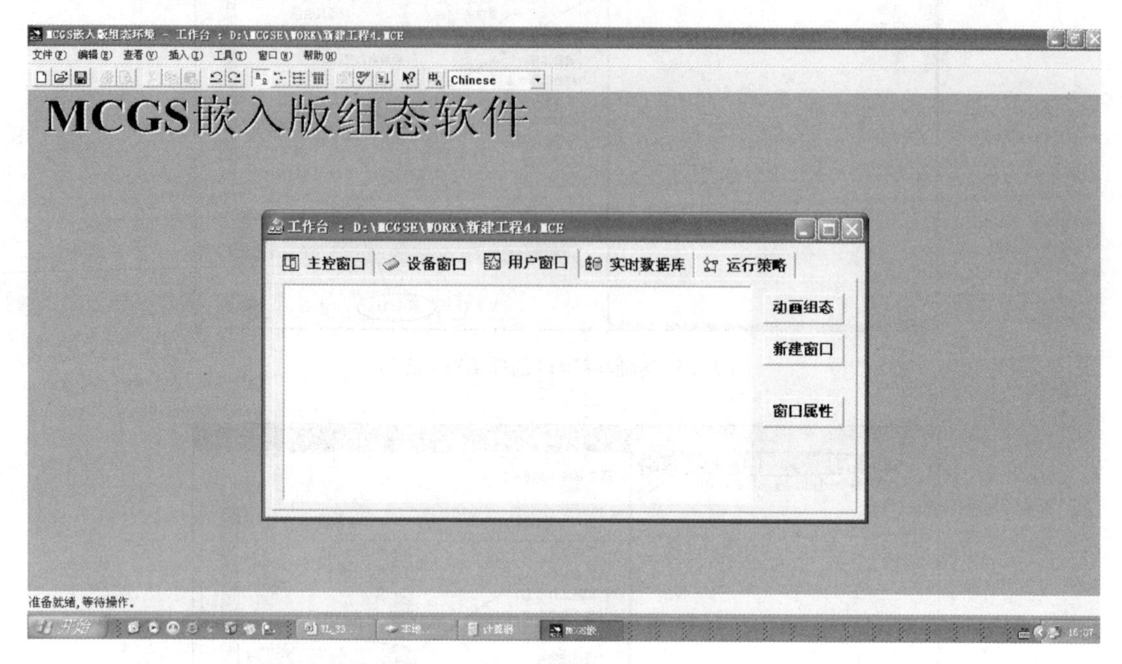

图7-28　嵌入式组态软件工作台界面

（1）主控窗口

MCGS嵌入版系统的主控窗口是组态工程的主窗口，是所有设备窗口和用户窗口的父窗口，它相当于一个大的容器，可以放置一个设备窗口和多个用户窗口，负责这些窗口的管理和调度，并调度用户策略的运行。同时，主控窗口又是组态工程结构的主框架，可在主控窗口内设置系统运行流程及特征参数，方便用户的操作。

（2）设备窗口

设备窗口是MCGS嵌入版系统与作为测控对象的外部设备建立联系的后台作业环境，负责驱动外部设备，控制外部设备的工作状态。系统通数据通道把外部设备的运行数据采集进来，送入实时数据库，供系统其他部分调用，并且把实时数据库中的数据输出到外部设备，实现对外部设备的操作与控制。

（3）用户窗口

用户窗口本身是一个“容器”，用来放置各种图形对象（图元、图符和动画构件），不同的图形对象对应不同的功能。通过对用户窗口内多个图形对象的组态，生成漂亮的图形界面，为实现动画显示效果做准备。

（4）实时数据库

在MCGS嵌入版系统中，用数据对象来描述系统中的实时数据，用对象变量代替传统意义上的值变量，把数据库技术管理的所有数据对象的集合称为实时数据库。实时数据库是MCGS嵌入版系统的核心，是应用系统的数据处理中心。系统各个部分均以实时数据库为公用区来交换数据，实现各个部分协调动作。设备窗口通过设备构件驱动外部设备，将采集的数据送入实时数据库；由用户窗口组成的图形对象，与实时数据库中的数据对象建立连接关系，以动画形式实现数据的可视化；运行策略通过策略构件，对数据进行操作和处理，如图 7-29 所示。

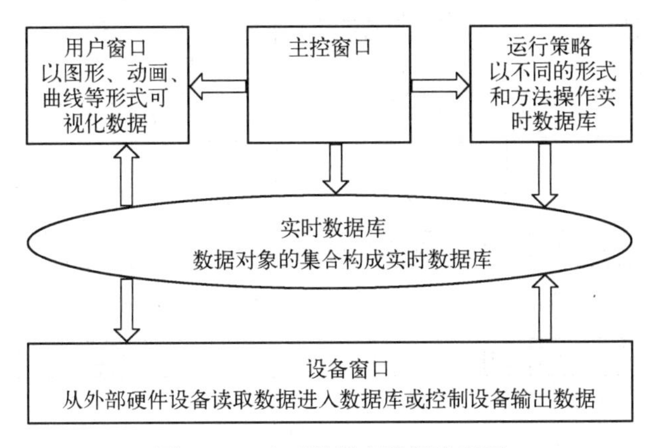

图 7-29　实时数据库数据流程图

（5）运行策略

对于复杂的工程，监控系统必须设计成多分支、多层循环嵌套式结构，按照预定的条件，对系统的运行流程及设备的运行状态进行有针对性的选择和精确的控制。为此，MCGS 嵌入版系统引入运行策略的概念，用以解决上述问题。所谓“运行策略”，是用户为实现对系统运行流程自由控制所组态生成的一系列功能块的总称。MCGS 嵌入版系统为用户提供了进行策略组态的专用窗口和工具箱。运行策略的建立，使系统能够按照设定的顺序和条件，操作实时数据库，控制用户窗口的打开、关闭以及设备构件的工作状态，从而实现对系统工作过程精确控制及有序调度管理的目的。

7.3.2　TPC7062KS 触摸屏在分拣站中的应用

为了进一步说明触摸屏组态的具体方法和步骤，下面给出一个在项目 5 的基础上稍作修改，由触摸屏提供主令信号并显示系统工作状态的工作任务。

1. 工作任务要求

1）设备的工作目标，通电和气源接通后的初始位置，具体的分拣要求，均与原工作任务相同，对于起动、停止操作和工作状态指示，则不通过按钮/指示灯模块进行操作和状态指示，而是在触摸屏上实现。因此，对分拣站的 I/O 接线原理需要略作修改，如图 7-30 所示。

2）当分拣站入料口通过人工放下已装配的工件时，变频器立即启动，驱动传送电动机以触摸屏给定的速度把工件送去分拣，频率在 40~50 Hz 可调节。

3）能在触摸屏上显示各分料槽工件累计的数据，且数据在触摸屏上可以被清零。

4）根据以上要求完成人机界面组态和分拣程序的编写、调试。

2. 人机界面组态

根据工作任务要求，设计分拣站的人机界面组态画面，其效果如图 7-31 所示。

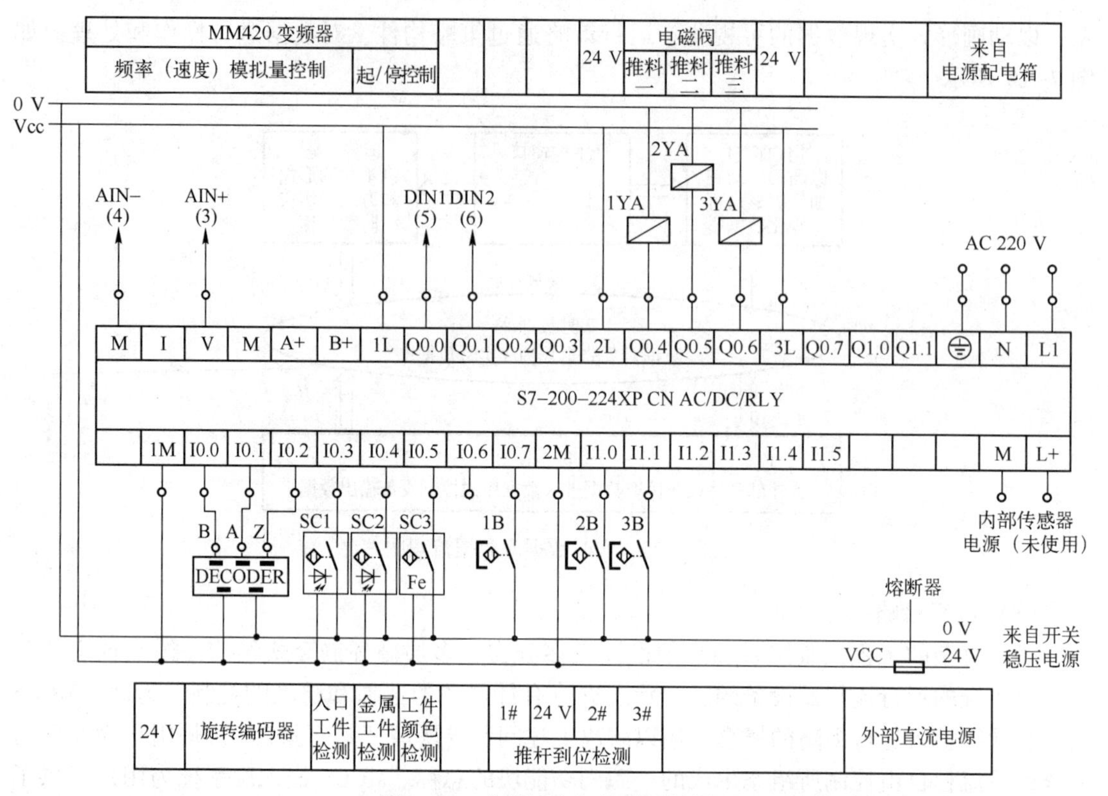

图 7-30　分拣站电气控制原理图

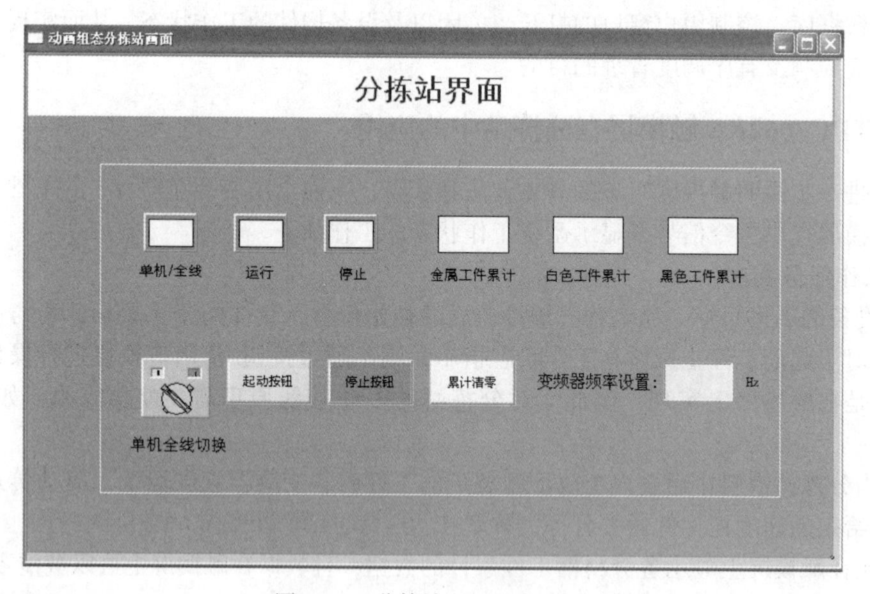

图 7-31　分拣站人机组态画面

画面中包含了如下内容。

1）状态指示：单机/全线、运行、停止。

2）切换旋钮：单机全线切换。

3）按钮：起动、停止、累计清零按钮。

4）数据输入：变频器频率设置。

5）数据输出显示：金属工件累计、白色工件累计、黑色工件累计。

6）矩形框。

触摸屏组态画面中各元件对应分拣站 PLC 的地址见表 7-3。

表 7-3　触摸屏组态画面各元件对应分拣站 PLC 的地址

元件类别	名　称	输入地址	输出地址	备　注
位状态切换开关	单机/全线切换		M0.1	
位状态开关	起动按钮		M0.2	
	停止按钮		M0.3	
	累计清零按钮		M0.4	
位状态指示灯	单机/全线指示灯	M0.1		
	运行指示灯	M0.1		
	停止指示灯	M0.1		
数值输入元件	变频器频率给定		VW1002	最小值 40，最大值 50
数值输出元件	金属工件累计	VW70		
	白色工件累计	VW72		
	黑色工件累计	VW74		

接下来讲述人机界面的组态步骤和方法。

（1）创建工程

TPC 中类型的下拉列表中如果找不到“TPC7062KS”，则选择“TPC7062K”，单击“确定”按钮即可新建一个工程，如图 7-32 所示。

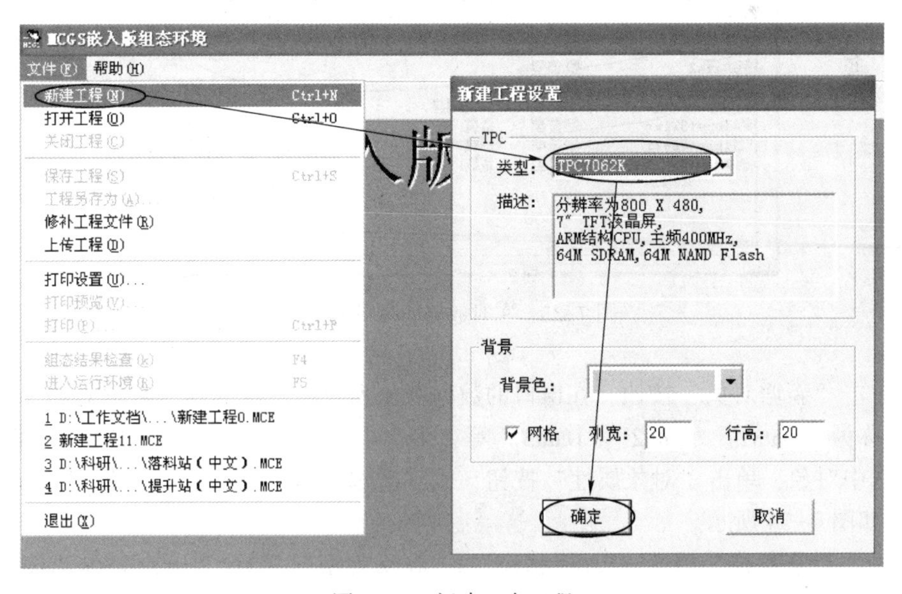

图 7-32　新建一个工程

（2）定义数据对象

根据前面给出的表 7-3 定义数据对象，即在实时数据库里新建与画面中各元件对应的变量数据对象，见表 7-4。

表 7-4 触摸屏组态画面各元件对应的数据对象

元件名称	数据对象	数据类型	注释
单机/全线切换	单机全线切换	开关型	读/写
单机/全线指示灯			
起动按钮	起动	开关型	只写
停止按钮	停止	开关型	只写
清零累计按钮	清零	开关型	只写
运行指示灯	运行状态	开关型	只读
停止指示灯	运行状态	开关型	只读
变频器频率给定	变频器频率给定	数值型	只写
金属工件累计	金属工件累计	数值型	只读
白色工件累计	白色工件累计	数值型	只读
黑色工件累计	黑色工件累计	数值型	只读

下面以数据对象“运行状态”为例，介绍定义数据对象的步骤。

1）单击工作台界面中的“实时数据库”标签，进入实时数据库窗口，如图 7-33 所示。

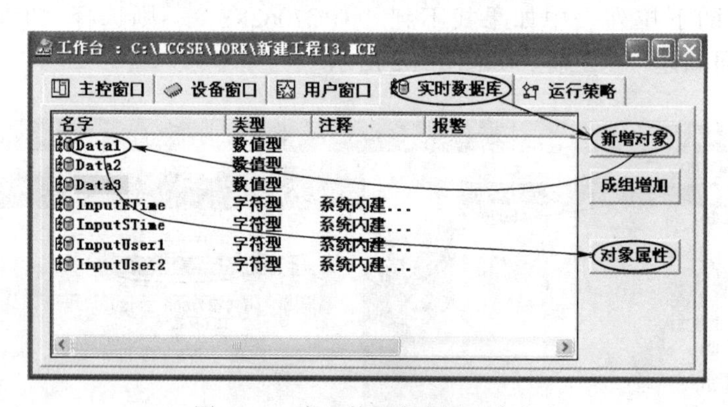

图 7-33 实时数据库变量的定义

2）单击“新增对象”按钮，在窗口的数据对象列表中，增加新的数据对象，系统默认定义的名称为“Data1”“Data2”“Data3”等（多次单击该按钮，则可增加多个数据对象）。

3）选中对象，单击“对象属性”按钮，或双击选中对象，打开“数据对象属性设置”对话框，如图 7-34 所示。

4）将“对象名称”改为“运行状态”，“对象类型”选择“开关”单选按钮，单击“确认”按钮，如图 7-34 所示。

按照此步骤，根据表 7-4，新建并设置其他数据对象。

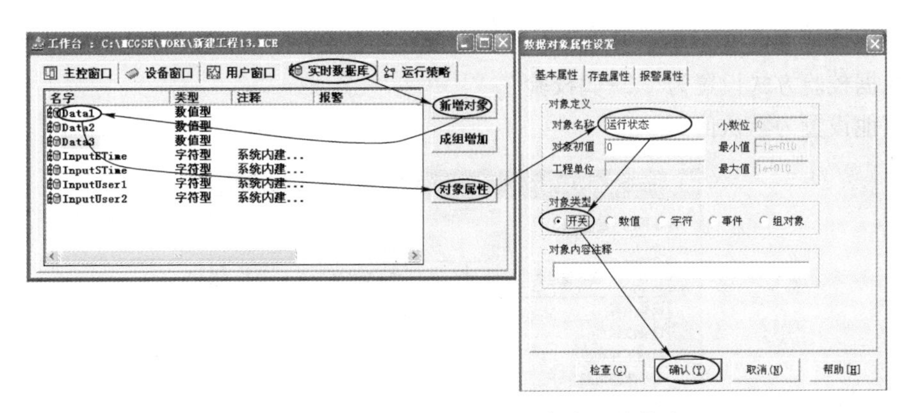

图 7-34　数据库对象名称及对象类型的修改

（3）设备连接

为了建立触摸屏与 PLC 之间的数据通信，须把定义好的数据对象和 PLC 内部变量进行连接，具体操作步骤如下。

1）在“设备窗口”选项卡中双击“设备窗口”标签进入设备组态窗口。

2）单击工具栏中的（工具箱）图标按钮，打开设备窗口。

3）在“设备管理”列表中，双击“通用串口父设备”，然后双击“西门子_S7200PPI”，右边“设备组态：设备窗口”出现“通用串口父设备”和“西门子_S7200PPI”，如图 7-35 所示。

图 7-35　通用串口父设备及西门子 S7-200 PPI 的设备管理

4）双击“通用串口父设备”，进入“通用串口设备“属性编辑”对话框，进行通用串口父设备的基本属性的设置，如图 7-36 所示。可做如下设置：

① 将串口端口号（1~255）设置为“0-COM1”（根据选用不同的通信电缆选择 COM1 或 COM2，具体参见 7.3.1 节相关内容）。

② 通信波特率设置为“8-19200”。

③ 数据校验方式设置为“2-偶校验”。

④ 其他设置为默认值。

图 7-36　通用串口父设备的设置

5）双击图 7-35 中左侧“西门子_S7200PPI”，进入“设备编辑窗口”，如图 7-37 所示。详细设置方法可参考 7.3.1 节相关内容。这里因为触摸屏与分拣站 PLC 相连接，所以设备地址设置为 5。“设备编辑窗口”的右栏默认自动生成的通道名称为 I000.0～I000.7，可以根据需要单击“删除全部通道”按钮将其全部删除。

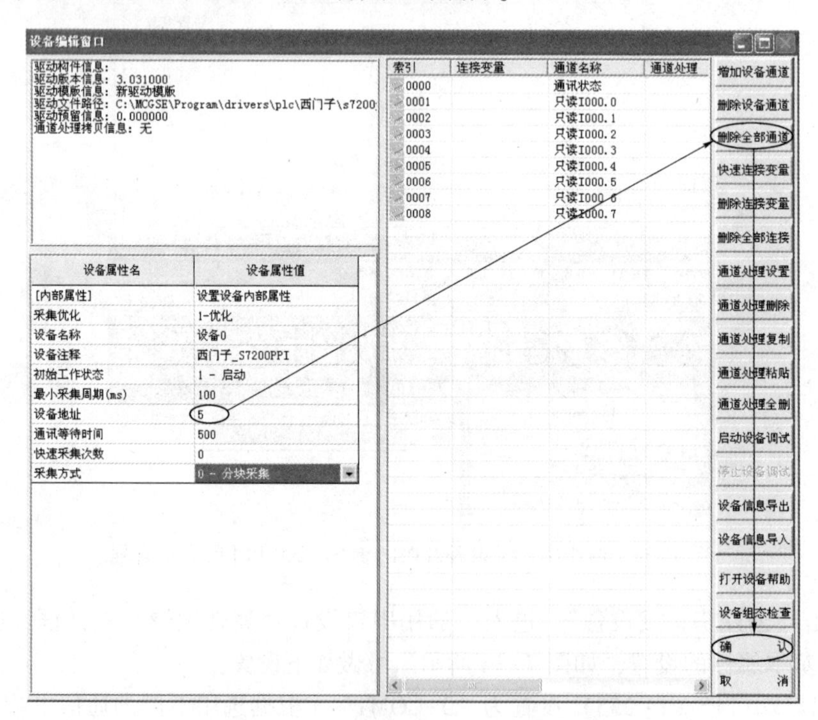

图 7-37　“设备编辑窗口”的设置

6）接下来进行变量的连接，这里以“运行状态”变量连接为例来说明操作方法。

① 在图 7-37 所示窗口中单击“增加设备通道”按钮，出现“添加设备通道”对话框，其参数设置如下，如图 7-38 所示。

- 通道类型：M 寄存器。
- 数据类型：通道的第 00 位。
- 通道地址：0。
- 通道个数：1。
- 读/写方式：只读。

② 单击“确认”按钮，完成基本属性设置。

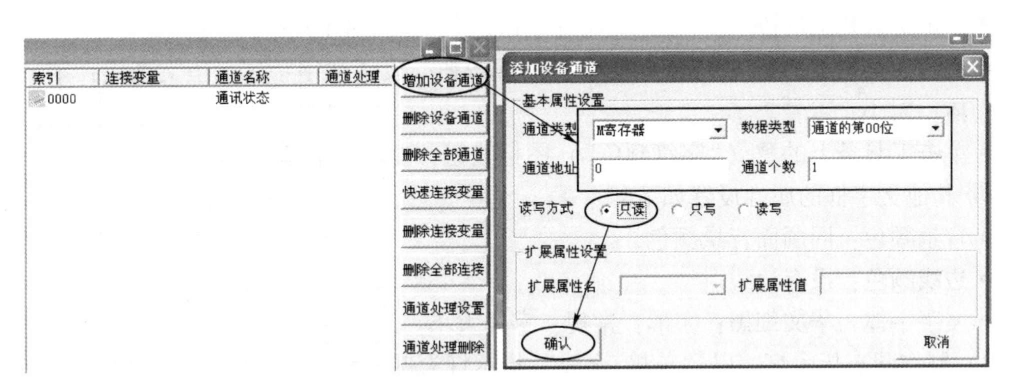

图 7-38 添加设备通道及修改其属性

③ 双击“只读 M000.0”通道对应的连接变量，弹出变量选择对话框，从“数据中心”选择变量“运行状态”。

采用同样的方法，增加其他通道，并连接变量，完成后单击“确认”按钮，设置完成之后的效果如图 7-39 所示。

索引	连接变量	通道名称	通道处理
0000		通讯状态	
0001	运行状态	只读M000.0	
0002	单机全线切换	读写M000.1	
0003	启动	只写M000.2	
0004	停止	只写M000.3	
0005	清零	只写M000.4	
0006	金属工件累计	只读VWUB070	
0007	白色工件累计	只读VWUB072	
0008	黑色工件累计	只读VWUB074	
0009	变频器频率给定	只写VWUB1002	

图 7-39 所有变量与对应的通道相连接的效果

（4）画面和元件的制作

1）新建画面以及属性设置。

① 在工作台界面“用户窗口”选项卡中单击“新建窗口”按钮，建立“窗口 0”。选中“窗口 0”，单击“窗口属性”按钮，进行用户窗口属性设置。

② 将窗口名称改为“分拣站画面”；窗口标题改为“分拣站界面”。

③ 单击“窗口背景”按钮，在“其他颜色”中选择所需的颜色。

2）制作文字框图。以标题文字的制作为例说明。

① 单击工具栏中的 （工具箱）图标按钮，打开绘图工具箱。

② 选择“工具箱”内的 （标签）图标按钮，鼠标的光标呈十字形，在窗口顶端中心位置拖曳鼠标，根据需要拉出一个大小合适的矩形。

③ 在光标闪烁位置输入文字“分拣站界面”，按 Enter 键或在窗口任意位置单击一下，文字输入完毕。

④ 选中文字框，做如下设置。

- 单击工具栏上的 （“填充色”）图标按钮，设定文字框的背景颜色：白色。
- 单击工具栏上的 （“线色”）图标按钮，设置文字框的边线颜色：没有边线。
- 单击工具栏上的 （“字符字体”）图标按钮，设置文字字体：华文细黑；字形：粗体；大小：二号。
- 单击工具条上的 （“字符颜色”）图标按钮，设置文字颜色：藏青色。

⑤ 其他文字框的属性设置如下。

- 背景颜色：同画面背景颜色。
- 边线颜色：没有边线。
- 文字字体：华文细黑；字形：常规；字体大小：二号。

3）制作状态指示灯。以“单机/全线”指示灯为例说明。

① 单击绘图工具箱中的 （“插入元件”）图标按钮，弹出“对象元件管理”对话框，选择“指示灯 6”，单击“确定”按钮，如图 7-40 所示。

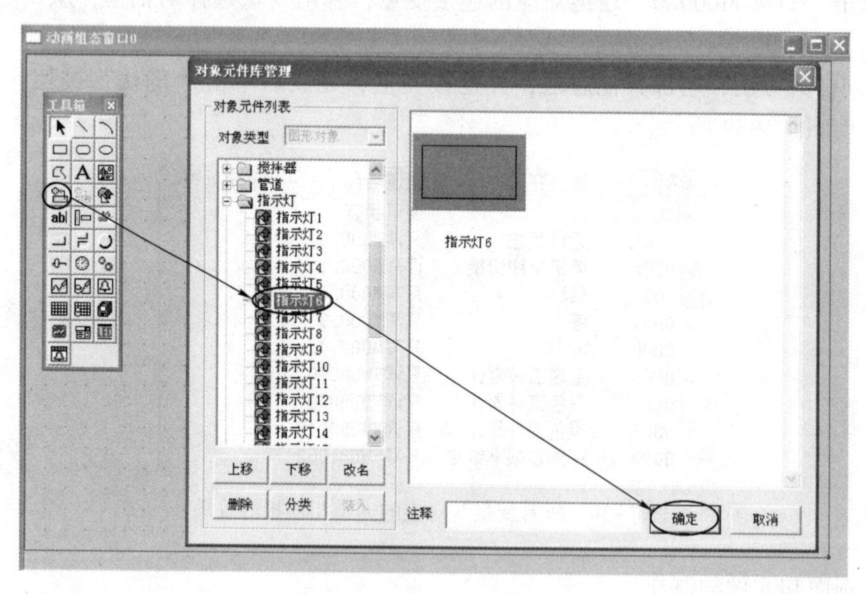

图 7-40　指示灯的获取

② 双击指示灯，弹出“单元属性设置”对话框，在数据对象中，单击“填充颜色”对应的“?”图标按钮，从“数据中心”选择“单机全线切换”变量，如图 7-41 和图 7-42

所示。

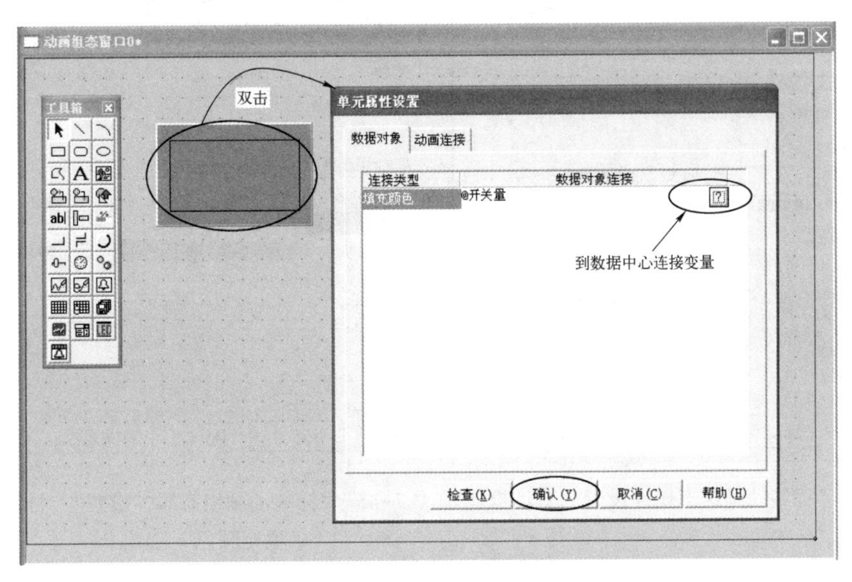

图 7-41　指示灯变量的连接

③ 在“动画连接”选项卡中，单击“填充颜色”，右边出现“>”图标按钮，如图 7-43所示。

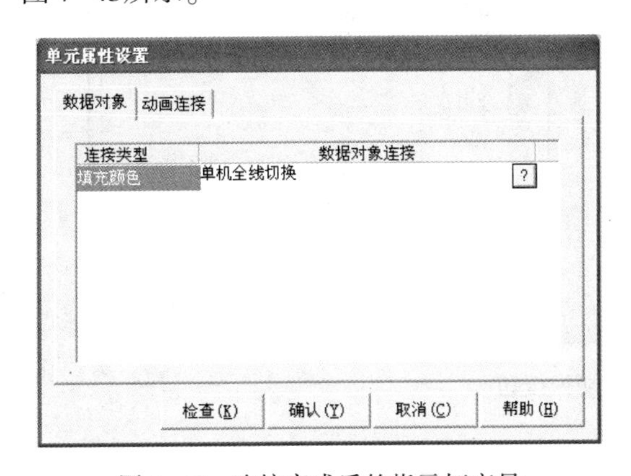

图 7-42　连接完成后的指示灯变量

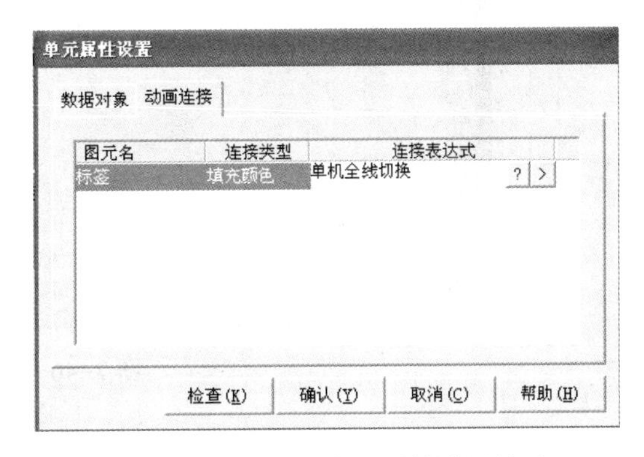

图 7-43　“填充颜色”属性设置界面

④ 单击“>”图标按钮，出现“标签动画组态属性设置”对话框，如图 7-44 所示。

⑤“属性设置”选项卡中，设置填充颜色为白色，如图 7-44 所示。

⑥“填充颜色”选项卡中，设置分段点 0 对应颜色为白色；分段点 1 对应颜色为浅绿色。如图 7-45 所示，单击“确认”按钮完成。

4）制作切换旋钮。单击绘图工具箱中的（“插入元件”）图标按钮，弹出“对象元件库管理”对话框，选择“开关 6”，单击“确定”按钮。双击该对话框中右边一栏呈现的旋钮，弹出图 7-46 所示的“单元属性设置”对话框。将“数据对象”选项卡的“按钮输入”和“可见度”的数据对象连接设为“单机全线切换”。

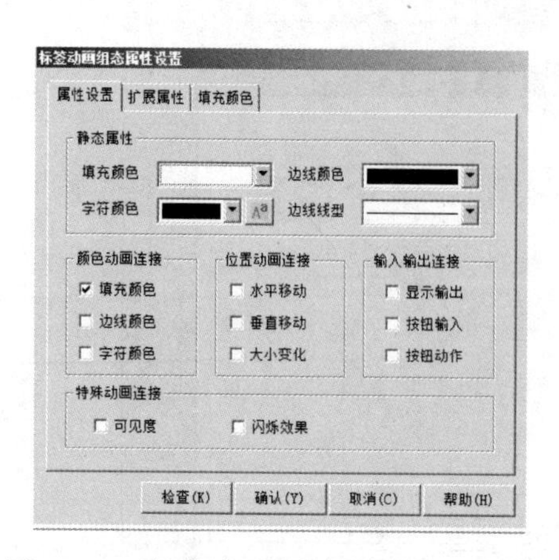

图 7-44 “标签动画组态属性设置”对话框

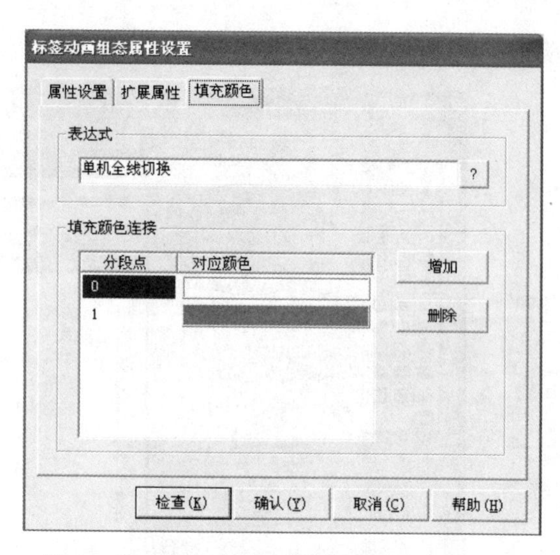

图 7-45 “标签动画组态属性设置”对话框的“填充颜色”选项卡

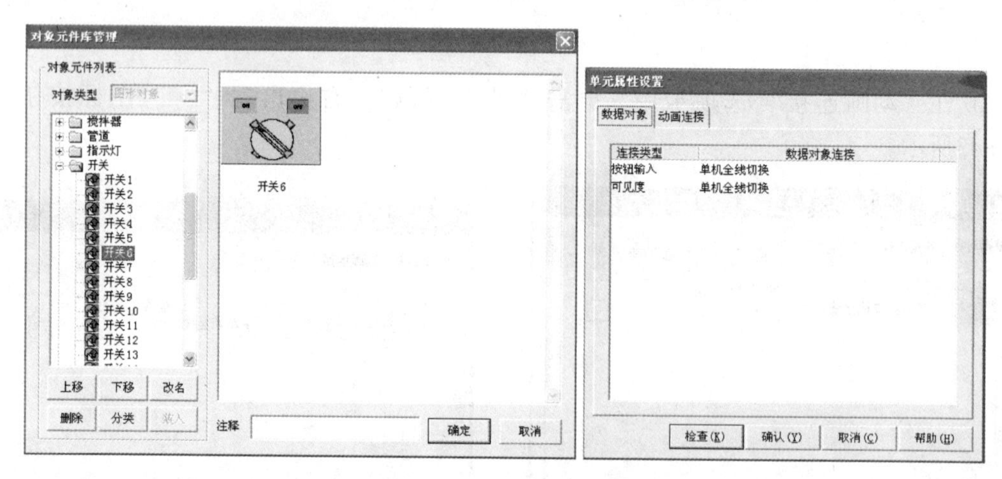

图 7-46 制作切换按钮

5）制作按钮。以制作起动按钮为例进行说明。

① 单击绘图工具箱中的▭图标按钮，在窗口中拖出一个大小合适的按钮，双击该按钮，弹出“标准按钮构件属性设置”对话框，如图 7-47 所示。

②“基本属性”选项卡中，无论是抬起还是按下状态，文本都设置为“起动按钮”；“抬起”功能的属性为：字体设置为“宋体”，字体大小设置为“五号”，背景颜色设置为“浅绿色”；“按下”功能的属性为：字体大小设置为“小五号”，其他同“抬起功能”。

③“操作属性”选项卡中，“抬起”功能设置为：数据对象操作清零；“按下”功能设置为：数据对象操作置 1。

④ 其他选择默认设置，单击“确认”按钮完成。

6）制作数值输入框。

① 单击绘图工具箱中的 abl（输入框）图标按钮，拖动鼠标，绘制出一个输入框。

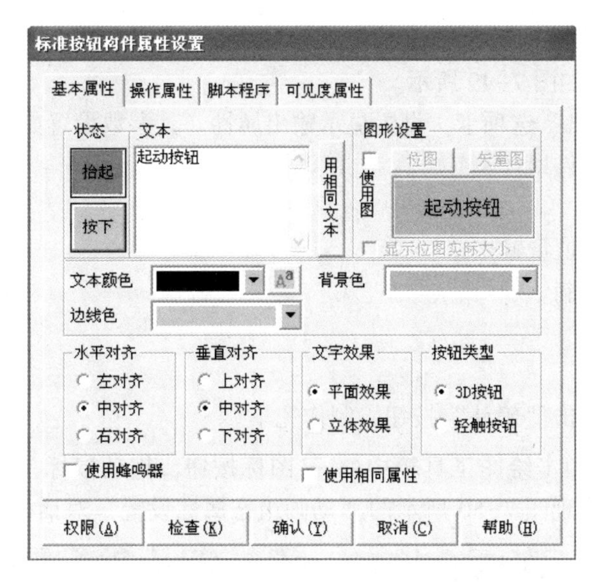

图 7-47 “标准按钮构件属性设置”对话框

② 双击工具箱中的“输入框”图标按钮abl，进行属性设置，所需设置的操作属性如下。

- 对应数据对象的名称：变频器输入频率。
- 使用单位：Hz。
- 最小值：40。
- 最大值：50。
- 小数点位：0。

设置结果如图 7-48 所示。

输入框构件属性设置
基本属性　操作属性　可见度属性
对应数据对象的名称　变频器频率给定
单位　使用单位　Hz
十进制　十六进制　二进制　自然小数位
前导0　四舍五入　密码
整数位数　0　小数位数　0
最小值　40　显示效果-例：80.345678
最大值　50　80Hz
权限(A)　检查(K)　确认(Y)　取消(C)　帮助(H)

图 7-48 “输入框构件属性设置”对话框

7）产生数据显示。以金属工件累计数据显示为例。

① 单击绘图工具箱中的A图标按钮，拖动鼠标，绘制一个显示框。

② 双击显示框，弹出“标签动画组态属性设置”对话框，在“输入输出连接”选项区

域组中，选中“显示输出”复选按钮，在“标签动画组态属性设置”对话框中则会出现“显示输出”选项卡，如图 7-49 所示。

③ 单击“显示输出”选项卡，设置显示输出属性。其参数设置如下。

- 表达式：金属工件累计。
- 单位：个。
- 输出值类型：数值量输出。
- 输出格式：十进制。
- 整数位数：0。
- 小数位数：0。

④ 图 7-49 中的单击“确认”按钮，制作完毕。

8）制作矩形框。单击绘图工具箱中的图标按钮，拖动鼠标，绘制一个大小合适的矩形，双击该矩形，出现图 7-50 所示的“动画组态属性设置”对话框，属性设置如下。

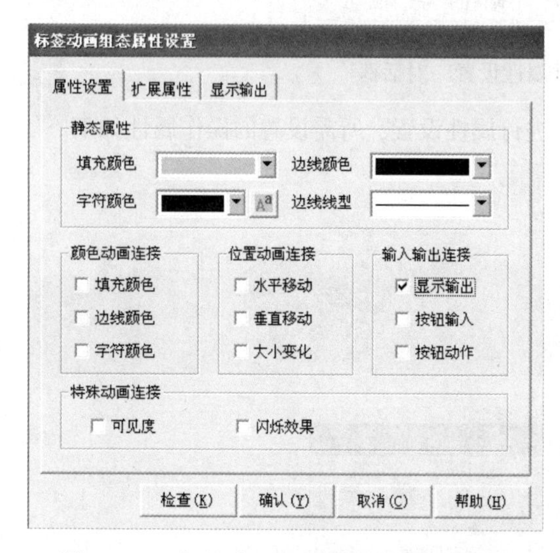

图 7-49 “标签动画组态属性设置”对话框

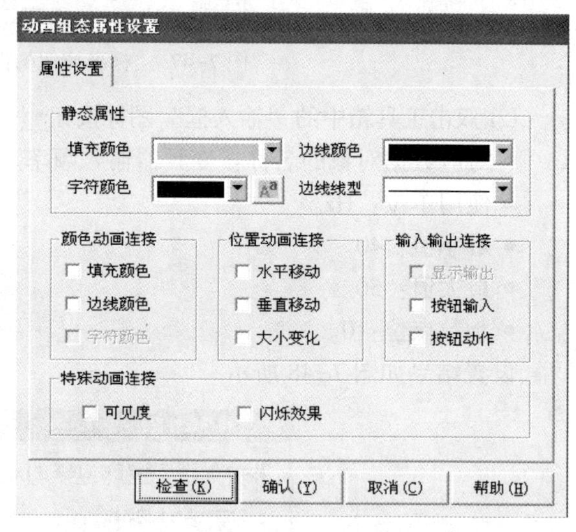

图 7-50 矩形框“动画组态属性设置”对话框

- 单击工具栏上的（“填充色”）图标按钮，设置矩形框的背景颜色为没有填充。
- 单击工具栏上的（“线色”）图标按钮，设置矩形框的边线颜色为白色。
- 其他选择默认设置。单击“确认”按钮完成。

（5）工程下载

具体参见 7.3.1 节相关内容。

3. 变频器输出的模拟量控制

根据任务可知，变频器的频率由 PLC 模拟量输出来调节（0~10 V），起停由外部端子来控制。因此在项目 5 的基础上，变频器的参数要作相应的调整，需要调整的参数设置见表 7-5。

表 7-5 MM420 变频器的参数设置

参数号	参数名称	默认值	设置值	设置值含义
P701	决定数字量输入端口 1 的功能	1	1	接通以正转/断开以停车命令
P1000	频率设定值的选择	2	2	模拟设定值

CPU 224XP CN 有一个模拟量输出端口，输出信号有电压输出和电流输出两种形式。电压信号范围是0~10V，电流信号是0~20mA，在 PLC 中对应的数字量满量程都是0~32000。如果使用输出电压模拟量则接 PLC 的 M、V 端，如果使用电流模拟量则接 PLC 的 M、I 端。这里采用电压信号输出形式，见分拣站电气控制原理图，见图 7-30。那么如何把触摸屏给定的频率转化为模拟量输出呢？变频器频率和 PLC 模拟量输出电压成正比关系，模拟量输出是数字量通过 D-A 转换器转换而来的，模拟量和数字量也成正比关系，因此触摸屏给定的频率和数字量是成正比关系的，如图 7-51 所示。

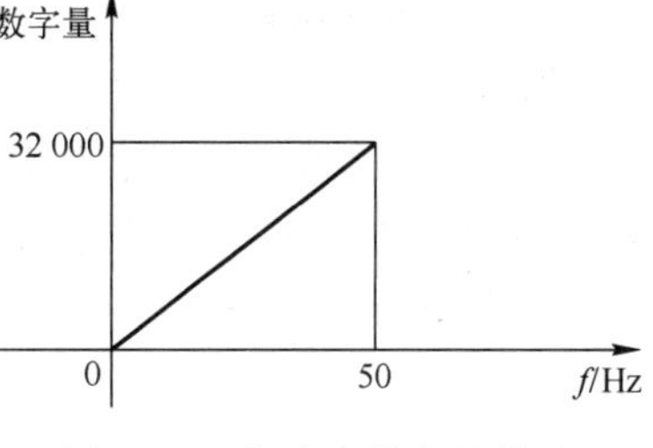

图 7-51　频率和数字量关系

由图 7-51 可知，只要把触摸屏给定的频率乘以 640 作为模拟量输出即可。该部分程序如图 7-52 所示。

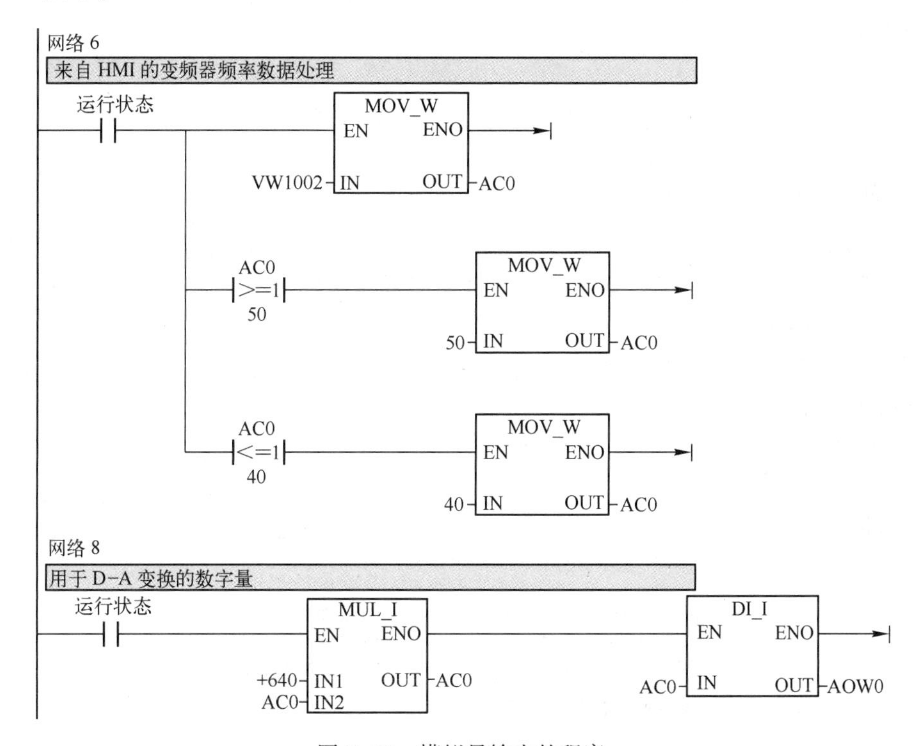

图 7-52　模拟量输出的程序

7.3.3　TPC7062KS 触摸屏在 PPI 网络中的应用

1. 工作任务分析

根据 PPI 网络人机界面要求（见图 7-19 和图 7-20），主要考虑以下 3 个方面的内容。

（1）工程框架

工程框架包括两个用户窗口和一个策略。两个用户窗口，即欢迎画面和主画面，其中欢迎画面是起动窗口。一个策略即循环策略。

（2）数据对象

各工作站以及全线的工作状态指示灯，单机/全线切换开关，起动、停止、复位按钮，变频器输入频率设定，抓取机械手当前位置等。

（3）图形制作

1）欢迎画面窗口。图片：通过位图装载实现；文字：通过标签构件实现；按钮：由对象元件库引入。

2）主画面窗口。文字：通过标签构件实现；各工作站以及全线的工作状态指示灯和时钟：由对象元件库引入；单机/全线切换旋钮及起动、停止 、复位按钮：由对象元件库引入；输入频率设置：通过输入框构件实现；抓取机械手当前位置：通过标签构件和滑动输入器实现。

（4）流程控制

通过循环策略中的脚本程序策略块实现。

进行上述规划后，就可以创建工程，然后进行组态。步骤如下：在“用户窗口”选项卡中单击“新建窗口”，按钮建立“窗口 0”和“窗口 1”，然后分别设置两个窗口的属性。

2. 欢迎画面组态

（1）建立欢迎画面

选中“窗口 0”，单击“窗口属性”按钮，进行用户窗口属性设置。

1）窗口名称改为“欢迎画面”。

2）窗口标题改为“欢迎画面”。

3）在“用户窗口”选项卡中，选中“欢迎画面”后右击，选择下拉菜单中的“设置为起动窗口”命令，将该窗口设置为运行时自动加载的窗口。

（2）欢迎画面组态

编辑欢迎画面。选中“欢迎画面”窗口图标，单击“动画组态”按钮，进入动画组态窗口开始编辑画面。

1）装载位图。选择绘图工具箱内的（位图）图标按钮，光标呈十字形时在窗口左上角位置拖曳鼠标，拉出一个矩形，使其填充整个窗口。在位图上右击，选择“装载位图”，找到要装载的位图，单击选择该位图，然后单击“打开”按钮，即可把图片装载到该窗口，如图 7-53 所示。

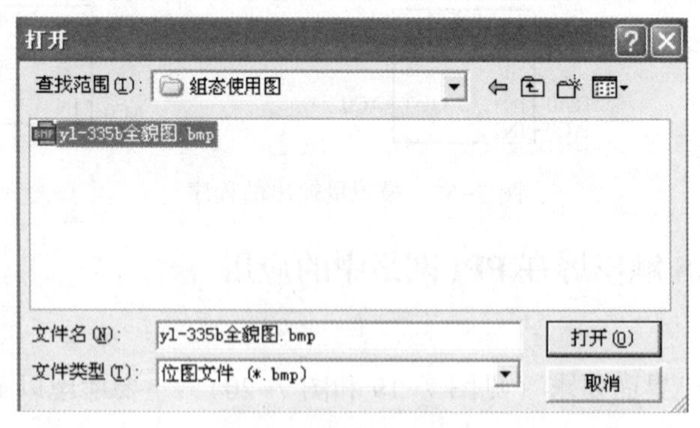

图 7-53　装载位图方法

2）制作按钮。单击绘图工具箱中的图标按钮，在窗口中拖出一个大小合适的按钮框，双击该按钮，出现图 7-54a 所示的“标准按钮构件属性设置”对话框。在“可见度属性”选项卡中点选“按钮不可见”单选按钮；在图 7-54b 所示的“操作属性”选项卡中单击“按下功能”标签，勾选“打开用户窗口”复选框并选择“主画面”，并将数据对象“HMI 就绪”的值“置 1”。

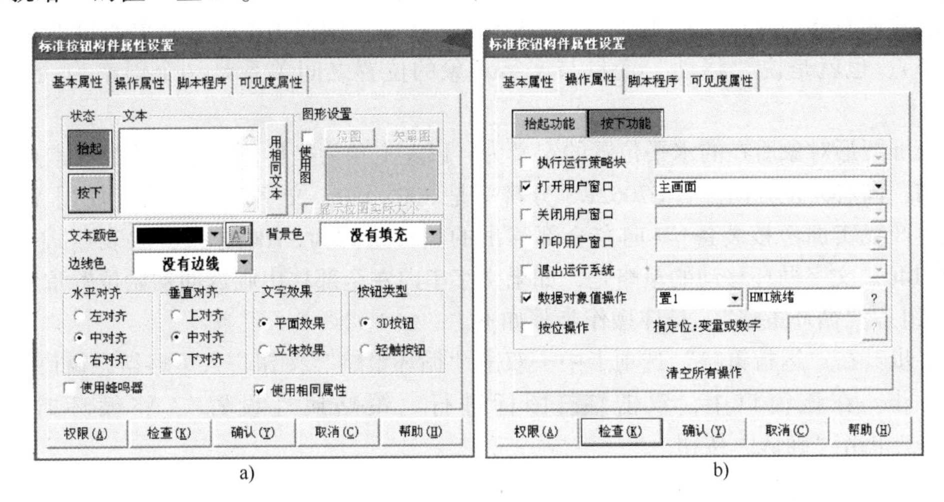

a) b)

图 7-54 标准按钮属性设置

a）基本属性页 b）操作属性页

3）制作循环移动的文字框图。选择绘图工具箱内的 A（标签）图标按钮，拖曳到窗口上方中心位置，根据需要拉出一个大小合适的矩形。在光标闪烁位置输入文字“欢迎使用 YL-335B 自动化生产线实训考核装备!”，按 Enter 键或在窗口任意位置单击一下，完成文字输入。静态属性设置如下：文字框的背景颜色为“没有填充”；文字框的边线颜色为“没有边线”；字符颜色为艳粉色；文字字体为“华文细黑”，字形为“粗体”，大小为“二号”。为了使文字循环移动，在“属性设置”选项卡的“位置动画连接”中勾选“水平移动”复选按钮，这时在对话框上端就增添“水平移动”选项卡。“水平移动”选项卡的设置如图 7-55 所示。

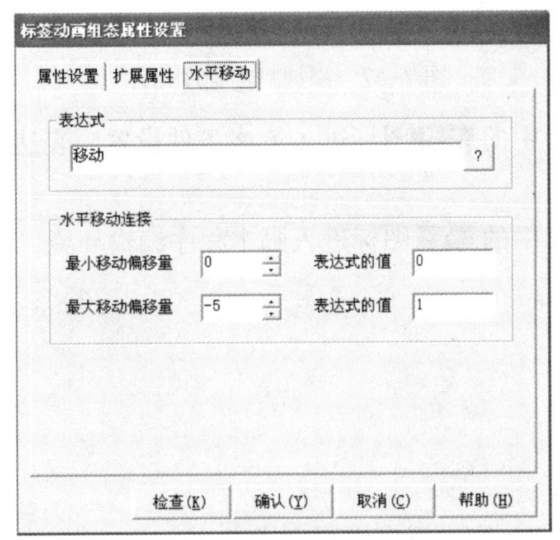

图 7-55 设置水平移动属性

设置说明如下。

为了实现“水平移动”动画连接，首先要确定对应连接对象的表达式，然后再定义表达式的值所对应的位置偏移量。图 7-55 中，定义一个内部数据对象“移动”作为表达式，它是一个与文字对象的位置偏移量成比例的增量值。当表达式“移动”的值为 0 时，文字对象的位置向右移动 0 点（即不动）；当表达式“移动”的值为 1 时，对象的位置向左移动 5 点（-5），也就是说“移动”变量与文字对象的位置之间关系是一个斜率为-5 的线性关系。

触摸屏图形对象所在的水平位置的定义为：以左上角为坐标原点，单位为像素点，向左为负方向，向右为正方向。TPC7062KS 分辨率是 800×480，文字串为“欢迎使用 YL-335B 自动化生产线实训考核装备！”向左全部移出的偏移量约为-700 像素，故表达式“移动”的值为+140。文字循环移动的策略是，如果文字串向左全部移出则返回初始位置重新移动。

4）组态“循环策略”。具体操作步骤如下。

第 1 步：在“运行策略”选项卡中，双击“循环策略”按钮进入策略组态窗口。

第 2 步：在该窗口中，双击图标进行“策略属性设置”，将循环时间设为“100ms”，单击“确认”按钮。

第 3 步：在策略组态窗口中，单击工具栏中的（“新增策略行”）图标按钮，增加一条策略行，如图 7-56 所示。

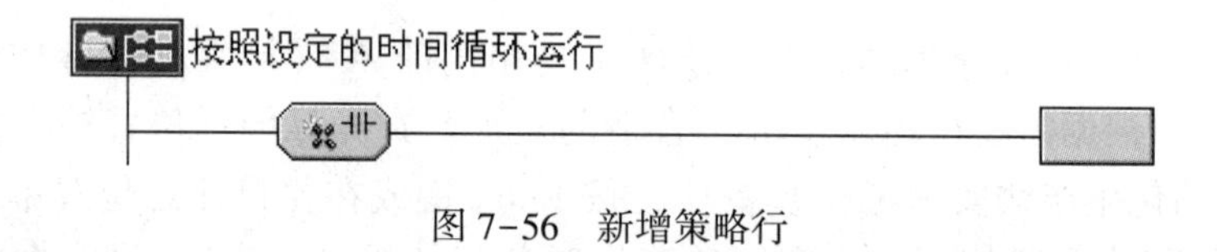

图 7-56　新增策略行

第 4 步：单击“策略工具箱”中的“脚本程序”，将鼠标指针移到策略块图标上，对其单击以添加脚本程序构件，如图 7-57 所示。

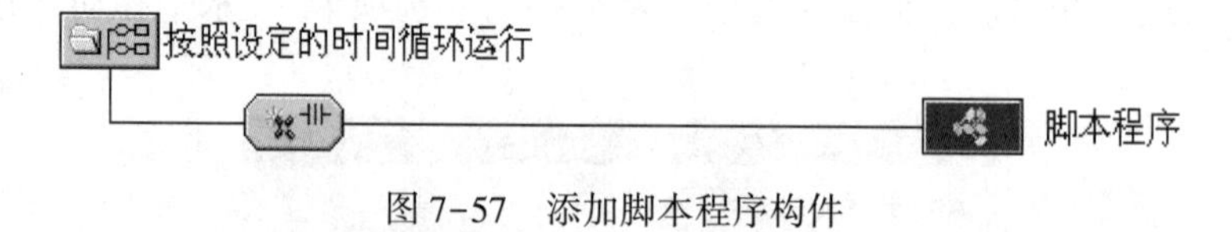

图 7-57　添加脚本程序构件

第 5 步：双击图 7-56 中的图标进入策略条件设置，表达式中输入 1，即始终满足条件。

第 6 步：双击图 7-57 中的图标进入脚本程序编辑环境，输入如下脚本程序：

```
if 移动<=140 then
    移动=移动+1
else
    移动=-140
endif
```

最后单击“确认”按钮，脚本程序编写完毕。

3. 主画面组态

（1）建立主画面

1）选中“窗口 1”，单击“窗口属性”按钮，进行用户窗口属性设置。

2）将主画面窗口标题改为“主画面”；在“窗口背景”中选择所需要的颜色。

（2）定义数据对象和连接设备

1）定义数据对象。各工作站以及全线的工作状态指示灯，单机/全线切换旋钮，起动、停止、复位按钮，变频器，抓取机械手等，都需要与 PLC 连接，进行信息交换的数据对象。定义数据对象的步骤如下。

① 单击工作台界面中的“实时数据库”选项卡，进入实时数据库窗口。

② 单击“新增对象”按钮，在窗口的数据对象列表中，增加新的数据对象。

③ 选中对象，单击“对象属性”按钮，或双击选中对象，则打开“数据对象属性设置”对话框。然后编辑属性，最后加以确定。表 7-6 列出了与 PLC 连接的全部数据对象。

表 7-6　主画面数据对象名称及类型

序　号	对 象 名 称	类　　型	序　号	对 象 名 称	类　　型
1	HMI 就绪	开关型	15	单机/全线_供料	开关型
2	越程故障_输送	开关型	16	运行_供料	开关型
3	运行_输送	开关型	17	料不足_供料	开关型
4	单机全线_输送	开关型	18	缺料_供料	开关型
5	单机全线_全线	开关型	19	单机全线_加工	开关型
6	复位按钮_全线	开关型	20	运行_加工	开关型
7	停止按钮_全线	开关型	21	单机/全线_装配	开关型
8	起动按钮_全线	开关型	22	运行_装配	开关型
9	单机/全线切换_全线	开关型	23	料不足_装配	开关型
10	网络正常_全线	开关型	24	缺料_装配	开关型
11	网络故障_全线	开关型	25	单机/全线_分拣	开关型
12	运行_全线	开关型	26	运行_分拣	开关型
13	急停_输送	开关型	27	手爪当前位置_输送	数值型
14	变频器频率_分拣	数值型			

2）设备连接。将定义好的数据对象与 PLC 内部变量进行连接，其步骤如下。

① 打开“设备工具箱”，在可选设备列表中，双击“通用串口父设备”，然后双击“西门子_S7200PPI”，出现“通用串口父设备”和“西门子_S7200PPI”，如图 7-35 所示。

② 设置通用串口父设备的基本属性，如图 7-58 所示。

③ 双击“西门子_S7200PPI”，进入设备编辑窗口，按表 7-6 的数据，逐个增加设备通道，如图 7-59 所示。

（3）主画面窗口制作和组态

制作主画面窗口的标题文字，插入时钟，

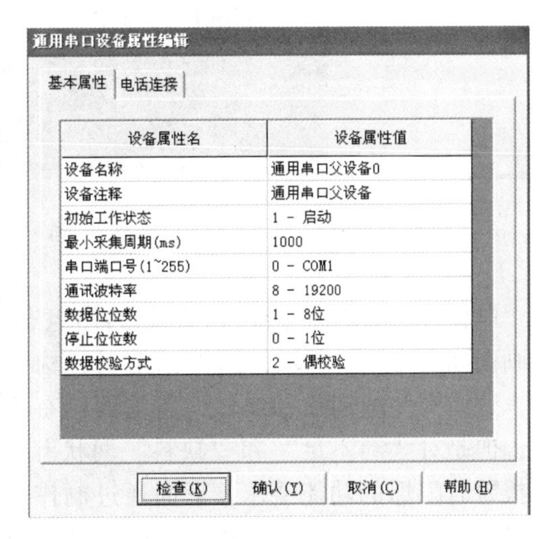

图 7-58　通用串口设备属性编辑

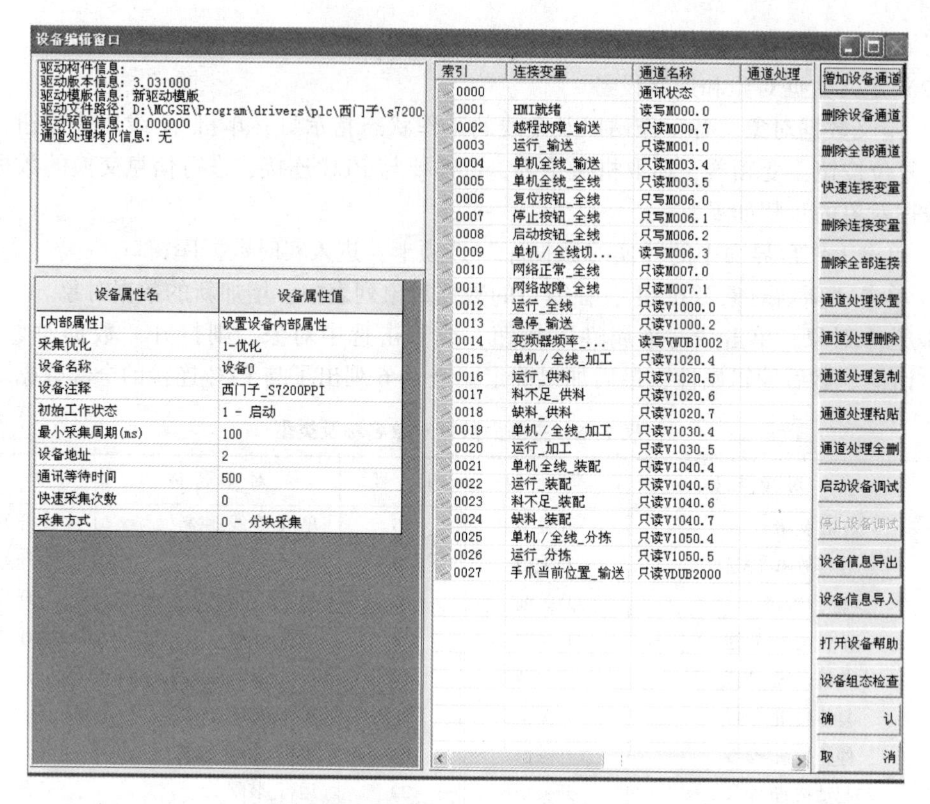

图 7-59　设备属性设置及通道设置

在工具箱中选择直线构件，把标题文字下方的区域划分为图 7-60 所示的两部分。区域左侧制作各从站画面，右侧制作输送站画面。

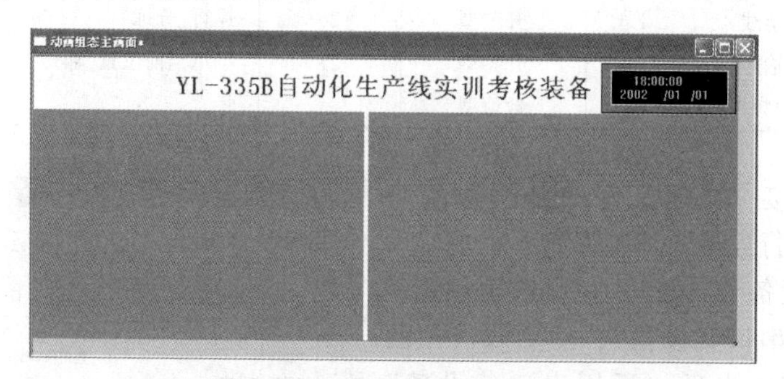

图 7-60　主画面窗口制作

制作各从站画面并组态。以供料站组态为例，其画面如图 7-61 所示，图中标出了各构件的名称。这些构件的制作和属性设置前面已有详细介绍，但是对“料不足”和“缺料”两状态指示灯有报警时闪烁的功能要求，下面通过制作供料站缺料报警指示灯，着重介绍这一属性的设置方法。

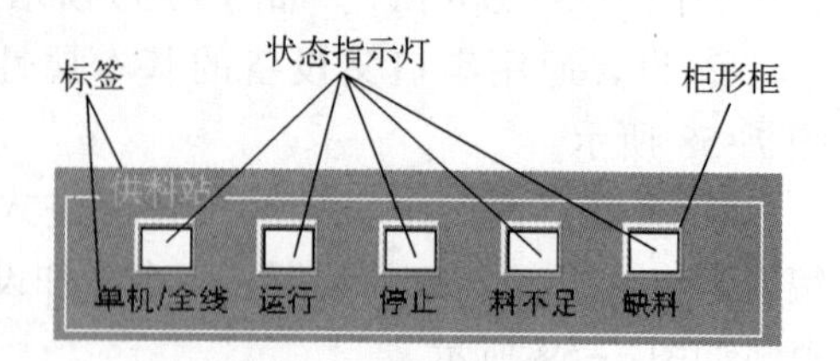

图 7-61　供料站画面组态

与其他指示灯组态不同的是，对“缺料”报警分段点 1 设置的颜色是红色，并且还需要组态闪烁功能。步骤如下：在“属性设置”选项卡的“特殊动画连接”区域中勾选“闪烁效果”复选按钮，“填充颜色”标签旁边就会出现“闪烁效果”选项卡。选择“闪烁效果”选项卡，表达式选择为“料不足_供料”；在闪烁实现方式区域中选中“用图元属性的变化实现闪烁”单选钮按；填充颜色选择为黄色，如图 7-62 所示。

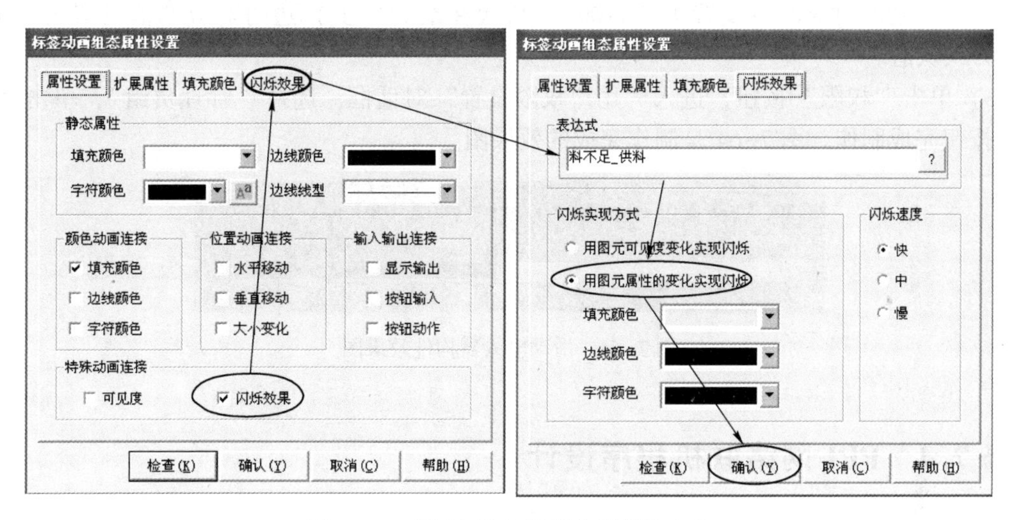

图 7-62　指示灯构件闪烁效果制作方法

（4）制作输送站画面

这里只着重说明滑动输入器的制作方法。其步骤如下。

1）选中绘图工具箱中的 （“滑动输入器”）图标按钮，当光标呈十字形后，拖动鼠标到适当大小形成滑块，调整滑动块到适当的位置。

2）双击滑动输入器构件，进入图 7-63 所示的“滑动输入器属性设置”对话框，按照下面的值设置各个参数。

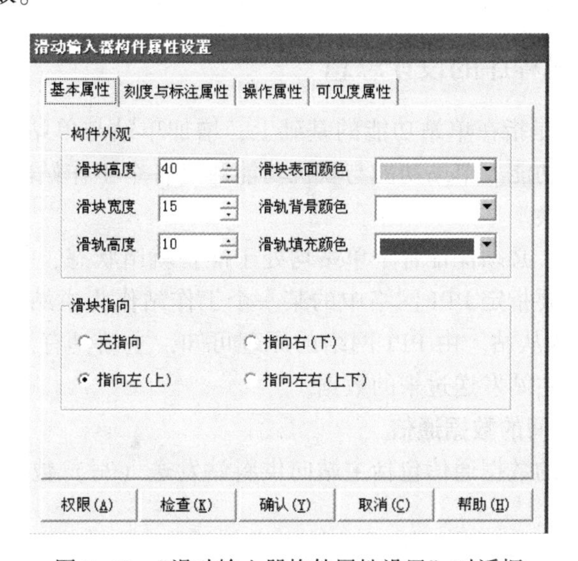

图 7-63　“滑动输入器构件属性设置”对话框

①“基本属性”选项卡中，滑块指向设置为“指向左（上)”。

②“刻度与标注属性”选项卡中，主划线数目设置为“11”，次划线数目设置为“2”；小数位数设置为“0”。

③“操作属性”选项卡中，对应数据对象名称设置为“手爪当前位置_输送”；滑块在最左（下）边时对应的值设置为“1100”；滑块在最右（上）边时对应的值设置为“0”；其他为默认值。

3）单击“权限”按钮，进入“用户权限设置”对话框，选择“管理员组”，单击“确认”按钮完成制作。图7-64是制作完成的效果图。

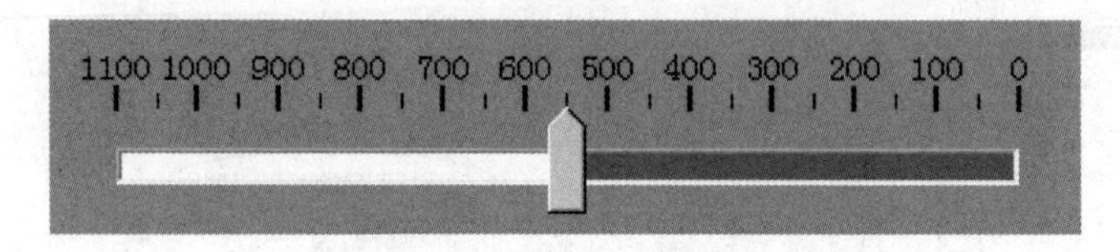

图7-64　滑动输入器构件效果图

任务7.4　PPI网络联机程序设计

自动化生产线的整体安装与调试包括硬件安装与调试、PPI网络的组建、人机界面的设计和PPI网络联机程序设计和调试。其中前面3项的任务已完成，本节主要介绍PPI网络联机程序设计和调试。

联机程序的设计虽然是在5个工作站单站程序的基础上，根据自动化生产线的整体工艺流程进行改写，但是需要考虑各个工作站的工作状态以及各个工作站之间的数据交互，以便自动化生产线自动完成供料、加工、装配和分拣等工序。尽管是单站的“改写”，但是其工作量是比较大的，其难点是联机程序的设计思想、联机程序的通信数据分配，以及联机程序的编写与实现。下面分别从这3个方面阐述PPI网络联机程序的设计及调试。

7.4.1　PPI网络联机程序的设计思想

所谓“联机程序”是指在单站功能的基础上，增加单站与单站之间的数据通信，以实现生产线的自动化控制功能。单站功能与联机功能通过各个工作站的按钮/指示灯模块中的工作方式选择开关来切换。

为了实现联机功能，必须保证各个单站均处于准备就绪状态，否则不能进入联机状态。当进入联机状态后，需要指定PPI网络中的某一个工作站作为主站（一般指定输送站作为主站），其余工作站作为从站。由PPI网络的原理可知，主站具有发送和接收数据的功能，而从站只能被动地接收主站发送过来的数据。

1. 主站与供料站之间的数据通信

主站与供料站之间的数据通信包括主站向供料站发送（写）数据和主站接收（读）供料站数据。

（1）主站写数据到供料站

主要有供料站起动信号、供料站停止信号和允许供料信号。

（2）主站从供料站读数据

主要有供料站准备就绪信号、供料运行/停止信号、供料完成信号、供料不足信号和供料缺料信号。

2. 主站与加工站之间的数据通信

主站与加工站之间的数据通信包括主站向加工站发送（写）数据和主站接收（读）加工站数据。

（1）主站写数据到加工站

主要有加工站起动信号、加工站停止信号和允许加工信号。

（2）主站从加工站读数据

主要有加工站准备就绪信号、加工运行/停止信号和加工完成信号。

3. 主站与装配站之间的数据通信

主站与装配站之间的数据通信包括主站向装配站发送（写）数据和主站接收（读）装配站数据。

（1）主站写数据到装配站

主要有装配站起动信号、装配站停止信号和允许装配信号。

（2）主站从装配站读数据

主要有装配站准备就绪信号、装配运行/停止信号、装配完成信号、装配站供料不足信号和装配站缺料信号。

4. 主站与分拣站之间的数据通信

主站与分拣站之间的数据通信包括：主站向分拣站发送（写）数据和主站接收（读）分拣站数据。

（1）主站写数据到分拣站

主要有分拣站起动信号、分拣站停止信号和允许分拣信号。

（2）主站从分拣站读数据

主要有分拣站准备就绪信号、分拣运行/停止信号和分拣完成信号。

7.4.2 PPI 网络联机程序的通信数据分配

根据联机程序的设计思想以及联机程序的工作任务要求，按照表 7-2 的规划要求，对主站与从站之间的通信数据的详细分配见表 7-7～表 7-11。

表 7-7 输送站（1#站）数据位定义

输送站位地址	数据意义	备注
V1000.0	联机运行信号	
V1000.1	联机停止信号	预留
V1000.2	急停信号	急停动作=1
V1000.5	全线复位	
V1000.6	系统就绪	
V1000.7	触摸屏全线/单机方式	1=全线，0=单机

（续）

输送站位地址	数 据 意 义	备　注
V1001. 2	允许供料信号	
V1001. 3	允许加工信号	
V1001. 5	允许分拣信号	
VD1002	变频器最高频率输入信号	

表 7-8　供料站（2#站）数据位定义

供料站位地址	数 据 意 义	备　注
V1020. 0	供料站在初始状态	
V1020. 1	一次推料完成信号	
V1020. 4	全线/单站方式	1=全线，0=单机
V1020. 5	运行信号	
V1020. 6	物料不足	
V1020. 7	物料没有	

表 7-9　加工站（3#站）数据位定义

加工站位地址	数 据 意 义	备　注
V1030. 0	加工站在初始状态	
V1030. 1	冲压完成信号	
V1030. 4	全线/单站方式	1=全线，0=单机
V1030. 5	运行信号	

表 7-10　装配站（4#站）数据位定义

供料站位地址	数 据 意 义	备　注
V1040. 0	装配站在初始状态	
V1040. 1	装配完成信号	
V1040. 4	全线/单机方式	1=全线，0=单机
V1040. 6	料仓物料不足信号	
V1040. 7	料仓物料没有信号	

表 7-11　分拣站（5#站）数据位定义

供料站位地址	数 据 意 义	备　注
V1050. 0	分拣站在初始状态	
V1050. 1	分拣完成信号	
V1050. 4	全线/单机方式	1=全线，0=单机
V1050. 5	运行信号	

7.4.3 PPI网络联机程序的编写与实现

联机程序的编写最好是建立在单站程序的基础上进行改写，但是必须要把握好全局，要有单机和联机的切换，做到单站和联机的无缝融合。在规划好通信数据的基础上，适当加入与其他工作站的通信数据，由此确定各站的程序流向和运行条件。下面主要介绍在单站程序的基础上，如何改写为联机程序的关键技术。

1. 单机/联机的切换

在前面的单站工作条件下，无须考虑单机和联机的切换，但是在编写联机程序时，必须考虑如何进行单机和联机的切换。单机和联机的切换通过各工作站的按钮/指示灯模块上的工作方式转换开关来完成，其梯形图举例如图7-65所示。

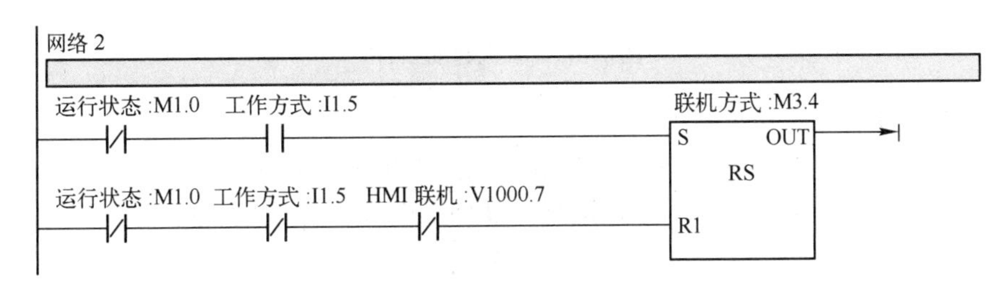

图7-65　供料站的单机/联机切换梯形图

图7-65为供料站的单机/联机切换梯形图。在供料站处于停止状态下，如果将工作方式转换开关拨至单机位置（即I1.5=0）并且触摸屏单机/联机开关处于单机状态（即V1000.7=0），则RS触发器的输入条件为R1=1、S=0，所以RS触发器为复位状态，其输出值M3.4=0，说明此时为单机状态。如果将工作方式转换开关拨至联机位置(即I1.5=1)，则RS触发器的输入条件为S=1、R1=0，所以RS触发器为置位状态，其输出值M3.4=1，说明此时为联机状态。值得注意的是：这里加入来自触摸屏的控制信号V1000.7，目的是当工作站的工作方式拨至联机位置并且触摸屏也处于联机状态时，工作站的工作方式不能切换到单机模式，除非先把触摸屏的工作方式切换到单机模式。

加工站、装配站、分拣站和输送站的单机/联机切换方法与供料站类似。

2. 联机起动条件

联机的起动条件有两个，一是所有设备均处于联机状态；二是所有设备均处于准备就绪状态。具体编写程序时，需要在主站把供料、加工、装配、分拣和输送站的联机信号串联起来作为第一个起动条件（见图7-66），再把所有工作站的准备就绪信号串联起来作为第二个起动条件（见图7-67）。两个条件同时满足才可以进行联机起动，如图7-68所示。

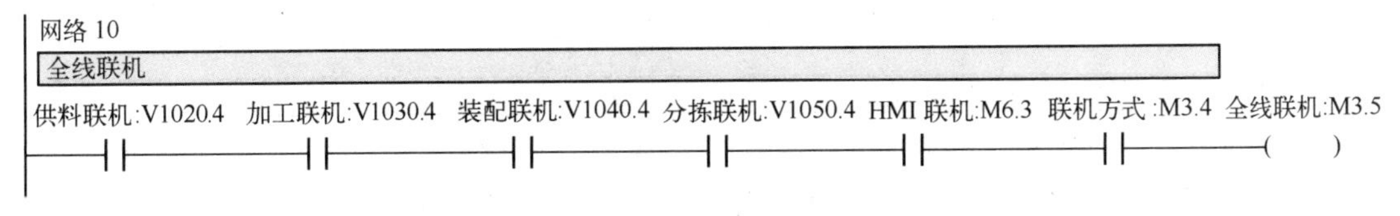

图7-66　全线联机信号

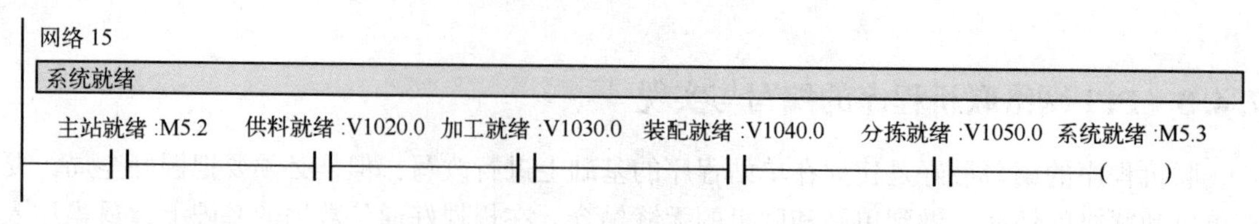

图 7-67　系统就绪信号

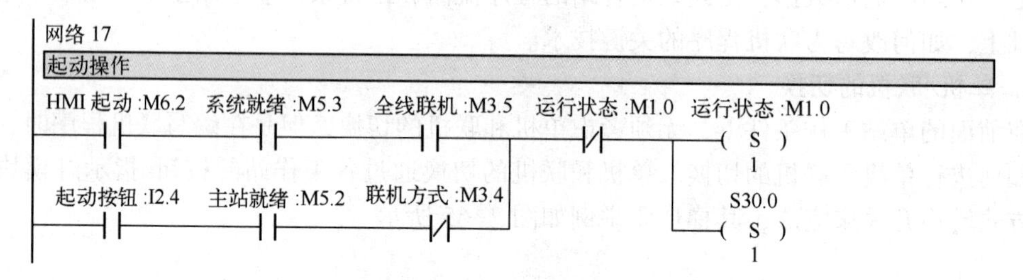

图 7-68　联机起动条件

3. 联机停止条件

联机停止信号仅由触摸屏上的主令按钮完成。当按下停止按钮时，向系统发出停止信号，待系统完成一个周期工作方可停止运行。其梯形图如图 7-69 所示。

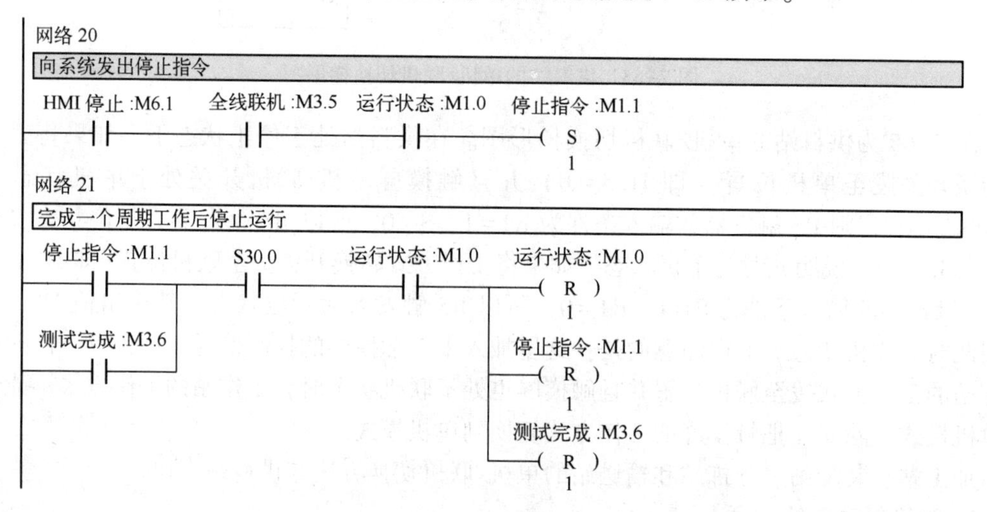

图 7-69　联机停止梯形图

4. 主站与供料站的数据通信

（1）主站请求供料站供料

当触摸屏发出系统起动信号后，主站立刻向供料站发出供料请求信号（V1001. 2 = 1），该信号通过 PPI 网络发送至供料站，如图 7-70 所示。

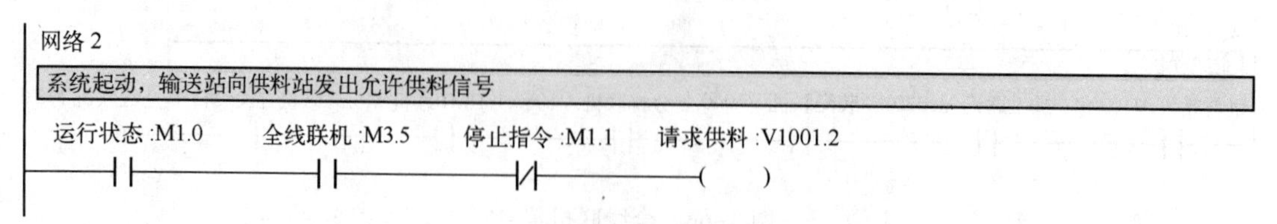

图 7-70　主站向供料站发出允许供料信号

（2）供料站接收来自主站的供料请求信号

联机方式下供料站等待来自主站的请求供料信号，当 V1001.2=1 时，如果料仓有料且料台无料，则开始起动供料操作，如图 7-71 所示。

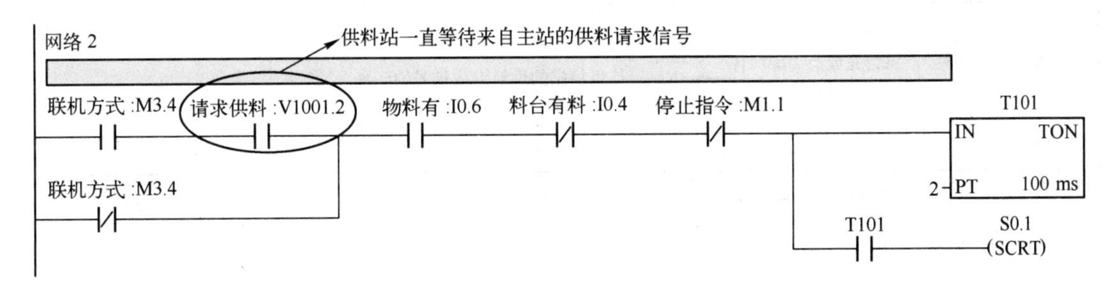

图 7-71　供料站等待来自主站的供料请求信号

（3）供料站发出供料完成信号

当供料站依次完成顶料、推料、推料复位和顶料复位等工序后，表明一次供料操作完成，此时向系统发出供料完成信号，即 V1020.1=1，该信号通过 PPI 网络供主站读取，如图 7-72 所示。

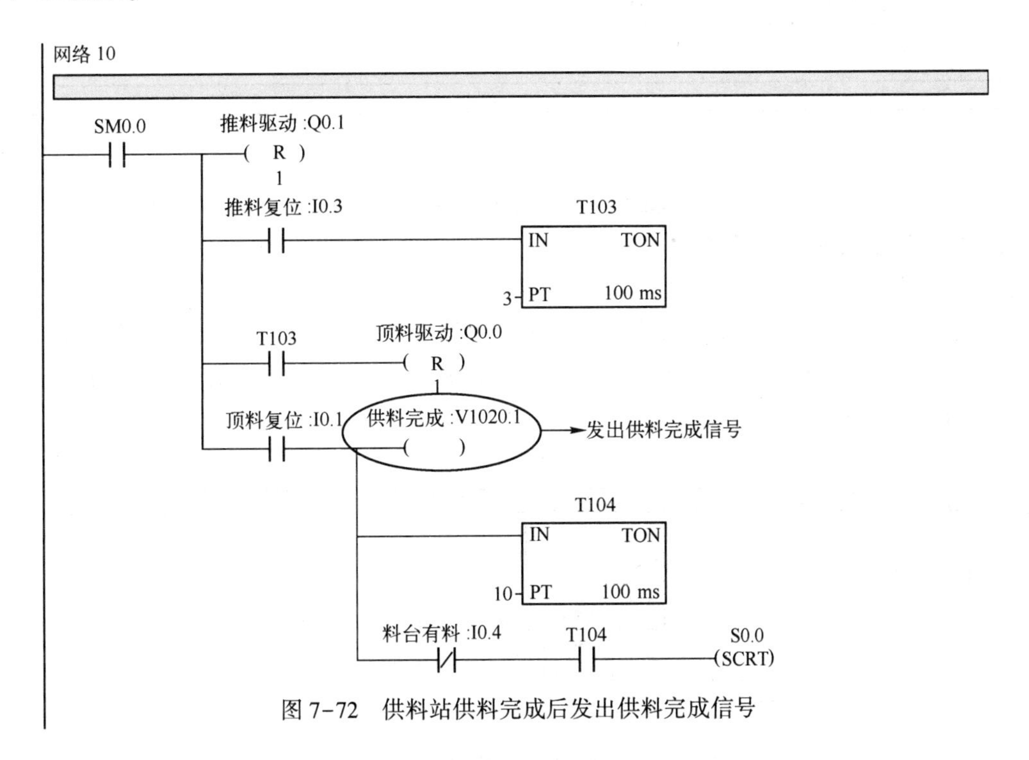

图 7-72　供料站供料完成后发出供料完成信号

（4）主站接收到供料完成后信号后开始发出抓料信号

联机方式下，主站通过 PPI 网络读取到供料完成信号（V1020.1=1）后，系统将转移至 S30.1 步开始执行抓料操作，如图 7-73 所示。

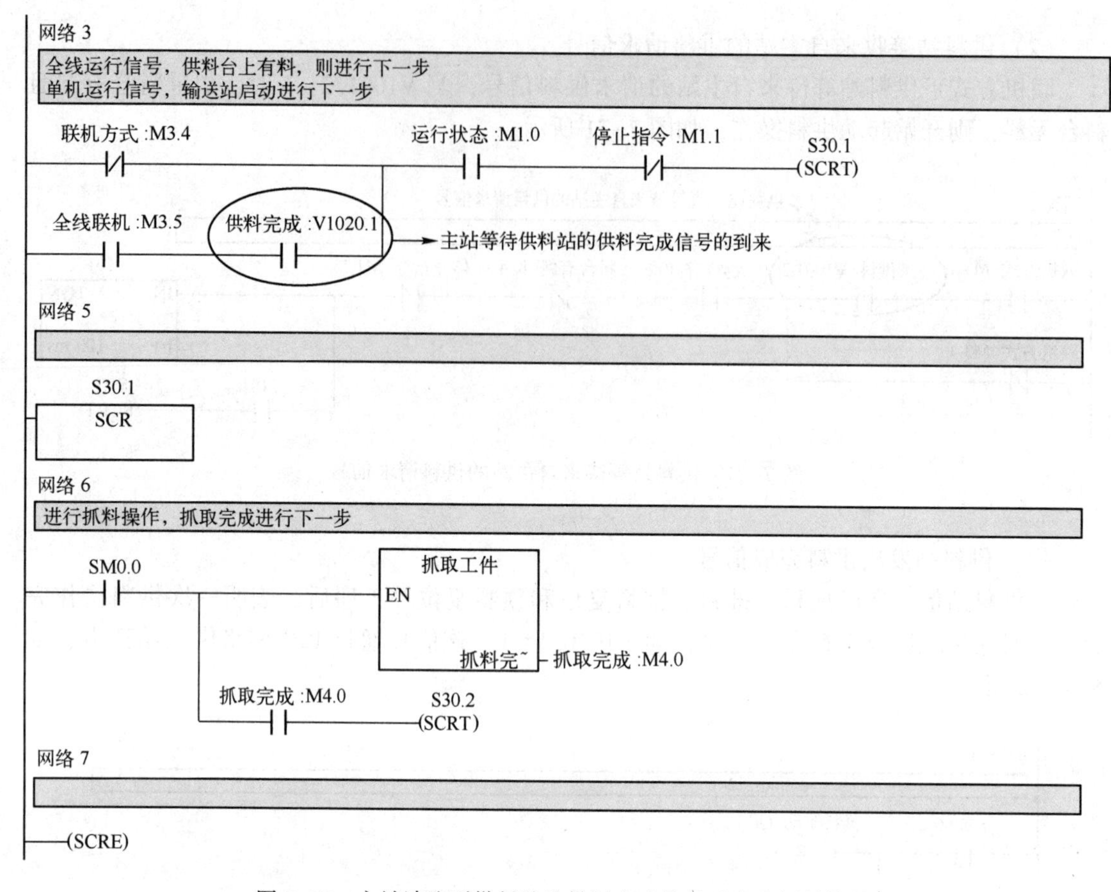

图 7-73　主站读取到供料站的供料完成信号后发出抓料信号

5. 主站与加工站的数据通信

（1）主站向加工站发出允许加工信号

当输送站从供料站抓取工件并将其运送至加工站加工台的正前方再将工件放至加工台上时，主站立即向加工站发出允许加工信号，即 V1001. 3 = 1，该信号通过 PPI 网络发送至加工站，如图 7-74 所示。

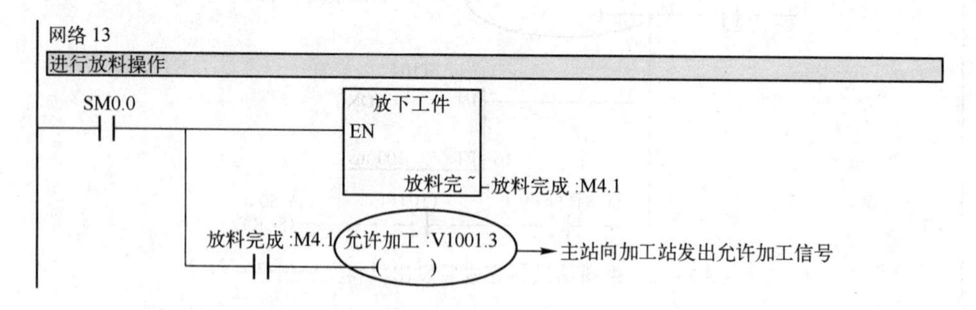

图 7-74　主站向加工站发出允许加工信号

（2）加工站接收来自主站的允许加工信号

在联机方式下，当加工站接收到来自主站的允许加工信号（V1001. 3 = 1）后，开始起动加工站加工工件操作，如图 7-75 所示。

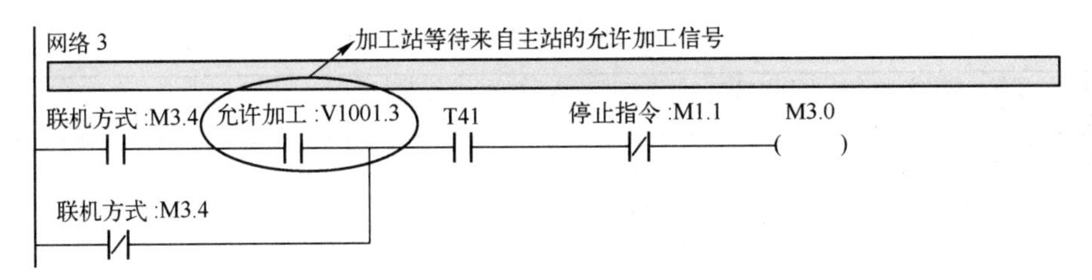

图 7-75　加工站等待来自主站的允许加工信号

（3）加工站发出加工完成信号

当加工站依次完成加工台夹紧、加工台缩回、冲压、冲压复位、加工台伸出和加工台手爪松开等工序后，表明一次加工工件操作完成，此时向系统发出加工完成信号（V1030.1=1），该信号通过 PPI 网络供主站读取，如图 7-76 所示。

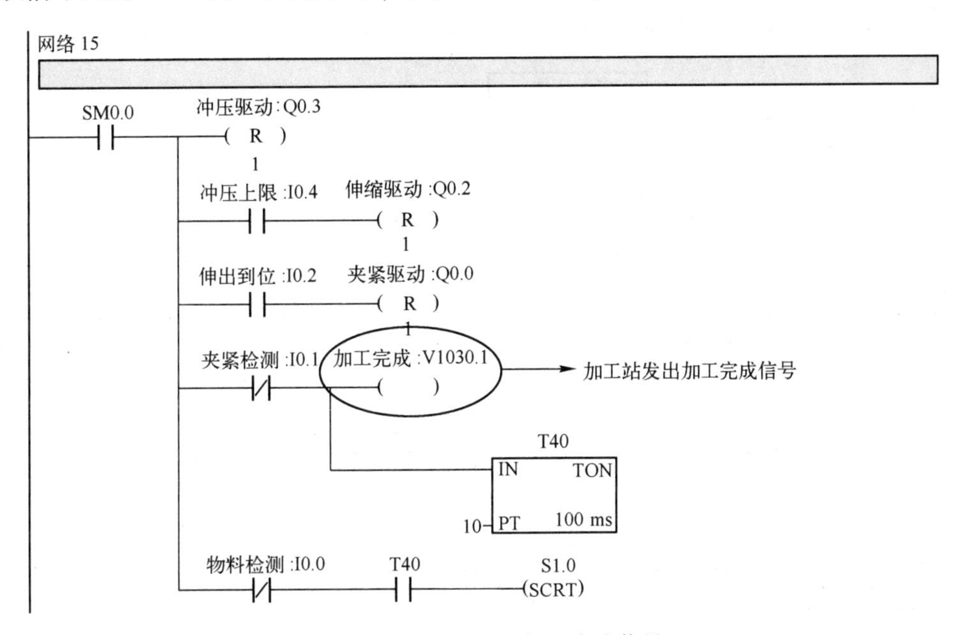

图 7-76　加工站发出加工完成信号

（4）主站接收到加工完成后信号后开始发出抓料信号

联机方式下，当主站接收到加工站加工完成信号（V1030.1=1）后，系统将转移至 S30.4 步进行抓料操作，如图 7-77 所示。

6. 主站与装配站的数据通信

（1）主站向装配站发出允许装配信号

当输送站从加工站抓取工件并将其运送至装配站装配台的正前方再将工件放至装配台上时，主站立即向装配站发出允许装配信号，即 V1001.4=1，该信号通过 PPI 网络发送至装配站，如图 7-78 所示。

（2）装配站接收来自主站的允许装配信号

在联机方式下，当装配站接收到来自主站的允许装配信号（V1001.4=1）后，开始起动装配站进行装配工件操作，如图 7-79 所示。

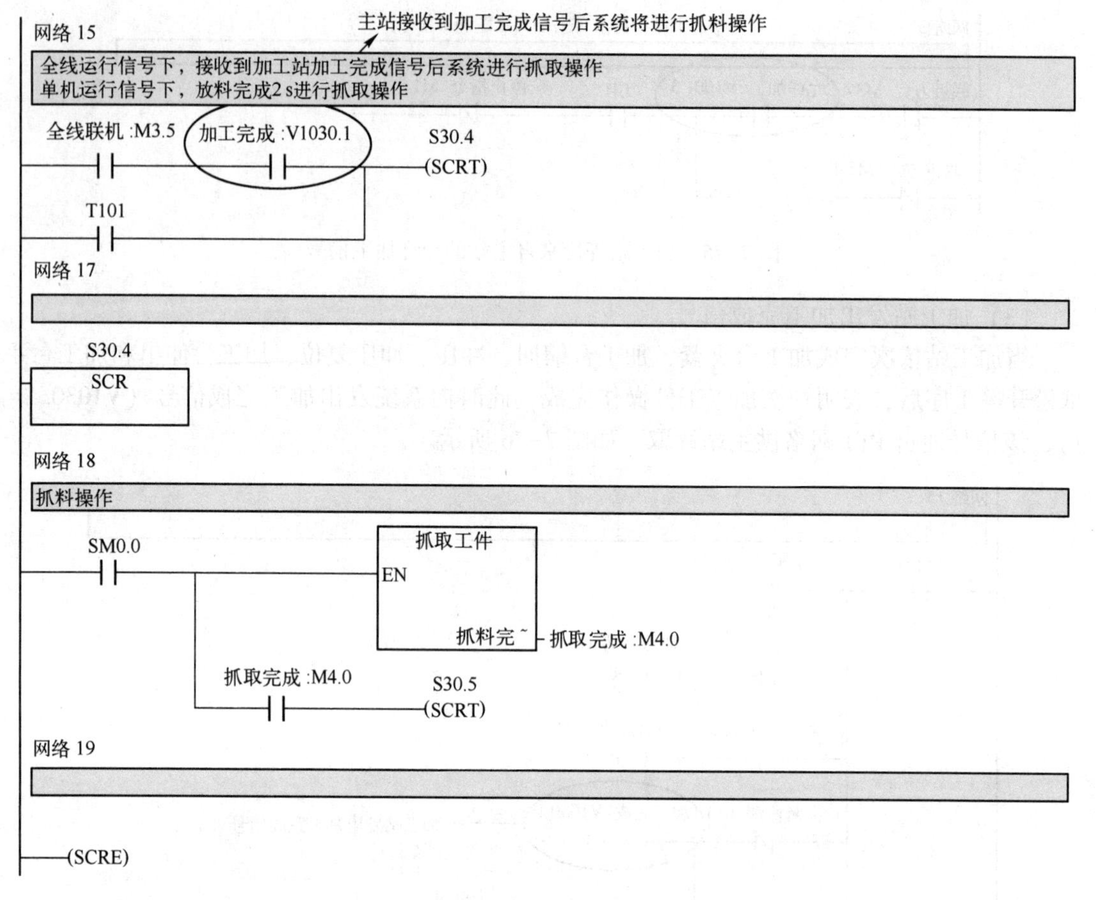

图 7-77　主站接收到加工完成信号后系统将开始抓料操作

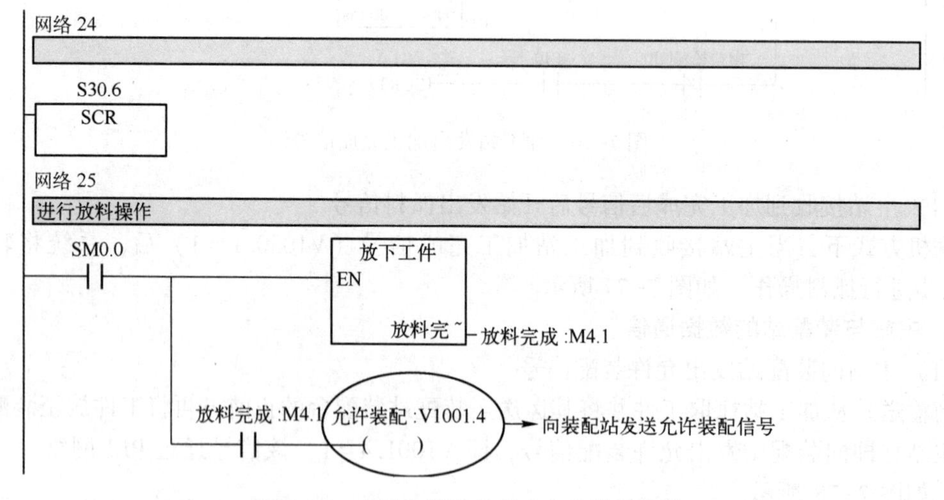

图 7-78　主站向装配站发出允许装配信号

（3）装配站发出装配完成信号

当装配站依次完成机械手下降并抓料、机械手上升、机械手伸出、机械手下降并放料和机械手上升并缩回等工序后，表明一次装配工件操作完成，此时向系统发出装配完成信号

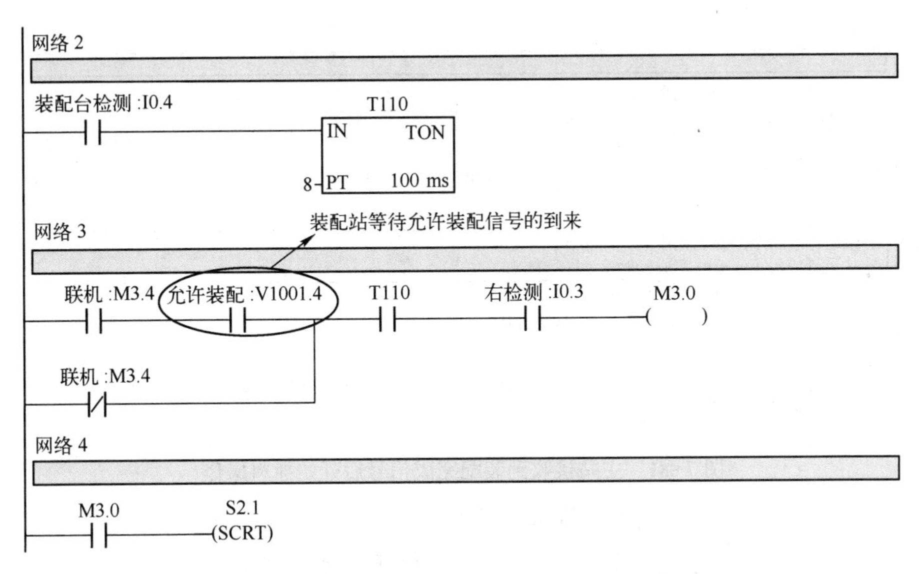

图 7-79　装配站等待来自主站的允许装配信号

（V1040.1=1），该信号通过 PPI 网络供主站读取，如图 7-80 所示。

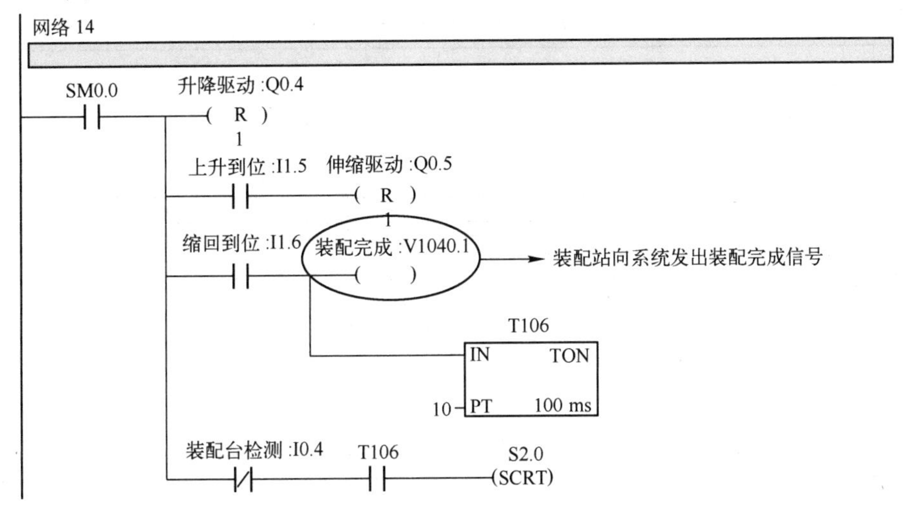

图 7-80　装配站发出装配完成信号

（4）主站接收到装配完成信号后系统将开始抓料

联机方式下，当主站接收到装配站装配完成信号（V1040.1=1）后，系统将转移至 S30.7 步进行抓料操作；单机方式下，延时 2 s 后转移至 S30.7 步进行抓料操作，如图 7-81 所示。

7. 主站与分拣站的数据通信

（1）主站向分拣站发出允许分拣信号

当输送站从装配站抓取工件并将其运送至分拣站入料口再将工件放至入料口时，立即向分拣站发出允许分拣信号，即 V1001.5=1，该信号通过 PPI 网络发送至分拣站，同时高速返回距原点 200 mm 处，如图 7-82 所示。

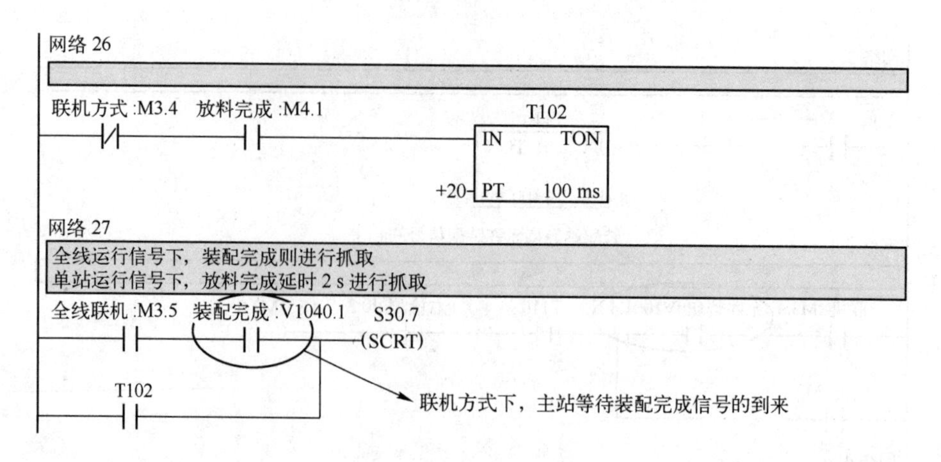

图 7-81　主站接收到装配完成信号后开始抓料操作

（2）分拣站接收来自主站的允许分拣信号

在联机方式下，当分拣站接收到来自主站的允许分拣信号（V1001.5=1）后，开始起动分拣站进行分拣工件操作，如图 7-83 所示。

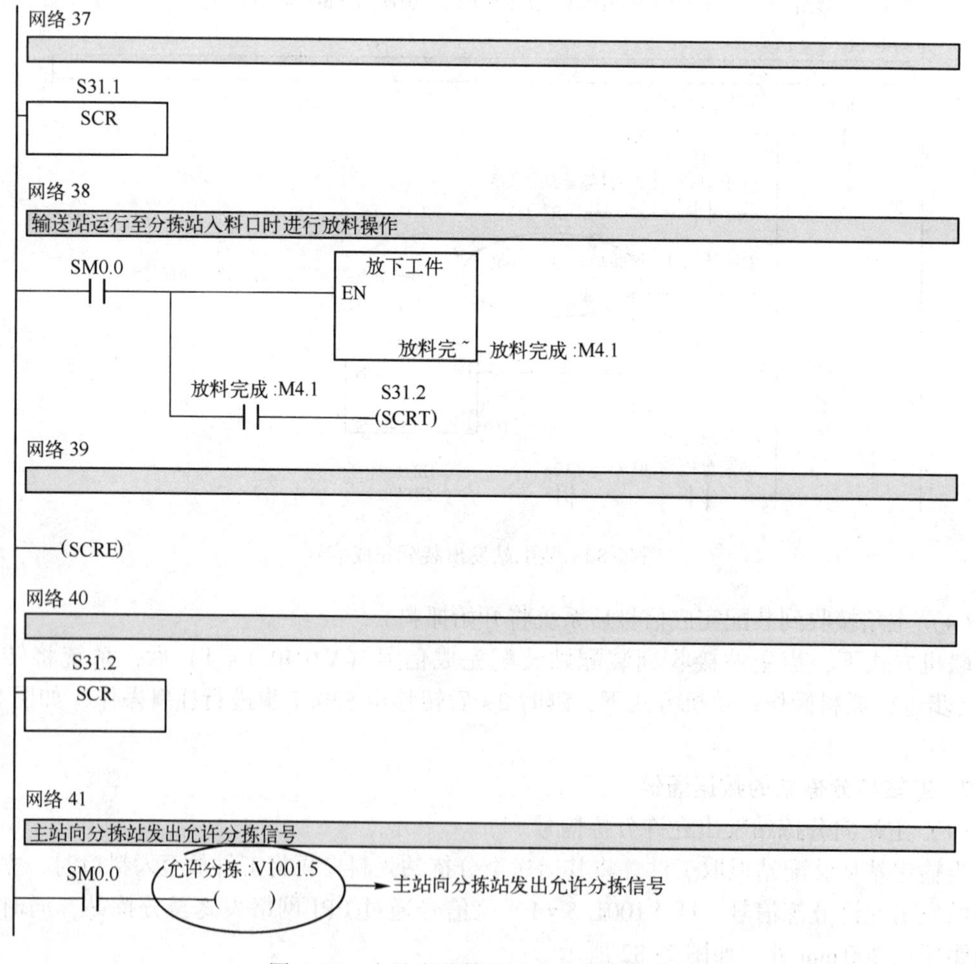

图 7-82　主站向分拣站发出允许分拣信号

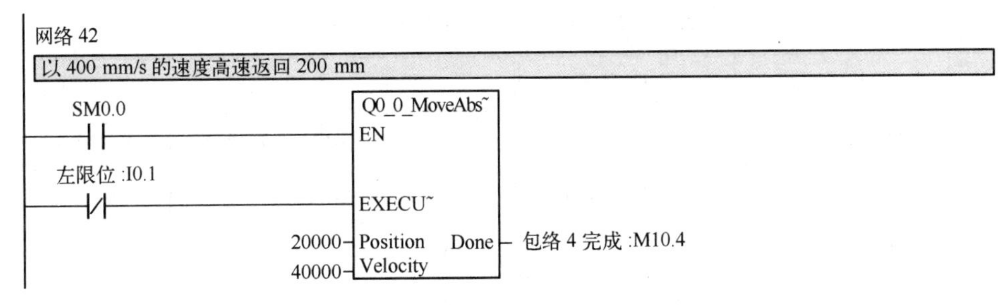

图 7-82　主站向分拣站发出允许分拣信号（续）

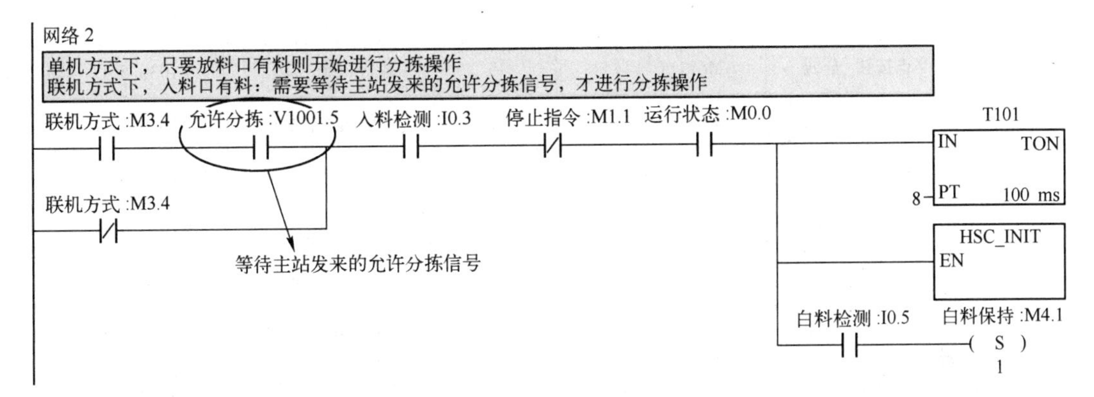

图 7-83　联机方式下必须等待主站发来允许分拣信号

（3）分拣站发出分拣完成信号

当分拣站将工件推入任一料槽后，表明一次分拣工件操作完成，此时向系统发出分拣完成信号（V1050. 1＝1），该信号通过 PPI 网络供主站读取，如图 7-84 所示。

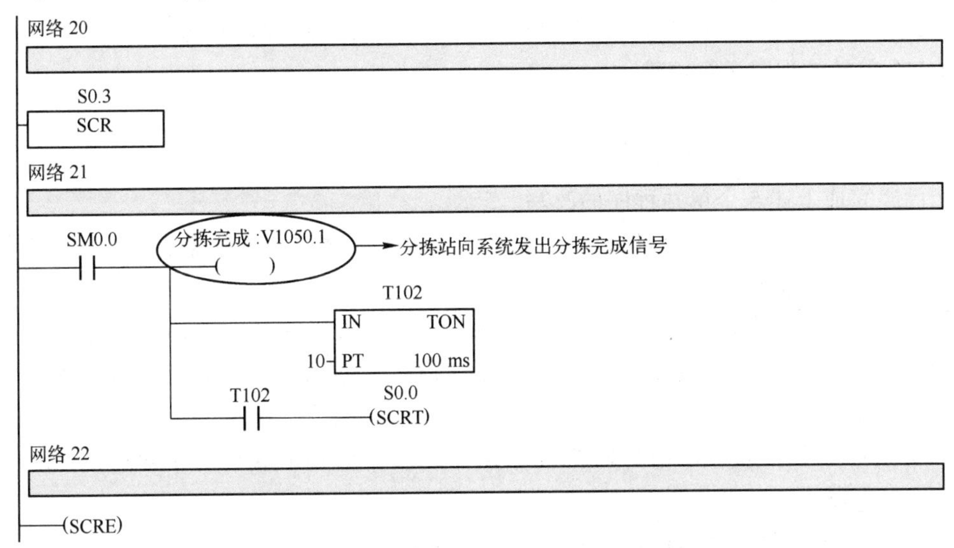

图 7-84　分拣站向系统发出分拣完成信号

8. 主站与触摸屏的数据通信

触摸屏通过 RS-485（或 RS-232）通信电缆直接与主站（输送站）的通信端口 1 相连接，所以只要设置好两者之间的通信参数即可进行触摸屏与主站的数据通信。主要通信数据见表 7-12。

表 7-12　触摸屏与主站的通信数据

序　　号	连接变量	通道名称	序　　号	连接变量	通道名称
1	超程故障_输送	M0.7（只读）	14	单机/全线_供料	V1020.4（只读）
2	运行状态_输送	M1.0（只读）	15	运行状态_供料	V1020.5（只读）
3	单机/全线_输送	M3.4（只读）	16	工件不足_供料	V1020.6（只读）
4	单机/全线_全线	M3.5（只读）	17	工件没有_供料	V1020.7（只读）
5	复位按钮_全线	M6.0（只写）	18	单机/全线_加工	V1030.4（只读）
6	停止按钮_全线	M6.1（只写）	19	运行状态_加工	V1030.5（只读）
7	起动按钮_全线	M6.2（只写）	20	单机/全线_装配	V1040.4（只读）
8	方式切换_全线	M6.3（读/写）	21	运行状态_装配	V1040.5（只读）
9	网络正常_全线	M7.0（只读）	22	工件不足_装配	V1040.6（只读）
10	网络故障_全线	M7.1（只读）	23	工件没有_装配	V1040.7（只读）
11	运行状态_全线	V1000.0（只读）	24	单机/全线_分拣	V1050.4（只读）
12	急停状态_输送	V1000.2（只读）	25	运行状态_分拣	V1050.5（只读）
13	输入频率_全线	VW1002（读/写）	26	手爪位置_输送	VD2000（只读）

7.4.4　PPI 网络联机程序调试

进行 PPI 网络联机程序调试前，必须确保以下的工作完成并正确运行：

1）5 个单站的程序运行正确。

2）已经组建了 PPI 网络。

3）已经完成触摸屏的组态设计。

4）已经完成上述 5 个单站程序的改写。

上述 4 项工作完成后，就可以进行联机程序调试了，调试的方法需要在实践中不断总结和完善，一般方法如下：

1）用 PC/PPI 多主站电缆将 PLC 的通信端口与 PC 的 USB 接口相连，打开 PLC 编程软件，设置通信端口和通信波特率，建立上位机与 PLC 的通信连接，此时可以搜索到 5 个工作站的 PLC 地址。

2）分别将 5 个工作站的 PLC 联机程序编译无误后将其下载至 5 个对应的 PLC，并使 PLC 处于 RUN 状态。

3）将各站的指示灯/按钮模块中的工作方式选择为联机模式。

4）将程序调至监视状态，观察各工作站 PLC 程序的能流状态，以此来判断程序的正确与否，并针对性进行程序修改，直至所有工作站能按工艺要求来运行。程序每次修改后，需对其重新编译并将其下载至 PLC。

动手实践

任务 7.5　实训内容

严格按照工作任务单来完成本项目的实训内容，学生完成实训项目后需提交工作任务单，具体见表 7-13。

表 7-13　项目 7 工作任务单（联机）

<table>
<tr><td>班　级</td><td></td><td>组 别</td><td></td><td>组 长</td><td></td></tr>
<tr><td>成员</td><td colspan="5"></td></tr>
<tr><td>项目 7</td><td colspan="5">PPI 网络的整体安装与调试</td></tr>
<tr><td>实训内容</td><td colspan="5">1. 5 个工作站的机械安装、调试与定位
2. 5 个工作站的气路安装与调试
3. 5 个工作站的电路连接与调试
4. 组建 PPI 网络
5. 编写人机界面组态画面
6. 编写、下载、调试与运行 5 个工作站的联机程序</td></tr>
<tr><td>实训报告</td><td colspan="5">1. 写出组建 PPI 网络的方法及步骤
2. 提交人机界面组态画面
3. 写出 PPI 网络的通信规划数据
4. 根据工艺流程和工作任务要求将 5 个单站程序改写为联机程序，并提交程序
5. 写出联机调试过程及心得体会</td></tr>
<tr><td>完成时间</td><td colspan="5"></td></tr>
<tr><td rowspan="8">完成情况（评分）</td><td>序号</td><td>实训内容</td><td>评价要点</td><td>配分</td><td>教师评分</td></tr>
<tr><td>1</td><td>5 个工作站的机械部分安装、调试与定位</td><td>安装正确，动作顺畅，紧固件无松动，定位误差不超过 1 mm</td><td>10</td><td></td></tr>
<tr><td>2</td><td>5 个工作站的气路安装与调试</td><td>气路连接正确、美观，无漏气现象，运行平稳</td><td>10</td><td></td></tr>
<tr><td>3</td><td>5 个工作站的电路设计及连接</td><td>电路设计符合要求，接线正确，布线整齐美观</td><td>10</td><td></td></tr>
<tr><td>4</td><td>PPI 网络组建</td><td>网络通信正常</td><td>5</td><td></td></tr>
<tr><td>5</td><td>人机界面组态设计</td><td>组态画面符合要求，能与主站建立正常的通信关系，能实现与工作任务要求相符的监控信号</td><td>15</td><td></td></tr>
<tr><td>6</td><td>联机程序的编制及调试</td><td>根据工艺要求完成程序编制和调试，运行正确</td><td>40</td><td></td></tr>
<tr><td>7</td><td>职业素养与安全意识</td><td>操作是否符合安全操作规程和岗位职业要求、工具摆放是否整齐、团队合作精神是否良好、是否保持工位清洁、爱惜实训设备等</td><td>10</td><td></td></tr>
<tr><td>其他</td><td colspan="5"></td></tr>
</table>

课后提高

1. 在本项目完成的基础上，尝试完成以下流程的联机调试的编程：

供料站→装配站→加工站→分拣站→原点。

2. 根据自动化生产线整体的工艺控制要求，采用置位和复位指令方法编写供料、加工、装配、分拣和输送站联机程序，并完成调试使之正确运行。

3. 在本项目完成的基础上，尝试将触摸屏连接到装配站或分拣站，完成联机程序的改写与调试。

4. 总结 PPI 网络的组建，以及 PPI 联机程序的编写与调试的过程和经验。

参考文献

[1] 吕景泉. 自动化生产线安装与调试 [M]. 2 版. 北京：中国铁道出版社，2009.

[2] 鲍风雨. 典型自动化设备及生产线应用与维护 [M]. 北京：机械工业出版社，2004.

[3] 廖常初. S7-200 PLC 基础教程 [M]. 北京：机械工业出版社，2011.

[4] 田淑珍. S7-200 PLC 原理及应用 [M]. 北京：机械工业出版社，2011.

[5] 张文明，华祖银. 嵌入式组态控制技术 [M]. 北京：中国铁道出版社，2011.

[6] 袁秀英. 计算机监控系统的设计与调试——组态控制技术 [M]. 2 版. 北京：电子工业出版社，2010.

[7] 姜秀英，等. 传感器与自动检测技术 [M]. 北京：中国电力出版社，2009.